U0909168

国家社科基金项目（18BGJ067）
江西省社科规划重点委托项目（22WT10）
江西省高校人文社科重点研究基地招标项目（JD18117）
东华理工大学地质资源经济与管理研究中心
联合资助

# “一带一路”倡议框架下
# 中国核能国际合作研究

马智胜 著

中国原子能出版社

**图书在版编目（CIP）数据**

“一带一路”倡议框架下中国核能国际合作研究 / 马智胜著. -- 北京 : 中国原子能出版社, 2024. 12.
ISBN 978-7-5221-3892-3

Ⅰ. F426.23

中国国家版本馆 CIP 数据核字第 2024BA3669 号

**“一带一路”倡议框架下中国核能国际合作研究**

---

| | |
|---|---|
| **出版发行** | 中国原子能出版社（北京市海淀区阜成路 43 号　100048） |
| **责任编辑** | 申文聪 |
| **装帧设计** | 侯怡璇 |
| **责任校对** | 刘　铭 |
| **责任印制** | 赵　明 |
| **印　　刷** | 北京厚诚则铭印刷科技有限公司 |
| **经　　销** | 全国新华书店 |
| **开　　本** | 787 mm×1092 mm　1/16 |
| **印　　张** | 14.75 |
| **字　　数** | 277 千字 |
| **版　　次** | 2024 年 12 月第 1 版　2024 年 12 月第 1 次印刷 |
| **书　　号** | ISBN 978-7-5221-3892-3　　　　**定　价　60.00 元** |

---

**发行电话：010-88828678**

# 参加研究工作的人员

才凌惠　罗　艳　孟召博
郑　鹏　王　焱　刘　鹏

# 前　言

习近平总书记提出共建“一带一路”倡议十周年来，中国与“一带一路”沿线国家在政策沟通、设施联通、贸易畅通、资金融通和民心相通方面取得了示范性的显著成效。近年来，新冠肺炎疫情、俄乌冲突、大国竞争、全球产业链扭曲等一系列事件，进一步印证了当前我们所处国际环境的复杂性、严峻性，同时也进一步促使全球能源价格持续抬升、全球经济发展速度放缓、全球经济与环境长期发展不均衡的问题日益放大。在此百年未有之大变局背景下，“一带一路”国际合作成为目前国际经济与发展进程中一抹靓丽的色彩。核能作为一种高效、清洁且稳定的能源，已被世界各国广泛认为是实现“双碳”目标更可靠的替代及补充能源，全球核产业合作可为各国的能源安全、经济复苏和绿色发展提供更为可行的解决方案，也是中国与共建“一带一路”国家共建、共商、共享“一带一路”倡议的国家合作高级形态。中国的核能产业经历了数十年的发展，从引进技术到自主创新、从国内发展到出口海外，已取得了瞩目的成就。在自主知识产权核电技术的突破、“华龙一号”品牌的打造，以及核能全产业链的成熟发展过程中，中国积累了丰富的经验与技术优势。这些优势使中国在“一带一路”倡议下具备了开展核能国际合作的基础和潜力。

为此，中国作为新兴核能大国，推动“一带一路”倡议下的中国核能国际合作，在实现中国核能“走出去”的同时，也让全人类共享核能发展机遇与成果具有重要的历史意义。然而，受核能大国博弈、能源战略共识、核电技术合作、原料供应、世界反核思潮与核不扩散条约等影响，中国核能产业"走出去"并实现全产业链国际合作的步伐与其他能源合作相比更具挑战性、复杂性和特殊性。如何在高度敏感复杂的地缘政治格局下，破解中国核能国际合作的区域协同碎片化掣肘，构建全产业链国际合作新模式，形成国际核能合作命运共同体具有十分重要的现实意义。为此，在"一带一路"倡议框架下，要达到中国核能"走出去"战略目标，需要厘清几个方面的问题：参与共建"一带一路"的国家核能发展现状和前景如何？当前核能强国的核能国际合作能够为中国提供怎样的经验和教训？"一带一路"倡议框架下的核能国际合作机理是什么？其中面临的风险具体又如何？以及如何打造命运共同体大背景下的核能合作新模式？

围绕上述问题，本书对中国与"一带一路"国家核能国际合作的动因、内在机理与具体合作风险进行分析和评估，并提出了可行的核能合作新模式，以期在完善相关学术思想的同时也为日后中国的核能国际合作提供可供参考的政策建议和实施指南。

本书第 1 章介绍了中国核能国际合作的研究背景、研究内容、研究思路与研究方法，并通对能源合作和核能国际合作文献的梳理，找到课题研究的创新点与重难点；第 2 章对国内外国际合作相关理论、地缘政治理论博弈论和风险评价方法等进行梳理和总结，阐述中国与共建"一带一路"国家进行国际核能合作的理论可行性；第 3 章梳理全球和中国核能发展的具体情况，厘清共建"一带一路"国家核能发展前景，分析中国与其进行核能国际合作动因，最后通过总结中国与共建"一带一路"国家核能国际合作现状和现阶段的合作关系揭示了合作所面临的困境；第 4 章选取了老牌核电强国（美国、法国、俄罗斯、加拿大）和新兴核电国家（日本、韩国）作为样本，分析他们核能产业崛起和开展核能国际合作的经验，为中国核能"走出去"提供借鉴与启示；第 5 章和第 6 章是本书分析研究的核心章节，从核能国际合作理论和实际的角度，分别就"一带一路"核能国际合作机理理论模型、动态因子分析方法下核能合作具体风险以及对理论模型的实证检验这三个层面进行了具体研究与分析，并针对核能国际合作中存在的风险地区集聚效应和东道国监管的风险缓释效应，提出了对应的举措与建议。第 7 章和第 8 章通过总结当前中国核能国际合作的主要模式，分析其存在的问题，并结合研究结果提出了中国参与“一带一路”核能国际合作的模式新选择与制度保障。

本书的主要创新点包括：

一是，在分析国内外核资源及核能合作基础上，在国内较早提出了“一带一路”倡议框架下的核能国际合作的理念与思路，提出核能国际合作是实现“一带一路”高质量发展的必要选择，而“一带一路”倡议平台是中国核能国际合作的重要渠道，并构成两者间相辅相成的特殊关系。通过研究合作内在机理、国际比较、风险防范与模式构建等问题，本书提出了“一带一路”倡议下中国核能国际合作的对策与建议，拓展了国际能源合作研究的范围与研究内容。

二是，在研究思路方面，采用了理论与实际相结合的研究思路。基于不完全信息博弈思想构建了针对“一带一路”国际核能合作风险的机理问题的理论模型，通过动态因子模型测得出2006—2020年中国与共建“一带一路”国家核能国际合作的具体风险，并以此结果数据运用双向固定效应模型对前面的模型推导结果的科学性进行了实证检验，求出核能合作风险的地区聚集效应和东道国监管的风险缓释效应，以及制度距离、文化距离和地理距离的调节作用等结论，并提出了更具针对性的政策建议。

三是，在具体的研究方法方面，首先，创新性地将生物学、医学等领域的动态因子模型运用到风险评价领域，弥补了传统的静态风险评价所存在的缺陷。其次，在传统的能源合作风险研究只考虑政治风险、经济风险问题的基础上，增加了营商环境、双边外交关系和清洁能源使用比重的相应指标，首次构建了中国与共建“一带一路”国家核能国际合作风险指标体系。最后，用ArcGIS将测算结果进行可视化展示，实现了地理学与经济管理学的有机融合，在提高本书可读性的同时，也增加了研究结论的科学性。

本书通过对“一带一路”框架下中国核能国际合作的多维度研究，力求填补学术领域的空白，同时为政策制定者、企业决策者及研究者提供有价值的参考。希望本书能够引发更多学术讨论，为全球能源转型与核能合作开辟新的视角与路径。同时，本书的完成得益于国家相关政策的支持、学术界的前沿研究成果以及核能行业实践经验的积累。在写作过程中，我们始终以“学术服务实践”为目标，希望通过本书的研究，为中国核能企业的国际化发展提供理论支撑，为“一带一路”合作伙伴实现清洁能源目标贡献智慧。

# 目　录

# 第1章 导 论

## 1.1 研究背景及意义

自2013年习近平总书记提出“一带一路”倡议以来，其理论基石——“构建人类命运共同体”理念逐步得到世界各国的赞许并达成广泛共识，充分彰显了习近平新时代中国特色社会主义思想体系中特色大国新型国际关系的重大理论创新。近年来，中国与100多个共建国家和地区一道在“新能源殖民”“债务陷阱”“中国威胁论”等国际舆论杂音中砥砺前行，将“一带一路”建设从倡议变成行动、从愿景变成现实，经过共同努力，所得成果超出预期，给共建国家经济注入了新的活力，为世界经济复苏注入了新动能[①]。相关数据表明，至2022年12月，中国与“一带一路”国家的贸易成就表现亮眼：（1）我国已与151个国家、32个国际组织签署200余份共建“一带一路”合作文件，成为25个沿线国家最大的贸易伙伴[②]；（2）我国企业在沿线国家建设的合作区，迄今已累计投入3 979亿美元，为当地提供了42.1万个就业岗位[③]；（3）中国对“一带一路”各国的进出口贸易达到有史以来的最高水平，在中国对外贸易总额中占比达到了32.9%，较“一带一路”倡议提出的2013年提升7.9个百分点[④]；（4）全年开行中欧班列达到1.6万列、发送160万个标箱，西部陆海新通道班列发送货物75.6万

① 陈甬军，罗丽娟. 坚持胸怀天下，推动共建“一带一路”高质量发展——纪念“一带一路”倡议提出十周年［J］. 河北学刊，2023，43（3）：22-28.

② 参见《已同中国签订共建“一带一路”合作文件的国家一览》，https://www.yidaiyilu.gov.cn/xwzx/roll/77298.htm.

③ 参见《我国与“一带一路”沿线国家货物贸易额十年年均增长8%》，https://www.yidaiyilu.gov.cn/xwzx/gnxw/309732.htm.

④ 参见海关总署网站，http://www.customs.gov.cn/.

个标箱[①]；(5) 中国同有关国家在数字经济、绿色发展和蓝色经济方面签订的投资协定已达 31 项，推动了“一带一路”建设的进一步发展[②]；(6) 世界银行预计，到 2030 年共建“一带一路”有望帮助全球 760 万人摆脱极端贫困，帮助 3 200 万人摆脱中度贫困，并将使参与国贸易额增长 2.8%至 9.7%、全球贸易额增长 1.7%至 6.2%、全球收入增加 0.7%至 2.9%[③]。特别是 2023 年 5 月“中国—中亚峰会”在西安成功举办，中亚各国高度认可中国发展理念，坚定支持和积极参与习近平总书记提出的重大主张与合作倡议[④]，成为中国与“一带一路”共建国家合作的新典范[⑤]。沉甸甸的事实、数据与成功合作的鲜活事例表明，中国与“一带一路”共建国家已逐渐形成经济建设命运共同体。

随着中国与“一带一路”共建国家在政策沟通、设施联通、贸易畅通、资金融通、民心相通各方面不断合作，作为“一带一路”建设重要内容之一的能源国际合作得到快速发展，合作水平得到全方位提升，能源合作的深度和广度进一步扩大。(1) 在石油合作政策层面，我国继续与中东地区沙特阿拉伯、伊朗、伊拉克、科威特等主要产油国加深传统友谊，并借助国家领导人外访，相关部门、机构举办能源高峰合作论坛等活动，强化和巩固双方的能源合作关系。(2) 在企业合作层面，中国石化、中国石油、中国海油和中化集团四大能源央企在加强国内石油资源勘探、开采和开发力度的同时，也开展与“一带一路”共建国家的政府、企业合作，借助引进与输出新技术、合作开发、出资与并购海外石油资产等形式实现优势互补、供需对接、合作共赢。(3) 天然气方面，我国不断深化与俄罗斯、哈萨克斯坦等国的睦邻友好关系，双边在天然气等领域的合作为“一带一路”共建国家的天然气合作树立了典范：2014 年 5 月 21 日，中俄达成总值 4 000 亿美元的东线长期天然气合同，合同期 30 年，输送量为 380 亿立方米/年。2014 年 11 月 9 日，中俄又在北京签署了西线供气协议[⑥]。目前，我国已建立了西北、东北、东南和西南四大天然气进口通道，可从俄罗斯、哈萨克斯坦、卡塔尔、澳大利亚等国，甚至是非洲地区进口石油和天然气及液化天然气。

---

① 参见《国铁集团：2022 年开行中欧班列 1.6 万列、发送 160 万标箱》，https://www.chinanews.com.cn/cj/2023/01-03/9926745.shtml.

② 参见《商务部：“一带一路”经贸合作迈出新步伐》，http://fec.mofcom.gov.cn/article/fwydyl/zgzx/202302/20230203384784.shtml.

③ 陈甬军，罗丽娟. 坚持胸怀天下，推动共建“一带一路”高质量发展——纪念“一带一路”倡议提出十周年[J]. 河北学刊，2023，43 (3)：22-28.

④ 余晓钟，刘利. “一带一路”倡议下国际能源产业园区合作模式构建——以中亚地区为例 [J]. 经济问题探索，2020，451 (2)：105-113.

⑤ 陈丽梅. 中国—中亚—西亚经济走廊能源合作模式研究 [D]. 兰州：兰州大学，2021.

⑥ 朱润民. 金额过千亿，中俄合作再加码 [J]. 中国石油石化，2022 (4)：38-39.

（4）可再生能源方面，中国依托国内强大的风电、光伏发电产业链，不断加强与共建国家的技术与资金合作，为东南亚、中亚及其他经济欠发达地区与边远山区提供风能、太阳能发电设备、技术、资金，为“一带一路”共建国家和地区人民带来技术、光明，促进社会发展。

然而，基于“一带一路”共建国家经济发展水平参差不齐、民族文化多元、投资环境复杂的现实，部分东道国政治风险突出，近些年，中国与共建国家的能源合作时常受阻[①]。加上 2019 年 12 月以来肆虐全球的新冠病毒疫情，以及 2022 年 2 月爆发俄乌冲突，美西方及欧盟将制裁重点放在俄罗斯能源领域，并对全球能源贸易与合作产生了巨大冲击及深远影响[②]。由于中国与俄罗斯能源贸易与合作体量较大，西方国家对俄罗斯的能源制裁将会不可避免地对中俄能源贸易与合作产生较大影响[③]。

在能源国际合作中，核能由于其特殊性，极易受地缘政治、能源战略共识、核电技术合作、原料供应、世界反核思潮与《不扩散核武器条约》的影响，使中国核能产业“走出去”并实现全产业链国际合作的步伐相比其他能源仍更具挑战性、复杂性和特殊性。例如，2020 年 7 月 14 日，罗马尼亚官方突然宣布，之前与中广核签订的有关切尔纳沃德核电站的一切合同作废，而就在罗马尼亚宣布与中国解约后不久，罗马尼亚政府很快又发布了一条有关切尔纳沃德核电站的新的招标信息，这一次美国最终成为罗马尼亚的合作伙伴；2022 年，在苏纳克宣布中英关系的“黄金时代”已经结束后，英国能源战略部就宣布，将投资 6.79 亿英镑，用以维持塞兹维尔 C 核电项目继续发展，随后中广核退出该项目。

不仅如此，中国核能发展有时也会受到国内一些因素的制约，如公众对核能的态度。随着核能产业的不断发展，人们对核安全的关注度也越来越高，但是因为核能的特殊性，其信息透明度不高，对民众来说相对比较“神秘”。目前，我国对于核能知识的宣传力度较小，人们对于核能的认知程度和信任度都不高。在“自家门口”规划核能项目，将会引起相关社会群众的强烈反感，这些反感会对核能发展造成很大的负面影响，甚至会导致核能项目终止。在“碳达峰、碳中和”的大背景下，国家为满足用电需求，逐步推动国内核电项目的建设，从核电建设规模的发展趋势来看，在今后的一段时间内，沿海地区的核电站选址将会非常紧张[④]。为此，国家着手建设内陆核电站。但是从 2008 年内陆核电启动前期工作至今已 15 年，内陆核电站尚无先例。这是由于

---

① 王昱睿，祖媛. 东道国政治风险与中国大型能源项目投资——基于“一带一路”沿线国家的考察［J］. 财经问题研究，2021（7）：110-119.

② 崔静文. “一带一路”背景下中国与卡塔尔能源合作研究［D］. 哈尔滨：黑龙江大学，2020.

③ 于鹏. 俄乌冲突对中国能源贸易的影响及对策研究［J］. 价格月刊，2022（9）：73-77.

④ 李静. 中国核能发展如何适应“双碳”时代［J］. 能源，2022（6）：41-46.

在三哩岛核事故、切尔诺贝利核事故、日本福岛核事故后，国内对核电站建设选址和安全性方面极为谨慎。同时，在核电技术方面，我国还没有一套完整的核电技术标准，目前在运的核电站存在核能技术"多国"并行的局面，这将导致我国核电技术在国际上缺乏说服力，影响中国核能海外发展[①]。

随着世界国际安全形势的变化，世界百年未有之大变局加速演进，国际核能竞争加剧，核电国家纷纷调整核能战略，强化核能国际合作。如何在高度敏感复杂的地缘政治格局下破解中国核能国际合作的区域协同碎片化掣肘，构建全产业链国际合作新模式，实现核能产业真正走出去，形成国际核能合作命运共同体具有十分重要的现实意义。本书的研究就是结合当前国际政治经济重大关切、学术研究热点和前期研究基础而开展的。

## 1.2 国内外相关研究的学术史梳理及研究动态

### 1.2.1 关于"一带一路"倡议下国际能源合作机遇与机理研究

在应对气候变化危机的大背景下，各国要抓住机遇，凝聚共识，携手推动"一带一路"国家能源供给向高效、清洁、多元化方向发展，迈向更加绿色、包容的能源未来[②]。"一带一路"倡议以经济合作为重点，而能源又是经济发展的重要支撑，中国以"一带一路"为切入点，积极参与全球能源治理，努力打造"一带一路"共建国家能源利益共同体，不断为全球能源绿色低碳转型贡献中国方案与中国智慧[③]。国际能源合作，对于能源稀缺国而言，极大地缓解了因能源短缺造成的社会发展受阻问题；对于能源富有国而言，多元化的需求市场能让其将能源优势转化为经济优势，从而推动经济社会发展[④]。例如，在能源供需问题上中俄两国之间存在极强的互补性，近年来，中俄油气贸易总量和金额稳步双增长，油气资源运输通道建设快速发展，在煤炭、电力和核能领域的合作也取得了很大的成就，推动两国外贸经济快速增长[⑤]。

---

① 李静. 中国核能发展如何适应"双碳"时代［J］. 能源，2022（6）：41-46.

② 韩正. 共建"一带一路"共绘合作愿景　携手打造更高水平的中国—东盟战略伙伴关系［N］. 人民日报，2019-09-22（003）.

③ 张朋程，王婉楠，李振华，等. 大变局下全球天然气贸易形势及对中国的启示［J］. 天然气与石油，2023，41（2）：153-158.

④ 黄橙. "一带一路"背景下中国与中亚能源合作共赢研究［D］. 武汉：武汉工程大学，2021.

⑤ 李兴，韩燕红，陶克清. "一带一路"框架下中俄能源合作：成就、问题与对策［J］. 人文杂志，2023（4）：66-7.

在“一带一路”倡议中，贸易畅通是至关重要的一环，通过建立自由贸易区，与其他国家开展自由贸易，可以提高能源交易信息的透明度并降低海外能源投资难度[①]，此外，能源企业可利用贸易区延长产业链条实现长足发展[②]。目前，我国中石化、中石油等油气企业的海外合作进展速度比较快，各大新能源企业也在加快推进海外合作，总体而言，我国对外能源合作有了良好的开局。魏晨雨（2020）[③]认为中巴经济走廊能源合作有助于缓解中国能源需求压力，拓宽中国能源进口渠道，并有助于减轻海运石油对马六甲海峡的依赖。Yang 等（2021）[④]采用 SWOT 分析中缅之间的能源项目，指出中缅能源合作为国际能源合作起到示范带动作用。钮翔宇（2022）[⑤]从新自由制度经济学的角度，分析了中国与阿塞拜疆在能源方面的合作，并指出，中国与高加索地区深化能源合作，既符合两国的长期利益，又能实现两国优势互补，实现两国在能源方面的互惠双赢。崔静文（2020）[⑥]对“一带一路”下中卡两国在能源领域开展合作的可行性进行了实证分析，认为中卡两国在石油、天然气等方面的合作具有重要的现实意义、必要性和可行性，具有广泛的发展前景。中国和“一带一路”国家要抓住“一带一路”倡议这一历史性机遇，构建“一带一路”区域能源合作伙伴[⑦]，将“五通”作为合作的重点，利用好双边或多边能源合作机制，共同打造“一带一路”地区的能源命运共同体[⑧]。

余晓钟（2022）[⑨]从合作主体、能源市场、合作因素、能源环境等角度对“一带一路”地区能源合作的驱动因素进行了分析。“一带一路”倡议为中俄两国在能源领域的合作提供了一个良好的平台和新的空间，俄罗斯与中国在更为开放、自由的合作环境下，将为双方的经济发展寻找到更多互利共赢的机遇。此外，中俄两国在能源领域的深入合作，不仅有利于维护中国能源安全，而且有利于中亚国家的社会稳定与经济发展[⑩]。“一带一路”倡议可以从政策工具、海外经济发展模式和能源产能合作三个方面

① 蔡玲，王昕．中国跨国投资、生态环境优势和经济发展——基于“一带一路”国家空间相关性［J］．经济问题探索，2020，451（2）：94-104.

② 郭鹏飞．简析“一带一路”倡议促进国际能源合作［J］．产业创新研究，2020（10）：6-8.

③ 魏晨雨．中巴经济走廊能源合作挑战及对策研究［J］．公关世界，2020（4）：79-80.

④ Yang B，Swe T，Chen Y，et al.Energy cooperation between Myanmar and China under One Belt One Road：Current state，challenges and perspectives［J］.Energy，2021（215）：119130.

⑤ 钮翔宇．冷战后中国与阿塞拜疆能源合作研究［D］．上海：上海师范大学，2022.

⑥ 崔静文．“一带一路”背景下中国与卡塔尔能源合作研究［D］．哈尔滨：黑龙江大学，2020.

⑦ 李丽旻，朱妍．依托“一带一路”深化能源国际合作［N］．中国能源报，2023-03-13（003）.

⑧ 张丹蕾．全球能源治理变局下“一带一路”能源合作机制构建的探讨［J］．国际经贸探索，2023，39（2）：106-120.

⑨ 余晓钟，杨铎．“一带一路”能源绿色创新合作的驱动力研究［J］．科学管理研究，2022，40（6）：157-163.

⑩ 卡佳（Molchanova Ekaterina）．“一带一路”倡议下中俄能源合作的问题及前景分析［D］．合肥：安徽大学，2021.

影响中国的能源外交[①]。“一带一路”国家蕴藏着丰富的可再生能源，中国可以通过与这些国家开展资金、技术和人才领域的合作，在水力、核电、光伏等绿色清洁能源领域发挥更大的作用，从而实现绿色发展，促进世界能源转型[②]。同时，通过“一带一路”倡议，拓展与东南亚国家在可再生能源领域的合作，实现可再生能源发展与解决能源贫穷问题的有机融合，促进区域及世界范围内的能源可持续发展，为社会全面进步作出重要贡献[③]。中国致力于与世界各国展开绿色能源领域的深入合作，以此促进绿色能源技术在全球范围内的广泛采纳与应用。此举旨在为实现我国“碳达峰”与“碳中和”的双重目标作出积极贡献，进而推动构建绿色命运共同体的进程，并有效提升世界经济的可持续发展能力[④]。

针对能源国际合作机理问题，刘中民（2023）[⑤]提出，要充分利用“一带一路”能源合作伙伴关系的制度优势，推动中国与各国在能源领域的深度合作，在能源产业各个方面进行深入的合作，并在科技创新、政策交流与协调、人才培养等方面开展合作活动；此外，还需从合作对象、机制、领域三个方面入手，加强长期稳定的国际能源合作[⑥]。当前，世界能源格局发生了重大变化，特别是俄乌冲突爆发以来，全球能源治理体系面临急剧变革。建立“一带一路”国际能源合作机制，必须确定合作的基本原则，构建合理的制度和完善的机制，中国应在这一过程中起一定的引导作用，完成自身在国际社会上的角色转变，与“一带一路”共建国家共同建立能源命运共同体[⑦]。

拓展能源合作新空间，加快“一带一路”绿色能源合作步伐，促进更多绿色能源合作项目落户此地，是高质量推进“一带一路”能源合作、巩固能源合作的重要方式之一[⑧]。要在“一带一路”区域内开展高质量的能源合作，就需要进一步深化和完善能源合作实践，建立一套具有创新性、普遍性、引领性的能源合作理论，同时对全球能源治理理念进行变革[⑨]。根据“一带一路”能源产业的特点，借鉴跨境产业园区建设经

---

① 张锐. 中国能源外交历史与新时代特征［J］. 和平与发展，2020（1）：113-128+134.

② 谢富胜，匡晓璐. 以问题为导向构建新发展格局［J］. 中国社会科学，2022（6）：161-180，208.

③ 邓秀杰. 东南亚能源贫困与中国—东南亚可再生能源合作［J］. 国际石油经济，2023，31（3）：33-42.

④ 吴嘉睿. 中国与“一带一路”沿线国家绿色能源合作效应研究［D］. 济南：山东财经大学，2022.

⑤ 刘中民. 构建新型能源体助力实现“双碳”目标［J］. 群言，2023（6）：4-6.

⑥ 汪梦诗，金亦秋，张红超，等. 关于欧洲能源困局的思考与启示［J］. 国际石油经济，2023，31（2）：40-47.

⑦ 张丹蕾. 全球能源治理变局下“一带一路”能源合作机制构建的探讨［J］. 国际经贸探索，2023，39（2）：106-120.

⑧ 章建华. 深入学习贯彻习近平新时代中国特色社会主义思想以能源高质量发展支撑中国式现代化建设［J］. 当代世界，2023（2）：4-9.

⑨ 姜安印，刘博. 能源发展权：推动“一带一路”能源合作高质量发展再思考［J］. 重庆大学学报，2022，28（2）：53-66.

验，构建“一带一路”国际能源产业园区合作模式[①][②]。陈丽梅（2021）[③]基于能源经济、产业链和国际合作理论，结合当前能源合作的实际情况，以中国—中亚—西亚经济走廊的能源合作模式为切入点，提出了能源全产业链合作模式，并探讨了该合作模式的实现路径、保障机制和政策建议。熊智钰（2020）[④]指出中国应不断加深与“一带一路”国家上中下游领域的国际合作，消除国际能源合作障碍，以确保中国国家能源安全。此外，为保障中国能源安全，中国必须积极与全球主要能源大国和世界主要油气产区合作，推进海陆能源运输通道建设，抓住“一带一路”倡议下构建能源合作共同体这一机遇，加快人民币国际化步伐，提升我国的油气国际议价权，深度参与全球能源治理[⑤]。

而面对不同的地区或国家，能源合作需要采取不同的合作方式。封安全（2022）[⑥]提出中俄双方应寻求合作理念、合作方式、多边合作、第三方市场四个方面的突破，不断探索中俄能源合作的合作路径，解决双方在能源合作方面的阻力问题。在“一带一路”倡议的背景下，俄罗斯能源专家谢娜斯佳（2020）[⑦]则站在俄罗斯的角度，较为细致地提出相应的策略去解决中俄能源合作问题，如完善俄中能源基础设施、多方面保障能源安全、扩大电力领域的合作、减少能源价格波动、拓展俄中能源技术领域合作、对俄罗斯煤炭企业的国家支持等。温可仪（2021）[⑧]通过对中哈之间的能源贸易概况进行详细的梳理和分析，提出了以合作共赢原则促进中国与哈萨克斯坦能源合作深入发展、加快中哈能源基础设施建设、完善管理体制等举措，并在具体细节上，建议丰富对外投资主体、提升人民币在两国能源合作贸易中的结算职能和推动双方在能源贸易多元化上的发展。甘佩璐（2022）[⑨]通过研究发现国际石油、天然气贸易稳定性对中国能源安全会产生一定的影响，认为中国有必要深化与石油、天然气贸易伙伴的国际能源合作关系，同时应当积极投入可再生清洁能源和碳捕集、再利用和封存（CCUS）技术的研发，扩大对太阳能、风能、生物质能、核能等绿色能源的利用比例，

① 余晓钟，罗霞. 东盟“10+5”能源高质量合作与中国的策略选择［J］. 亚太经济，2023（1）：21-30.

② 刘胜题，王颖颖. 基于区块链技术的“一带一路”区域能源合作研究［J］. 物流科技，2021，44（12）：54-57.

③ 陈丽梅. 中国-中亚-西亚经济走廊能源合作模式研究［D］. 兰州：兰州大学，2021.

④ 熊智钰. “一带一路”背景下国际能源合作机制创新模式研究［J］. 价格理论与实践，2020（2）：157-159+175.

⑤ 朱栋铭. 影响中国能源安全的国际维度分析及对策研究［D］. 杭州：浙江理工大学，2022.

⑥ 封安全. 新形势下深化中俄能源合作的路径探索［J］. 经济纵横，2022（6）：79-84.

⑦ 谢娜斯佳（Sergeeva Anastasiia）. “一带一路”背景下俄中能源合作问题研究［D］. 沈阳：沈阳理工大学，2020.

⑧ 温可仪. “一带一路”倡议下中国与哈萨克斯坦能源贸易潜力研究［D］. 石家庄：河北经贸大学，2021.

⑨ 甘佩璐. 国际石油、天然气贸易网络稳定性对中国能源安全的影响研究［D］. 昆明：云南财经大学，2022.

实现“双碳”目标，确保未来的能源安全。姜安印（2020）[①]认为，在“一带一路”背景下，进一步加强天然气、石油等传统能源终端产品的贸易合作以及能源电力互联互通合作，将是促进我国与中亚地区的能源合作的重要途径。庞昌伟（2022）[②]从绿色转型视角，探索“一带一路”地区新的能源合作模式，并提出了相应的对策建议。张健（2019）[③]对东北亚能源合作路径进行了研究，认为通过增加东北亚能源贸易与投资合作、东北亚石油储备合作、东北亚能源金融市场合作三条路径推进东北亚能源合作。孟祥成真（2021）[④]预测东北亚清洁电力合作在全球变暖与东北亚各国展现出的合作意愿下将是大势所趋，并从发展时机、合作组织、第三方市场等方面提出相关建议，推进东北亚清洁电力合作。王双（2021）[⑤]通过从区域、国家、产业三个层面分析中国在“一带一路”清洁能源国际合作中的角色，最终提出能源合作优化路径。

通过上述文献梳理，本书发现国内外学者与专家通过不同的视角、不同的能源种类，分别从能源合作的机遇、途径、模式等方面对国际能源合作进行了较为全面的分析与阐述，这也为本书的研究提供了强有力的理论支撑，但从现有文献的梳理结果来分析，还存在以下研究空白：第一，国内外学者关于能源国际合作的研究较多，且研究焦点更多地放在中俄、中亚、西亚等区域，对于“一带一路”其他国家的研究较少。第二，从研究内容看，大部分研究侧重于论证“一带一路”背景下国际能源合作的必要性，关于合作的可行性论证较少，且在分析合作存在的问题和障碍方面，未对这些合作内容作出进一步的阐释，在提出对策时，又过于笼统，未曾提出具体的措施，使得这些合作内容难以推广和实施。因而，通过博弈理论模型构建与动态数据分析，进一步深入探究“一带一路”共建国家国际能源合作的机理，对于构建合适的“一带一路”框架下国际核能合作模式（本书的研究目标）、打造国际核能合作命运共同体，具有重要的理论研究价值与现实意义。

### 1.2.2 关于“一带一路”倡议下国际能源合作风险与模式研究

当前，中国与“一带一路”国家能源合作规模不断扩大，且能源合作增长势头强

---

① 姜安印，刘博.“一带一路”中亚地区能源消费与经济增长关系研究——基于中亚五国数据 PVAR 模型的实证测度［J］. 河北经贸大学学报，2020，41（4）：80-88.

② 庞昌伟. 绿色转型开创中国能源国际合作新格局［J］. 人民论坛，2022（14）：42-45.

③ 张慧智，张健. 新形势下东北亚能源合作的路径：延伸与拓展［J］. 亚太经济，2019（1）：14-21.

④ 孟祥成真. 东北亚地区清洁电力合作问题研究［D］. 济南：山东大学，2021.

⑤ 王双. 中国与绿色“一带一路”清洁能源国际合作：角色定位与路径优化［J］. 国际关系研究，2021（2）：68-85，156-157.

劲，但是国际形势日趋复杂，能源合作面临多重风险。

首先，从能源投资风险角度看，能源投资风险是一个兼具确定性和模糊性的多维结构变量，涉及自然条件、社会经济条件和金融市场条件，并受经济、社会和生态三大体系的共同影响[①]。因此，要推动“一带一路”沿线各国的共同繁荣，必须健全“一带一路”投资的价值评价体系并构建风险预警系统，降低产业合作的制度障碍，减少制度变革的风险，建立“一带一路”话语体系，缩小产业协同发展的文化距离，实施产业协同发展政策分层与政策创新[②]。南肖（2022）[③]通过研究能源投资风险对企业对外直接投资绩效的影响，得出资源风险、政治风险、经济风险、环境风险与对华关系各二级风险均显著抑制企业对外直接投资绩效。安娜（2021）[④]通过采用 FAHP 方法，对中俄能源合作亚马尔 LNG 联合项目进行了风险分析，得出生产风险、政治风险、财务内部风险、项目管理风险和社会经济风险最为重要。

其次，政治风险是国际能源合作的重要影响因素。吕靖烨、刘蓉、Yeakub Ali 三人（2022）[⑤]通过建立定性定量相结合的风险综合评价指标体系，对我国能源国际合作的外界环境进行分析，并利用层次分析—模糊综合评价法对“双碳”背景下我国能源国际合作的风险水平进行评估，认为我国能源国际合作风险处于高风险水平，其中最主要的两大影响指标为合作国政治结构稳定性和能源合作国之间的政治互信度。如中国在泰国投资面临的最大风险就是泰国政局不稳定，由于该国是君主立宪制国家，军事集团势力强大，军队政变、党派纷争、议会解散、提前大选等众多因素对中国在泰国投资的公司造成生命和财产的威胁[⑥]。同理，拉美地区复杂的政局、频繁的党派换届选举以及不断变化的经济政策，使得中拉在新能源、投资、融资以及项目建设方面的长期发展都受到较大的冲击，东道国长期稳定的政治经济环境是进行投融资的关键考量[⑦]。中国企业在与沿线各国的能源合作中面临着政治和社会不稳定、战略信任缺失等诸多问题。一些共建国家处于地缘政治敏感区，面临着政局不稳、政权易变等政治和社会风险，这使得中国企业在这些地区的直接投资面临着更大的安全风险[⑧]。谢艳亭

---

① 李志慧，齐麟，邓祥征，等. 新冠肺炎疫情对我国在“一带一路”沿线国家能源投资风险的影响分析［J］. 中国科学基金，2020，34（6）：728-739.

② 王国平，胡景祯. 基于共同富裕的“一带一路”产业协同发展研究［J］. 理论探讨，2023（2）：155-160.

③ 马智胜，南肖.“一带一路”视域下中国铀矿资源国际合作探析［J］. 东华理工大学学报，2021，40（3）：217-221.

④ 安娜（Garaskova Anna）. 中俄能源合作亚马尔项目风险评价研究［D］. 秦皇岛：燕山大学.

⑤ 吕靖烨，刘蓉，Yeakub Ali.“双碳”背景下我国一带一路能源国际合作风险评价［J］. 经济界，2022（2）：41-48.

⑥ 邓秀杰. 泰国可再生能源发展现状及中泰可再生能源合作［J］. 中外能源，2022，27（1）：10-16.

⑦ 焦玉平，蔡宇. 能源转型背景下中拉清洁能源合作探析［J］. 拉丁美洲研究，2022，44（4）：117-135，157-158.

⑧ 马相东. 对外直接投资的双重技术效应与高质量共建“一带一路”［J］. 北京师范大学学报，2022（4）：133-141.

（2021）[①]在分析中哈油气合作现状的基础上，提出目前中哈油气合作存在三大问题：第一，哈国地缘战略；第二，哈国与俄罗斯、美国、欧盟等组织或国家在能源问题上的博弈；第三，区域和全球问题，包括里海海域的排他性、经济制裁和石油产量削减造成的国际能源市场不稳定，以及各种由传统和非传统安全威胁引起的挑战。此外，中国对中亚五国投资不稳（投资增速和占比下降）的态势，正是主要来自中亚地区近年来政治风险的不断攀升[②]；拉美地区投资对象国的“政治风险”给中国能源投资企业带来了不少困难[③]；中国石油公司在俄投资更多取决于如何研判俄罗斯普遍存在的“政治风险”[④]；未来，随着“一带一路”共建地区地缘政治不确定因素明显增加，能源合作的安全环境将趋于严峻[⑤]。“一带一路”倡议的持续发展将改写当前的地缘政治经济格局[⑥]。可以看出，中国与处于地缘政治敏感区的国家进行能源合作，存在较大的政治风险与投资风险。

当然，能源合作面临的具体风险是复杂的。孙霞（2022）[⑦]指出非能源因素，如地区的能源地缘政治竞争、双方的政治外交关系、新能源技术标准、环保和减排机制及能源金融软基础设施领域也影响能源合作的双方。祝孔超等（2020）[⑧] 通过定量评估中国“一带一路”原油来源国，发现供应国的原油资源状况、运输风险、政治风险是制约多数国家供应安全的主要障碍因素。还有学者研究发现，对于撒哈拉以南非洲“一带一路”共建地区，东道国外交能力、法治环境、文化交融程度等风险比较突出[⑨]；而对于所有共建国家，中国在“一带一路”能源合作主要受到社会文化风险的影响[⑩]。

再次，从合作模式来看，各国有各自的国情，人口状况及分布、经济状况、能源

---

① 谢艳亭. 中国在中哈油气合作中面临的挑战［D］. 上海：华东师范大学，2020.

② 阴医文，汪思源，付甜. “丝绸之路经济带”背景下中国对中亚直接投资：演进特征、政治风险与对策［J］. 国际贸易，2019（6）：79-86.

③ 李紫莹. 中国企业在拉美投资的政治风险及其对策［J］. 国际经济合作，2011（3）：20-24.

④ 黄河，Senko Mikhail. 投资俄罗斯油气产业的政治风险分析——兼论中俄油气合作的现状及风险［J］. 社会科学，2014（3）：15-23.

⑤ 石泽. 从“一带一路”能源合作看国家能源安全［J］. 国际石油经济，2019，27（9）：1-6.

⑥ Beeson M. Geoeconomics with Chinese characteristics: the BRI and China’s evolving grand strategy［J］. Economic and Political Studies, 2018, 6(3): 240-256.

⑦ 孙霞. 中国与中东国家能源合作中的非能源因素及其影响［J］. 阿拉伯世界研究，2022（4）：21-39，157-158.

⑧ 祝孔超，牛叔文，赵媛等. 中国原油进口来源国供应安全的定量评估［J］. 自然资源学报，2020，35（11）：2629-2644.

⑨ 韩权，江东，付晶莹，等. “一带一路”沿线撒哈拉以南非洲地区能矿资源投资风险指数研究［J］. 科技导报，2018，36（3）：108-116.

⑩ 周伟，江宏飞. “一带一路”对外直接投资的风险识别及规避［J］. 统计与决策，2020，36（16）：123-125.

资源禀赋、电网条件、规划目标、用能方式、用能习惯等都不尽相同。为了保证“一带一路”倡议是各国平等参与、持续互利共赢的新型合作模式，需要从话语权、参与权和收益权三个层面考察[①]。近年来，随着世界能源绿色转型趋势加快，在能源绿色转型过程中，切忌千篇一律，需要量身定制适合各自特点的绿色能源转型方案和发展路径[②]。由于“一带一路”共建国家的国情不尽相同，所以在进行国际能源合作时面临的困境也大不一样。在中哈能源合作中，哈国的基础设施不完善、投资政策不健全，以及汇率风险成为主要障碍[③]。如此看来，在与不同的国家进行国际能源合作时，应根据实际情况制定合作战略，选择合作模式。

赵宏图（2022）[④]通过分析“碳中和”目标下中国能源安全面临的挑战，提出中国应对外全方位推动国际合作，以合作共赢理念推动构建全球能源安全共同体。王晓泉（2020）[⑤⑥]认为中俄双方应加强顶层设计，从金融、服务、加工、装备、运输等多个方面，深化双方油气资源合作，推动油气合作朝着政经互动、大企业和大项目引领、上中下游全链条多业一体化的方向发展，同时加强能源外交战略协作，共同构建地区和世界能源秩序。熊智钰（2020）[⑦]根据国际能源合作上中下游领域的实际情况，提出中国应不断加深与“一带一路”国家上中下游领域的能源合作，加强构建全产业链框架，促进上中下游产业协调发展。余晓钟、罗霞（2021）[⑧]在现有能源“互利共赢”合作的基础上，提出稳固单元、夯实基础、优化环境、完善界面四个策略路径，实现能源主体、环境、关系、模式和机制五个层面“共生”，推进“一带一路”区域能源合作，推进能源“命运共同体”的构建和完善，实现全球“多元共生”。在“一带一路”高质量发展新形势下，个体难以承担整个能源合作模式的创新任务，需政府部门、供应商、生产商、科研院所等多个机构共同推动[⑨]。张成岗、王明玉（2022）[⑩]从“一带一路”共建国家的环境风险出发，得出不同国家能源消耗方式，最终提出中国与共建国家能

---

① 江河. 论国际法的公平价值及其实现进路：从和平到正义［J］. 政法论丛，2023（1）：77-86.

② 王林. 绿色能源投资远远不够［J］. 中国石油和化工产业观察，2023（3）：100.

③ 周义娇. 中国与哈萨克斯坦能源贸易潜力研究［D］. 石家庄：河北师范大学，2022.

④ 赵宏图. 国际能源转型进程中的能源安全新挑战［J］. 国家安全研究，2022（6）：88-104，167.

⑤ 王晓泉. 试析中俄上中下游全链条多业一体化油气合作模式［J］. 欧亚经济，2020（4）：102-117，126，128.

⑥ 王晓泉. 加强中俄战略协作 重塑世界经济地理［J］. 经济导刊，2020（7）：26-34.

⑦ 熊智钰. “一带一路”背景下国际能源合作机制创新模式研究［J］. 价格理论与实践，2020（2）：157-159，175.

⑧ 余晓钟，罗霞. “一带一路”国际能源合作创新模式实施保障机制研究［J］. 科学管理研究，2021，39（5）：160-168.

⑨ 余晓钟，刘梦薇，白龙. 基于高质量发展的“一带一路”国际能源合作模式创新研究［J］. 科学管理研究，2021，39（2）：166-170.

⑩ 张成岗，王明玉. “一带一路”沿线国家的环境风险评价及治理政策研究［J］. 中国软科学，2022（4）：1-10+34.

源合作的建议。许勤华、袁淼（2019）[①]指出“一带一路”倡议推动中国国际能源合作模式在沿袭中不断创新，形成纵向复合、交叉主动、横向规范三种模式，市场规则的作用将进一步发挥，多边合作组织参与的主动性将逐步提升，合作对象的内生增长力亦将增强。王双（2021）[②]认为中国将引领绿色“一带一路”区域从区域、国家和产业三个层次，实现顶层设计、平台搭建、基础设施联通三个层面的高水平发展，优化我国清洁能源领域的合作路径，全面提升我国能源国际合作机制化与互联互通水平。随着能源合作的不断深化，中国不应该继续采用传统的“开采+收购”方式，而是应该构建一条包括管道运营、油气勘探和开发、精炼加工和销售在内的完整产业链，以此来促进中亚国家的经济朝着多样化的方向发展[③]。李况然（2021）[④]认为“一带一路”国家众多，其发展水平和文化价值观各不相同，因此，需要构建上海合作组织框架下统一的能源合作法律机制。张强、苗龙（2021）[⑤]从政府、企业、金融机构、社会组织四个层面提出了中国与共建国家能源合作迈向更高台阶的策略。许勤华（2019）[⑥]提出从纵向复合、横向规范、交叉主动三个方面进行中国国际能源合作模式创新。李昕蕾（2020）[⑦]认为中国“一带一路”新能源外交可以借鉴德国、美国、日本、印度四个国家的能源外交经验，提升中国在清洁能源领域的话语权与国际影响力。

最后，付博超（2022）[⑧]从能源安全法律制度角度分析，我国的能源安全法律制度虽已初步建立，但仍存在诸多缺陷，如缺乏关键的法律法规，应急、储备、协调、消费等制度不健全，缺乏国际合作等缺陷，这就导致现有的能源安全保障体系在应对突发的能源危机时显得力不从心。当前能源国际合作的法治化水平不够高，为应对国内外新形势，应加快构建以诸边条约为基础、以多边条约为框架的国际能源合作法律体系[⑨]。如在中俄能源合作中，两国的能源发展规划一直没有对齐，同时缺少具有强制性

① 许勤华，袁淼.“一带一路”建设与中国能源国际合作［J］. 现代国际关系，2019（4）：8-14.

② 王双. 中国与绿色“一带一路”清洁能源国际合作：角色定位与路径优化［J］. 国际关系研究，2021（2）：68-85，156-157.

③ 梁鸿泽，邹裕钏.“一带一路”战略下中国与中亚国家能源合作分析［J］. 中国外资，2020（24）：7-8.

④ 李况然，李正图. 中国对外能源投资保护法律机制初探——基于上合组织框架的研究［J］. 江淮论坛，2021（5）：141-147+193.

⑤ 张强，苗龙，汪春雨，等. 新时代中国能源安全及保障策略研究——基于推进“一带一路”能源高质量合作视角［J］. 财经理论与实践，2021，42（5）：116-123.

⑥ 许勤华. 中国能源国际合作成就及其地区动力［J］.China Oil & Gas，2019，26（2）：21-23，74-75.

⑦ 李昕蕾. 德国、美国、日本、印度的清洁能源外交比较研究：兼论对中国绿色“一带一路”建设的启示［J］. 中国软科学，2020（7）：1-15.

⑧ 付博超. 我国能源安全法律制度研究［D］. 石家庄：河北地质大学，2022.

⑨ 胡德胜. 论服务于中国式现代化的能源安全法治方略［J］. 广西社会科学，2023（1）：1-9.

和执行力的法律、金融体系支撑，在能源基础设施建设方面也存在着矛盾和阻碍[①]，中国需坚持开展多边“能源外交”，扩大战略石油储备等多方面施策方针。

国内外学者从投资风险、政治风险、合作模式、法律法规制度等视角为本书提供了广阔的研究视角和良好的研究基础，但从对现有文献的梳理来看：（1）国内外学者关于能源国际风险的研究聚焦在中俄、中亚、西亚等地缘政治复杂的区域，对于“一带一路”其他地区如东欧、东南亚、非洲国家的研究较少，研究能源单项需求的多，双向合作的少；（2）从研究内容看，国内外学者研究“一带一路”背景下国际能源合作模式风险的多，研究国际合作模式的少，研究综合风险的多，研究单一风险的少，介绍模式的多，总结模式的少。因而，从已有文献可以看出，站在“一带一路”倡议背景视角，学术界关于未来国际能源合作方面的诸多领域都有较好研究的空间。这也为本书下一步的核能合作风险动态分析及核能国际合作模式的选择提供了理论研究与实证分析支撑，也为国际核能合作路径选择、打造国际核能合作命运共同体提供了重要的理论研究与现实价值参考。

### 1.2.3 关于“一带一路”倡议下中国核能国际合作研究

自 2013 年将核能“走出去”上升为国家战略以来，中国正在加强与“一带一路”国家在核燃料循环、核技术开发、核反应堆建造等领域的合作[②③]。2021 年，《政府工作报告》中重点提出“在确保安全的前提下积极有序发展核电”，这是《政府工作报告》在提及核电发展工作安排时首次使用“积极”的字眼，我国核电进入新发展阶段[④]。基于绿色能源转型的需要，核能也是“一带一路”沿线各国发展的主要方向。但在迎来战略机遇的同时，核能合作也面临更复杂的风险挑战。2019 年，世界银行相关数据显示，由于缺乏资金和管理能力，发展中国家引进核能将面临巨大挑战[⑤]。为此，Lin 等（2020）[⑥]认为，为了实现互惠共赢，“一带一路”合作必须审慎考虑其中的成本与收益。

---

① 王嘉祯.“一带一路”背景下中俄能源合作面临的挑战与应对［D］. 延边：延边大学，2022.

② Chen R, Su G H, Zhang K. Analysis on the high-quality development of nuclear energy under the goal of peaking carbon emissions and achieving carbon neutrality［J］. Carbon Neutrality, 2022, 1(1): 33.

③ 徐海燕. 丝绸之路经济带核能合作及其全球治理意义——以中哈铀资源合作开发为例［J］. 复旦学报，2018，60（6）：153-161.

④ 荆春宁，高力，马佳鹏，等.“碳达峰、碳中和”背景下能源发展趋势与核能定位研判［J］. 核科学与工程，2022，42（1）：1-9.

⑤ WB. Belt and Road Economics: Opportunities and Risks of Transport Corridors［M］. The World Bank：2019-08-16.

⑥ Lin B, Bae N, Bega F.China’s Belt & Road Initiative nuclear export:implications for energy cooperation［J］. Energy Policy, 2020(142): 111-519.

有学者从非经济成本角度对核能合作风险进行探讨，Mohammad 等（2020）①指出，对于海湾合作委员会国家②，尤其是沙特阿拉伯和阿联酋，地缘政治是影响其开展核能合作的主要因素。Philseo 等（2022）③通过研究 2000 年至 2015 年涉及民用核技术的双边合作发现，最近核技术合作中存在着潜在的核扩散不确定性。例如，军费开支高的客户国更有可能进行更具体的核合作④，供应国和客户国倾向于用更具体的核合作来补充其薄弱的军事联盟。此外，在东亚太平洋地区层面，David（2011）⑤也围绕核电的各种安全、环境和核扩散风险问题作了相关研究。

为合理应对核能合作中的机遇和挑战，邓秀杰（2021）⑥，邹占、段涛（2021）⑦等分别以东南亚和中拉为研究对象，提出核电合作的政策考量和相关建议。吴爱萍（2022）⑧指出，各国之间的经济发展水平、能源供需结构和地缘政治关系等都会对世界核能装备国际市场结构产生重大影响。国际核能装备间的贸易关系，折射出大国之间的经济博弈。罗筑华（2022）⑨提出“四协同”人才培养模式，吸引“一带一路”国家来华学习，共同打造人类核能安全命运共同体。张秋海、赵荣君（2022）⑩探讨了“一带一路”共建国家与我国合作开发建设核电项目的交付模式。刘宁（2022）⑪从核能技术出口管制范围的角度，为中国核电“走出去”提供参考意见。Lin 等（2020）⑫指出核项目具有长期性，核能合作可以增强国家间的互动，有助于促进两国之间的经济

① Al-Saidi M, Haghirian M.A quest for the Arabian atom? Geopolitics,security, and national identity in the nuclear energy programs in the Middle East［J］. Energy Research & Social Science, 2020(69): 101582.

② 海湾合作委员会全称为海湾阿拉伯国家合作委员会国家，成立于 1981 年 5 月 25 日，成员国包括阿联酋、阿曼、巴林、卡塔尔、科威特和沙特阿拉伯 6 国。自成立以来，海合会各成员国充分发挥语言和宗教相同、经济结构相似等方面的优势，积极推动经济一体化进程。

③ Kim P, Kim J, Yim M S. Assessing proliferation uncertainty in civilian nuclear cooperation under new power dynamics of the international nuclear trade［J］. Energy Policy, 2022(163): 112-852.

④ 核技术合作分为两类，即具体合作和支持性，具体合作主要涉及与核电和燃料循环有关的更深入的技术转让。

⑤ Von Hippel D, Hayes P, Kang J, et al. Future regional nuclear fuel cycle cooperation in East Asia: Energy security costs and benefits［J］. Energy Policy, 2011, 39(11): 6867-6881.

⑥ 邓秀杰. 中国与东南亚的清洁能源合作：核电的机遇与挑战［J］. 东南亚研究，2021（5）：93-113，156-157.

⑦ 邹占，段涛. 中拉核电合作现状展望与对策建议［J］. 中国软科学，2021（12）：1-9+20.

⑧ 吴爱萍，张晓平，宋现锋，等. 2000—2019 年全球核电设备贸易网络结构及其影响因素［J］. 经济地理，2022，42（7）：126-134+194.

⑨ 罗筑华，刘艺，刘永. 我国核安全人才“四协同”培养模式研究［J］. 中国安全科学学报，2022，32（7）：1-6.

⑩ 张秋海，赵荣君，聂岩. 基于模型分析的核电交付模式选择［J］. 建筑经济，2022，43（S1）：876-878.

⑪ 刘宁，蔡午江. 我国原子能技术出口管制规范域外适用研究［J］. 中国政法大学学报，2022（1）：91-99.

⑫ Lin B, Bae N, Bega F. China’s Belt & Road Initiative nuclear export: implications for energy cooperation［J］. Energy Policy, 2020, 142: 111-519.

合作。袁临江（2021）[①]、曾梦宁（2021）[②]建议，在“一带一路”各国和地区，为核电产业提供技术支持，帮助核能及其设备制造企业更好地“走出去”，共同构建核安全命运共同体。而在核能领域的合作，牵扯到政治、经济、文化、大众安全意识和国际区域格局诸多因素，必须通过法治化规范“一带一路”核安全共同体构建的框架体系、框架内容、规则制度体系，确保核安全共同体有序运行[③]。

国内外专家学者分别从核能合作机遇挑战、核电项目建设与交付、核能合作模式等方面对“一带一路”倡议下中国核能国际合作进行了一定的探讨。因核能合作本身具备的政治性、安全性、经济性及复杂性的特点，目前可借鉴的资料与实例并不多见，但可为本书的研究与分析提供较好的参考借鉴，也为本书研究与创新提供了可能。

“一带一路”背景下，国际核能合作领域的研究日益丰富，但由于国际核能合作复杂性以及相关研究方法的不完善，仍有很多内容有待作进一步探讨：（1）国内外学者关于能源国际合作的研究较多，且研究焦点更多放在传统化石能源和中国与部分地区的能源合作，缺乏对核能国际合作问题的系统研究，这为本书的下一步研究提供一定的创新空间。（2）从研究内容来看，大部分研究侧重于“一带一路”背景下国际能源合作的途径和能源投资问题，而核能受政府严格监管，技术难度高、建设周期长，而且前期资金投入巨大，因而现有常规能源国际合作模式和经验并不完全能指导中国核能国际合作，但也可为本书的具体模式探索提供强有力的实证参考。因此，分析“一带一路”共建国家核能国际合作的机理、风险及模式借鉴，对于构建合适的“一带一路”框架下核能国际合作模式、打造核能国际合作命运共同体提供了很重要的研究价值和现实意义。

## 1.3 研究内容

本书以“‘一带一路’倡议框架下中国核能国际合作”为研究对象，通过深入分析“一带一路”倡议框架下中国核能国际合作的必要性与重要性，运用合作博弈模型阐述中国核能国际合作的内在机理，结合核能国际合作的现有成果，进一步从前景、内容、

① 袁临江.“核共体”助力实现“双碳”目标［J］. 中国金融，2021（22）：13-15.

② 曾梦宁. 核保险保障为核能发展护航［J］. 中国金融家，2021（11）：99-100.

③ 岳树梅，于良东. 推进“一带一路”核安全共同体构建的国际法思考［J］. 湖湘论坛，2023，36（1）：95-107.

途径、成效、困难、问题、风险等角度分析“一带一路”核能国际合作的现状与趋势，最后构建中国推进“一带一路”核能国际合作的风险防控机制与有效模式。

### 1.3.1 本书主要研究内容

在认真梳理研究文献、界定相关概念以及铺垫阐述相关研究理论基础的背景下，本书主要围绕以下核心内容进行深入研究。

#### （一）“一带一路”核能国际合作的必要性与重要性

从安全和平利用核能与核能产业发展特点、低碳发展与绿色命运共同体视角，阐述打造国际核能合作命运共同体的必要性与合作发展趋势。

从“一带一路”倡议及构建人类命运共同体的角度，深入分析“一带一路”核能国际合作的必要性与合作契机。

从国家战略安全、能源安全、经济安全及大国责任担当等中国核能国际合作现状入手，深入阐述“一带一路”核能国际合作所具备的打破国际能源供需与合作现有格局、化解世界能源政治经济角力矛盾的战略性、重要性及前瞻性。

#### （二）核能国际合作的经验与比较分析

选取老牌核能大国美国、法国、俄罗斯、加拿大等作为考察对象，详细梳理核能大国之间乃至与世界其他国家之间“竞争—合作”发展脉络，形成核能国际合作案例，总结成功经验和失败教训。

选取日本、韩国为样本，分析新兴核电国家核能产业强势崛起的成功经验及核能国际合作的政策、途径、机制等，以期为中国核能产业“走出去”提供借鉴和启示。

总结国际核能合作案例与经验，结合中国核能国际合作过程中的“技术合作”“资本合作”“政治—经济合作”等遇到的问题与困难，得出中国有效推进“一带一路”核能国际合作经验借鉴及有效缓释合作风险的相关启示。

#### （三）“一带一路”核能国际合作的机理研究

探讨“一带一路”倡议下核能国际合作参与国家的核能需求、合作倾向、战略和行动，形成“一带一路”国际核能合作机理的理论分析。

构建不完全信息下序列合作理论博弈模型，通过模型推导，分析双方和多方博弈情境下合作收益和帕累托改进的合作分配规则，讨论合作博弈存在稳定的均衡解，得出博弈模型结果与启示。

### （四）中国与“一带一路”国家核能国际合作风险评价

在全面分析国际核能合作的政治风险、经济风险、营商环境风险、国际竞争风险及投资竞争风险的基础上，选取已和中国签订共建“一带一路”合作文件的国家为样本对象，采用动态因子分析方法，构建多维度的数据指标和模型，通过对各因素进行系统性综合评估与动态监测，较为科学地识别、判断风险的潜在发展趋势，计算出“一带一路”核能合作风险动态分值，勾勒出 2006—2020 年这 15 年间的各国核能和中分线变化，以平均综合得分将风险划分为三个等级，其中 40 个国家合作风险较低，36 个国家的平均综合得分处于中风险范围，25 个国家核能合作风险波动大、合作风险处于高位，需要重点关注与防范。

### （五）中国参与“一带一路”核能国际合作的模式选择

结合以上四部分的研究，分别总结中国与核能大国、中国与铀矿储备国、核能大国—中国—铀矿储备国现有合作模式及模式创新的可能性。

针对具体共建国家，重点回答模式的合作基础是什么？合作路径有哪些？潜在的风险和收益有多大？以及如何规避潜在的风险？顺利开展合作需要具备哪些必要条件？

提出有效推进“一带一路”核能国际合作的具体途径与可能实施的模式选择：“市场+资本”“市场+技术”“技术+资本”，或者是混合要素的集成模式。

## 1.3.2 本书研究的基本思路

本书围绕中心问题，秉承“提出问题—分析问题—解决问题”的研究思路开展研究，具体研究路线如图 1-1 所示。

## 1.3.3 本书主要研究方法

本书采用的研究方法主要包括调查研究法、文献资料法、比较研究法、系统分析法、定量分析工具等，主要研究方法如表 1-1 所示。

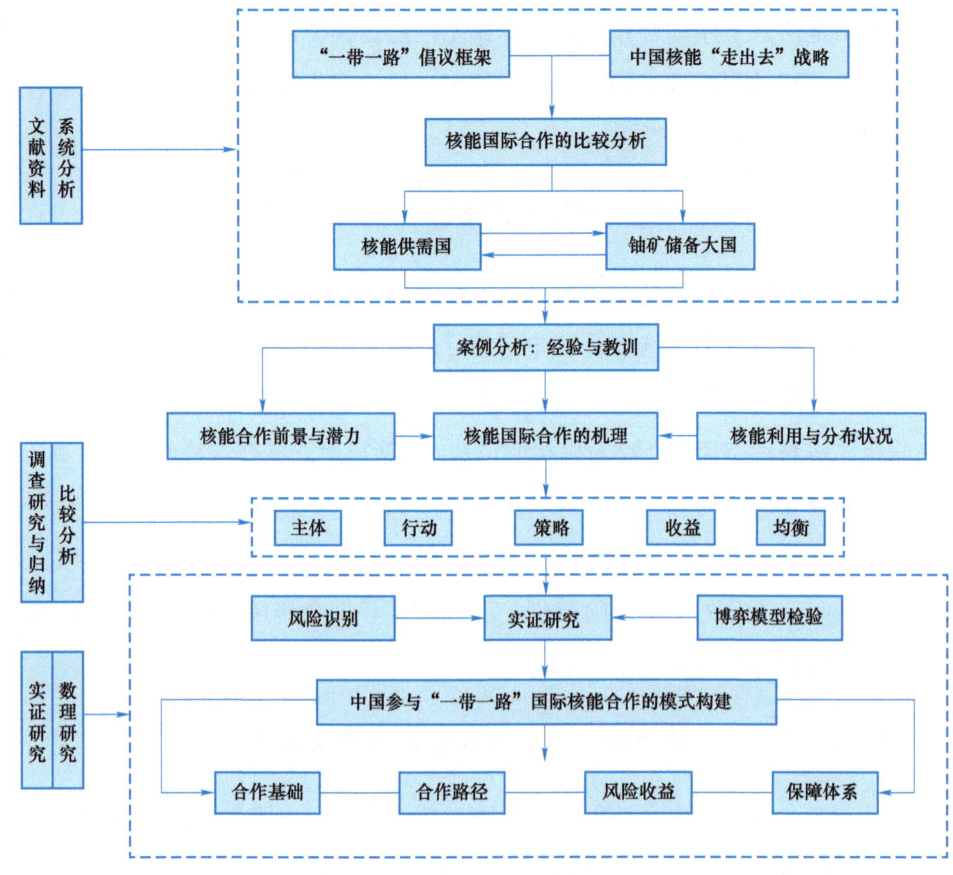


图 1-1　本书研究框架

表 1-1　本书主要研究方法

| 研究内容 | 研究方法 |
|---|---|
| “一带一路”核能国际合作的必要性与重要性 | 文献资料法、系统分析法 |
| 核能国际合作的经验与比较分析 | 调查研究法、系统分析法 |
| “一带一路”核能国际合作的机理研究 | 文献资料法、调查研究与归纳法 |
| “一带一路”核能国际合作的风险治理 | 实证研究法、数理研究法 |
| 中国参与“一带一路”核能国际合作的模式选择 | 文献资料法、比较研究法 |

通过文献资料收集与分析发现：国内外相关能源国际合作的成果较多，而鲜有学者专门探讨核能国际合作问题，在以“一带一路”高质量发展推动构建人类命运共同体的背景下，有关核能国际合作的内在机理、风险评估与防范和模式构建问题，亟待探讨。

通过调查研究与归纳，首先，在分析中国核能企业与外方政府核能合作的表现及风险的基础上，运用博弈论的方法构建中方核能企业与外方政府之间的不完全信息静态博弈模型。根据博弈均衡结果分析可知，中方核能企业的公关能力和外方政府的监管效率对国际核能合作风险的发生有直接的影响。其次，通过收集整理相关资料并系统分析近几十年国际及中国的核能发展现状发现：中国核能产业正处于由大到强的发展阶段，但与欧美等核电强国相比，我国核电现有装机规模与实现“碳达峰碳中和”的目标不匹配，核能新技术的开发力度亟待加强，核电加快发展的紧迫性、必要性较为突出。

通过对核能国际合作的经验与实证进行分析：吸取到日本、俄罗斯、美国、韩国等核能强国在核能合作或核能发展中的经验教训，并了解到核能国际合作所面临的主要风险，基于此本书构建了中国与“一带一路”国家核能国际合作风险综合评价体系，运用动态因子模型，探究了 2006—2020 年已签署共建“一带一路”合作谅解备忘录的 101 个国家或地区核能合作风险水平，实现了横向空间差异和纵向动态趋势的全面测评。最后，在以上研究结论的基础上提出了一套更为合理的核能国际合作的模式以供参考。

## 1.4 研究价值与创新

### 1.4.1 主要研究目标与重点难点

理论目标：尝试对“一带一路”倡议框架下中国核能国际合作进行系统研究，对核能国际合作的内在机理、国际比较、风险识别、风险评估、风险规避、模式构建进行深入分析，为后续研究提供理论支持。

实践目标：在“一带一路”倡议框架下探讨中国核能的国际合作问题，不仅有助于推进“一带一路”倡议框架下中国核能的国际实践，也为类似行业在“一带一路”倡议框架下“走出去”战略提供实践探索经验。

本书的研究重点有三：一是核能国际合作的比较分析，二是“一带一路”核能国际合作的风险识别与规避，三是“一带一路”核能国际合作的风险评估。

本书的难点有三：一是“一带一路”核能国际合作的机理研究，二是有关核能国际合作的关键数据资料的收集与采集，三是中国参与“一带一路”核能国际合作的模式构建。

学术价值：本书为“一带一路”倡议框架下中国核能国际合作的实践提供理论支撑；尝试对中国核能国际合作的内在机理、风险评判与防控、模式创新进行系统研究，深化中国核能国际合作的战略框架内容。

应用价值：一是从定性与定量分析的角度系统研究“一带一路”倡议框架下中国核能国际合作的相关问题，对推动中国核能国际合作，乃至其他领域的国际合作具有重要的现实价值。二是本书的研究为纷繁复杂的国际政治经济格局下保障国家能源安全、打造国际核能合作命运共同体提供了具有前瞻性的应用价值。

### 1.4.2 本书的创新

学术思想的特色和创新：目前国内外相关能源国际合作的研究在学理层面的讨论较多，专门针对核能国际合作的探讨明显不足。在分析国内外核电合作、铀资源合作的基础上，本书提出了“一带一路”倡议框架下的核能国际合作的理念与思路，并在新的理论指引下尝试研究“一带一路”倡议框架下中国核能国际合作，尤其是研究其内在机理、国际比较、风险识别、风险评估、风险规避、模式构建等问题，由此引出的学术思想具有一定的新颖性。

研究思路的特色和创新：基于不完全信息博弈思想构建了针对“一带一路”国际核能合作风险的机理问题的理论模型，通过动态因子模型测算出2006—2020年中国与“一带一路”国家核能国际合作的具体风险，并以此结果数据运用双向固定效应模型对前面的模型推导结果的科学性进行了实证检验，得出核能合作风险的地区聚集效应和东道国监管的风险缓释效应，以及制度距离、文化距离和地理距离的调节作用，并提出了更具针对性、科学性的政策建议，在核能国际合作研究领域是一次全新的探索。

具体研究方法的特色和创新：首先，将博弈论思想运用到核能国际合作研究领域，并采用不完全信息下序列合作静态博弈模型探讨核能国家合作的内在机理，能更好地模拟信息不对称情况，具备较高的操作性和简化性，能够分析参与方的策略选择和博弈行为。其次，创新性地将生物学、医学等领域的动态因子模型运用到风险评价领域，弥补了传统的静态风险评价存在的缺陷。并且，在传统的能源合作风险研究只考虑政治风险、经济风险问题的基础上，增加了营商环境、双边外交关系和清洁能源使用比重的相应指标，首次构建了中国与“一带一路”国家核能国际合作风险指标体系。最后，用ArcGIS将测算结果进行可视化展示，实现了地理学与经济管理学的有机融合，在提高本书可读性的同时，也增加了本书研究结论的科学性。

# 第 2 章　概念界定与相关理论基础

在“一带一路”背景下，国际核能合作正处于稳中向好的有序发展阶段，但仍面临着政治、经济、社会等诸多方面的风险与挑战，合作摩擦及对外直接投资增速放缓等问题亟待解决。围绕研究主题，本书首先对“一带一路”“人类命运共同体”、核能合作等概念进行了界定，然后再对国际合作、地缘政治、博弈论等理论进行了梳理，最后详细介绍了合作风险评价的具体方法。

## 2.1　概念界定

### 2.1.1　“一带一路”相关概念厘定

#### （一）“一带一路”倡议的时代背景

2008 年的国际金融危机给国际社会带来了复杂而深刻的变化，危机对全球经济的冲击还没有完全消除，世界经济复苏放缓，国家间发展不均衡加剧。国际投资贸易格局和多边规则都在进行着深刻的调整，各国的发展问题仍然十分突出[①]。在此背景下，中国发展面临以下几个方面的问题。首先，中国面临着产能过剩的问题。过去几十年，中国经历了快速的工业化和经济高速增长的黄金发展阶段，但也不可避免地带来了相应的产能过剩问题，中国实体经济发展方式亟待转型。其次，中国对油气及矿产资源

① 辛翠玲. 从民族主义到认同平行外交：魁北克经验［J］. 政治科学论丛，2005（24）：111-135.

的对外依赖度较高。改革开放以来，为了加快工业化和城市化进程，中国也成为全球最大的能源消费国之一，对石油、煤炭、天然气等资源的需求强劲，且大部分资源需要从国外进口，这大大增加了中国对国际能源市场的依赖。在全球经济不景气、各国贸易保护主义盛行的背景下，中国进出口贸易屡遭疲态。此外，美国绕开中国，推进跨太平洋伙伴关系协议（TPP）和跨大西洋贸易伙伴谈判（TTIP），试图重新制定全球新的贸易规则，以稳固其在全球贸易中的主导地位。在“内忧外患”的境况下，中国国家主席习近平于 2013 年 9 月 7 日在哈萨克斯坦首次提出了共同建设“丝绸之路经济带”；一个月后，在印度尼西亚提出“21 世纪海上丝绸之路”。二者合称“一带一路”（The Belt and Road），旨在加强与共建国家的互联互通，推动贸易和投资自由化/便利化，实现共同繁荣与发展[①]。

“一带一路”是促进沿线共同发展、实现各国共同繁荣的合作共赢之路，是增进相互理解与信任、加强全方位交流与合作的和平友谊之路。该倡议秉持和平合作、开放包容、互学互鉴、互利共赢的四大发展理念，通过设立亚投行、丝路基金为“一带一路”国际合作提供了稳固的资金基础。“一带一路”的具体目标是：致力于进一步改善地区基础设施，现已基本形成安全和高效的陆海空通道，使共建各国的互联互通提高到了一个新的高度；贸易和投资的便利程度不断提高，已初步建成了高标准的自贸区网络体系，中国与各方的经济关系和政治互信不断加深；人文交流不断深化，各种文明相互印证、共同繁荣，人民相互了解、相互友好。“一带一路”倡议的相关政策与布局为国际核能合作与发展提供了政策、资金等支持。

1. 亚投行

亚投行全称为亚洲基础设施投资银行（Asian Infrastructure Investment Bank，AIIB），是一个政府间的亚洲区域多边发展银行，同时也是全球首个由中国倡议设立的国际金融机构。2013 年，中国首次发起设立亚投行的倡议，目的在于推动本地区互联互通建设和经济一体化进程，并为共建发展中国家基础设施建设提供资金支持。随后，中国与其他亚洲国家展开了广泛的磋商和协商，吸引了来自世界各地的其他国家加入。《筹建亚投行备忘录》由包括中国、新加坡在内的 21 个有意向的国家于 2014 年 10 月 24 日在北京签订，各方就成立亚洲基础设施投资银行达成协议，标志着中国在亚洲地区发起建立的首个多边开发机构的准备工作又向前迈进了一步[②]。2015 年 12 月 25 日，

---

① 国家发展改革委外交部商务部. 推动共建丝绸之路经济带和 21 世纪海上丝绸之路的愿景与行动[N] 人民日报，2015-03-29（4）.

② 康文梅. 贸易便利化提高的国际经贸影响研究——基于“一带一路”六大经济走廊的实证分析［J］. 价格月刊，2022（3）：48-54.

亚投行正式成立，总部设在中国北京，中国为其最大的股东。

亚洲作为全球经济发展最具活力和潜力的地区之一，其交通运输、能源、通信、水务等领域对基础设施的完善提出了更高的要求。作为一个多边金融机构，亚投行的目标是填补亚洲地区基础设施建设的融资缺口，通过向成员方提供贷款、股权投资和其他金融工具来支持重大项目实施，以推动基础设施的建设和改善。其宗旨是通过为亚洲及其周边地区的基础设施建设项目提供融资支持，促进地区的经济可持续性发展，加速亚洲经济一体化进程。

亚投行的成立得到多数国家的广泛支持，目前已经拥有 100 多个成员方。亚投行的成立对发展中国家来说具有重要意义。首先，它为亚洲及其周边地区提供了一个额外的融资渠道，帮助满足地区基础设施建设的资金需求。其次，作为由最大发展中国家——中国倡议设立的机构，亚投行反映了中国在国际舞台上日益重要的地位和大国责任担当。此外，亚投行的成立也增加了全球金融体系的多样性，为成员方提供了更多选择和合作机会。通过支持亚洲地区的基础设施建设和可持续发展，亚洲基础设施投资银行为成员方提供了更多的发展机会，促进了区域间的经济合作一体化，并推动亚洲经济的可持续增长。

2. 丝路基金

丝路基金是指“一带一路”基金（Silk Road Fund）。在“一带一路”倡议下，丝路基金应运而生，于 2014 年 11 月在中国中央财经领导小组第八次会议上首次被提出。习近平总书记在本次会议上指出，发起并与一些共建国家合作建立亚洲基础设施投资银行是要为共建地区的基础设施建设提供资金支持，促进经济合作，而设立丝路基金是要利用我国资金实力直接支持“一带一路”建设。由此，中国出资 400 亿美元成立了丝路基金。

丝路基金不同于亚投行，它是为“一带一路”沿线国家和地区实现互联互通目标服务的，秉持以下四个原则：一是对接原则，投资决定应与各国的发展战略和规划相衔接；二是效益原则，丝路基金不是援助性或捐助性的，坚持市场化运营；三是合作原则，丝路基金不是多边开发机构，需遵守中国和投资所在国的法律法规，坚持优势互补、合作共赢；四是开放原则，丝路基金欢迎有志者加入。

丝路基金从创立之日起，一直秉承“开放包容、互利共赢”的理念，与 30 余个国家、地区的投资商和多个国际与区域性组织建立了广泛的合作伙伴关系。截至 2022 年末，丝路基金累计签约项目 70 余个，已承诺投资金额约 215 亿美元，不断完善“一带一路”共建国家和地区投资布局。其中，18 个项目已全部落地，并纳入两届“一带一路”国际合作高峰论坛成果清单。丝路基金的成立对于推动“一带一路”倡议具有重要意义。丝路基金与“一带一路”同频、同向、同道，致力于“一带一路”共建国家互通有无、共建共享、互利共赢，也正是我国在“构建人类命运共同体”方面作出的具体实践之一①。它为中国与沿线国家之间的合作提供了重要的金融支持和合作平台。通过资金的注入和投资项目的推动，丝路基金促进了共建国家的发展和互利共赢，增进了地区间的经济联系和合作关系。它填补了项目融资的缺口，帮助了共建国家推动经济发展和提高基础设施水平。丝路基金作为一个由中国倡议设立的专项投资基金，推动了全球经济增长和多边主义的发展。历经多年的经验积累，丝路基金已经初步探索出既符合“一带一路”倡议理念，又具有中国自身特色和灵活性的海外投融资模式，促进了共建国家的经济繁荣和发展，为全球经济注入了新的动力，推动全球合作与共同发展的进程。

3. 六大经济走廊

中国—中亚—西亚经济走廊：该经济走廊从中国西部延伸至中亚国家（哈萨克斯坦、吉尔吉斯斯坦、塔吉克斯坦、乌兹别克斯坦、土库曼斯坦）以及西亚国家（伊朗、土耳其）。它通过陆路和海路连接了不同国家的交通、能源和贸易网络。中亚、西亚地区油气资源极为丰富，该走廊的建立对于我国海外能源资源保障具有重要的战略意义。

中国—蒙古—俄罗斯经济走廊：该经济走廊连接了中国、蒙古和俄罗斯。有两个通道，一是从华北京津冀到呼和浩特，再到蒙古国和俄罗斯；二是东北通道，沿着老中东铁路从大连、沈阳、长春、哈尔滨到满洲里和俄罗斯的赤塔。该走廊的战略意义在于，通过与俄罗斯的“跨欧亚大铁路”和蒙古“草原之路倡议”对接，实现了三国经济合作走廊的交通、货运和跨国电网畅通，涵盖了交通基础设施、能源资源开发以及农业合作多个领域。

中国—巴基斯坦经济走廊：该经济走廊是“一带一路”倡议的重要组成部分，连接了中国西部的新疆地区和巴基斯坦。其包括基础设施建设、能源合作、贸易和产业投资等方面的合作。该经济走廊建成后，预计将有50%的中国进口原油通过中巴经济走廊运输到中国，这对解决“马六甲之难”有着重大的现实意义。

中国—孟加拉国—印度—缅甸经济走廊：该经济走廊连接了中国、孟加拉国、印度和缅甸，贯穿东亚、南亚、东南亚三大次区域，横跨太平洋、印度洋两大海域，涉及港口建设、公路和铁路网络、能源合作等领域。该走廊同样具有降低中国对马六甲

① 张梦婷，钟昌标. 跨境运输的出口效应研究——基于中欧班列开通的准自然实验［J］. 经济地理，2021，41（12）：122-131.

海峡依赖的战略意义。

中国—中南半岛经济走廊：该经济走廊以中国西南为起点，连接中国和中南半岛各国，是中国与东盟扩大合作领域、提升合作层次的重要载体。该经济走廊是一个重要的陆海经济带，依托泛亚铁路网、亚洲公路网和陆港网等东南亚地区的交通物流基础设施，连接着中国、东南亚和南亚地区。其战略意义在于进一步加强了中国与东盟国家之间的紧密联系。

新亚欧大陆桥经济走廊：该经济走廊是一条连接环太平洋经济圈和欧洲经济圈的重要通道，涵盖了约 25 个国家，包括中国在内。这条走廊从中国东部沿海开始，一直延伸到西部，穿越中国西北、中亚、俄罗斯，最终到达中东欧。该经济走廊的建设以现代化的国际物流体系如中欧班列等为基础，重点发展经贸和产能合作，拓展能源资源合作空间，旨在构建畅通高效的区域大市场。

4. 中欧班列

中欧班列是指按照固定车次、线路、班期和全程运行时刻开行，以运输集装箱等货物为主要运输对象，往来中国与欧洲以及“一带一路”共建各国之间的国际铁路联运班列。中欧班列在西中东铺开了三条通道：西部通道从我国中西部出发，过阿拉山口（霍尔果斯）出境；中部通道从我国华北地区出发，过二连浩特出境；东部通道从我国东南部沿海地区出发，过满洲里（绥芬河）出境①。它是“一带一路”倡议的重要组成部分，旨在促进中国与欧洲之间的贸易和物流合作。

中欧班列铁路不仅是一条国际定期货物运输通道，而且还担负着国际货物运输的“海铁联运”重任。在没有中欧班列的情况下，东南亚和欧洲之间的贸易往来通常需要依赖航运，货物通常通过马六甲海峡、红海、苏伊士运河和地中海之间的航线进行运输。而随着中欧班列的开通，这些国家的货物可以直接从其国内运到中国，然后由铁路直接转到欧洲，这样的运输方式极大地缩短了运输时间，同时也降低了运输成本。在国际经贸交往过程中，中欧班列凭借着距离短、速度快、安全性高、成本相对较低等优势②，在中国与欧洲乃至东南亚和大洋洲等地区的国家的合作交流中发挥着骨干作用。中欧班列的建设和发展极大地促进了中国与欧洲之间的贸易便利化和物流合作。相比传统的海运和空运，中欧班列具有更短的运输时间和更可靠的运输安排，能够更好地满足货物的时效性和可追溯性要求。它为共建各国提供了更多的贸易机会和物流

---

① 苏天欣，张轶. 一带一路背景下中欧班列开行困境与对策分析［J］. 中国储运，2021（7）：75-76.

②“一带一路”海上合作设想/EB/0L1.（2017-06-20）2020-07-121. http://www.xinhuanet.com/politics/2017-06/20/c 1121176798.htm.

选择，促进了商品的互通和市场的开放。中欧班列是中国深入推进“一带一路”倡议的重要举措之一，对推动全球贸易和互联互通具有积极影响。

5. 蓝色经济通道

海上合作是“一带一路”建设的重要组成部分。在2017年发布的《“一带一路”建设海上合作设想》中，提出建设三条连接亚洲与非洲、大洋洲、欧洲和其他地区的海上“蓝色经济通道”。一是中国—印度洋—非洲—地中海蓝色经济通道，在中国沿海经济带的基础上，经过中国—中南半岛经济走廊，南海向西进入印度洋，连接中巴和孟中印缅经济走廊；二是中国—大洋洲—南太平洋蓝色经济通道，穿越南海南入太平洋；三是蓝色经济通道，通过北冰洋连接欧洲[①]。蓝色经济通道对加强海上合作，促进世界各国经济联系更紧密、互惠合作更深入、发展空间更广阔具有重要意义。

6. 冰上丝绸之路

冰上丝绸之路的概念是在丝绸之路经济带和海上丝绸之路的基础上提出的，是指利用北极航道连接北美、东亚和西欧，以便更加便捷地开展跨北极地区的航运和贸易活动。传统的丝绸之路是陆上和海上贸易网络，而冰上丝绸之路则利用北极地区的航道，将贸易和物流延伸到极地地区。其主要有三条航道：经过俄罗斯海域的“东北航道”，经过加拿大海域的“西北航道”，贯穿北冰洋中心海域的“中央航道”。2017年7月，中俄联合宣布展开北极航道合作，建设“冰上丝绸之路”。中俄在“冰上丝绸之路”建设中起到了实践者、倡导者和推动者的角色。

中俄在“冰上丝绸之路”建设上已取得积极进展，其中亚马尔液化天然气（LNG）项目的正式启动是两国合作的标志性成果之一。中国通过亚马尔项目不但能获得稳定的绿色能源供给，还为经北极航道开辟了新的运输通道，为冰上丝绸之路的实施提供了重要的支点。冰上丝绸之路已经成为中俄“一带一路”对接的重要环节，共建冰上丝绸之路将把中俄两国的全面战略合作伙伴关系推向新的高度。此外，作为“一带一路”倡议的有机延伸，冰上丝绸之路具有重要的战略价值和时代意义。

## （二）“一带一路”倡议发展历程

“一带一路”倡议的发轫可以追溯到2013年秋季，它是中国提出的一个重大国际合作倡议，旨在呼吁各国加强基础设施建设和经济合作，促进亚洲、欧洲和非洲之间的互联互通和经济共赢。目前，国内外对于“一带一路”倡议发展阶段尚没有明确的

① 杨有平，李爱国，王华宝，等. 挑战自我展示风采——2023年4月试题大赛优秀试题集锦［J］. 中学政治教学参考，2023（17）：74-77.

定义。根据实际调研的情况，本书将其大致分为以下几个阶段。

倡议提出与推广阶段（2013—2015 年）："一带一路" 倡议最早于 2013 年由中国国家主席习近平提出。在这一阶段，主要集中于宣传和解释 "一带一路" 倡议，并努力实现各国之间的政策对接和合作框架的建立。2014 年秋天，习近平主席在印度尼西亚巴厘岛召开的亚太经合组织（APEC）峰会上进一步阐述了 "一带一路" 倡议的重要性和意义，强调了加强亚太地区互联互通的必要性，并突出了中国为推动参与国共同发展所作出的努力。2015 年，国家发展改革委、外交部、商务部联合发布了《推动共建丝绸之路经济带和 21 世纪海上丝绸之路的愿景与行动》，明确了 "一带一路" 倡议的总体目标和重点领域，并将 "一带一路" 列为中国 "走出去" 战略的重点。同年，中国政府设立了以国家发展改革委牵头的 "一带一路" 建设领导小组，该小组负责协调倡议的实施。

建设合作框架和合作协议阶段（2016—2018 年）：在这一阶段，"一带一路" 倡议逐渐从基础设施建设向经贸合作转变，并获得更广泛的国际认可。2016 年 11 月 "一带一路" 倡议被写入联合国大会决议；党的十九大报告中初步形成了三大共同体（利益共同体、责任共同体、命运共同体）、四大理念（共同合作、开放包容、互学互鉴、互利共赢）、五通模式（政策沟通、设施联通、贸易畅通、资金融通、民心相通）、六廊六路（六廊：新亚欧大陆桥、中国—蒙古—俄罗斯、中国—中亚—西亚、中国—中南半岛、中国—巴基斯坦、中国—孟加拉国—印度—缅甸经济走廊；六路：铁路、公路、水路、空路、管路、信息高速路）。中国与共建国家加强了贸易往来和投资合作，并促进了区域间的经济一体化。"一带一路" 国家间的贸易额不断增长，同时推动了投资、金融和人员往来等领域的合作。此外，中国政府与沿线国家签署了一系列合作协议，包括基础设施建设、贸易投资、金融合作等领域。

实施和推动合作阶段（2019 年至今）：从 2019 年开始，"一带一路" 倡议进入了更加实质性的实施和推动阶段。中国政府加大了对倡议的投入，并积极推动相关项目的落地和实施。这一倡议已经吸引了众多国家的关注和参与，"一带一路" 建设由 "中国" 向 "世界" 转变，形成了一个全球性的合作框架，大量基础设施项目、能源项目和产能合作项目在共建国家展开，为共建国家的经济发展提供了重要支持。同时，中国还加强了与国际组织和其他国家的合作，推动 "一带一路" 倡议的全球共享和互利共赢。同时，随着全球对气候变化和可持续发展的关注日益增加，"一带一路" 倡议开始关注绿色发展和可持续性发展。在这个阶段，中国提出了绿色 "一带一路"、数字 "一带一路" 等概念，鼓励沿线国家在能源、环境和科技等领域推动可持续发展。

"一带一路" 倡议的发展历程是一个逐步推进的过程，从 2013 年倡议提出到宣传推广，再到合作协议，最后进入全面推进阶段，中国不仅出台了一系列支持“一带一路”倡议的政策，而且还将其写入党章并上升为国家战略，目前丝绸之路国际经济合作建设日趋完善。截至 2023 年 1 月 6 日，中国已经与 151 个国家和 32 个国际组织签署 200 余份共建“一带一路”合作文件，如表 2-1 和图 2-1 所示。未来，“一带一路”倡议将继续促进参与国家之间的合作，会有越来越多的国家和地区加入“一带一路”的大家庭。

**表 2-1　目前已与中国签订“一带一路”合作协议的国家汇总**

| 地区 | 签约国家 |
| --- | --- |
| 非洲 | 苏丹、南非、塞内加尔、塞拉利昂、科特迪瓦、索马里、喀麦隆、南苏丹、塞舌尔、几内亚、加纳、赞比亚、莫桑比克、加蓬、纳米比亚、毛里塔尼亚、安哥拉、吉布提、埃塞俄比亚、肯尼亚、尼日利亚、乍得、刚果布、津巴布韦、阿尔及利亚、坦桑尼亚、布隆迪、佛得角、乌干达、冈比亚、多哥、卢旺达、摩洛哥、马达加斯加、突尼斯、利比亚、埃及、赤道几内亚、利比里亚、莱索托、科摩罗、贝宁、马里、尼日尔、刚果（金）、博茨瓦纳、中非、几内亚比绍、厄立特里亚、布基纳法索、圣多美和普林西比、马拉维 |
| 亚洲 | 韩国、蒙古国、新加坡、东帝汶、马来西亚、缅甸、柬埔寨、越南、老挝、文莱、巴基斯坦、斯里兰卡、孟加拉国、尼泊尔、马尔代夫、阿联酋、科威特、土耳其、卡塔尔、阿曼、黎巴嫩、沙特阿拉伯、巴林、伊朗、伊拉克、阿富汗、阿塞拜疆、格鲁吉亚、亚美尼亚、哈萨克斯坦、吉尔吉斯斯坦、塔吉克斯坦、乌兹别克斯坦、泰国、印度尼西亚、菲律宾、也门、叙利亚、巴勒斯坦、土库曼斯坦 |
| 欧洲 | 塞浦路斯、俄罗斯、奥地利、希腊、波兰、塞尔维亚、捷克、保加利亚、斯洛伐克、阿尔巴尼亚、克罗地亚、波黑、黑山、爱沙尼亚、立陶宛、斯洛文尼亚、匈牙利、北马其顿（原马其顿）、罗马尼亚、拉脱维亚、乌克兰、白俄罗斯、摩尔多瓦、马耳他、葡萄牙、意大利、卢森堡 |
| 大洋洲 | 新西兰、巴布亚新几内亚、萨摩亚、纽埃、斐济、密克罗尼西亚联邦、库克群岛、汤加、瓦努阿图、所罗门群岛、基里巴斯 |
| 南美洲 | 智利、圭亚那、玻利维亚、乌拉圭、委内瑞拉、苏里南、厄瓜多尔、秘鲁、阿根廷 |
| 北美洲 | 哥斯达黎加、巴拿马、萨尔瓦多、多米尼加、特立尼达和多巴哥、安提瓜和巴布达、多米尼克、格林纳达、巴巴多斯、古巴、牙买加、尼加拉瓜 |

注：数据来源：中国“一带一路”网（*www.yidaiyilu.gov.cn*）（截至 2023 年 1 月 6 日）

## （三）“一带一路”五通发展情况

### 1. 政策沟通

加强政策交流，形成广泛的国际共识。在“一带一路”建设中，政策交流是行动指南和重要保证。自该倡议提出以来，中国与相关国家、国际机构进行充分交流、协调，就共同共建“一带一路”达成了广泛的共识。“一带一路”建设正日益引起世界各国及国际组织的重视，并逐渐成为当今世界备受欢迎的国际公共产品，为各国提供了一个重要的国际合作交流平台。到 2023 年年初，中国已经与 151 个国家和 32 个国际机构签订了超过 200 项关于“一带一路”的协议，这些协议涵盖了投资、贸易、金融、科技、社会、人文、民生等多个领域。与此同时，中国在推进“一带一路”倡议时主

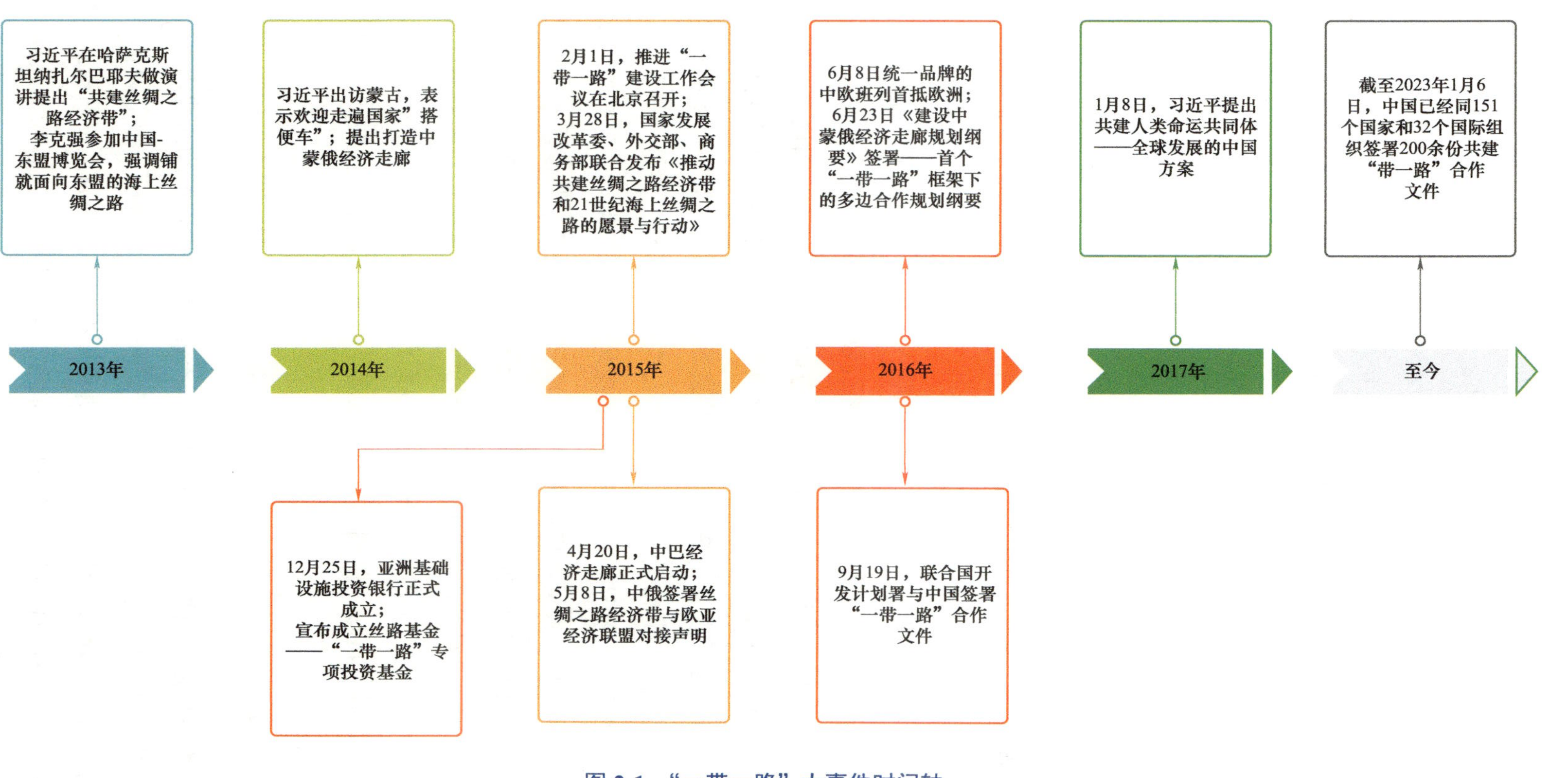


图 2-1　“一带一路”大事件时间轴

动承担起国际社会责任，加强与其他国家的合作。在国际合作方面，“一带一路”与联合国2030年可持续发展议程取得了良好的衔接，为推动世界各国的共同发展提供了有力的政策支持。在区域合作方面，“一带一路”倡议同《东盟互联互通总体规划》、非洲联盟《2063年议程》和欧盟“欧亚互联互通战略”等区域发展规划和合作项目有效结合，为促进互联互通和区域经济一体化提供了新的契机。中国本着共商、共建、共享的理念，努力为“一带一路”倡议搭建一个共同协商、共同发展的平台和载体，以实现更高效、更有成效的合作。

2. 设施联通

加强基础设施建设，提高互联互通水平。基础设施是互联互通的基石，也是“一带一路”倡议的重点领域。基础设施连接和互联互通是“一带一路”倡议的核心目标之一。通过建设六廊六路和多个港口，“一带一路”倡议推动了亚欧地区的经济合作和联系，一大批互惠双赢的项目已经顺利落地。中国—蒙古—俄罗斯、新亚欧大陆桥、中国—中亚—西亚、中国—中南半岛、中国—巴基斯坦和中国—孟加拉国—印度—缅甸通道等六大经济走廊的建设取得了显著成效，它们将东亚、欧洲和中亚等地区紧密相连，促进了贸易和投资活动。交通网络方面，“一带一路”倡议在铁路、公路和航空等领域推动了跨国交通网络的发展。中老铁路、雅万铁路、中泰铁路和中巴“两大”高速公路项目的建设使得区域内的物流更加便捷和高效。其中，中欧班列作为重要的陆路运输通道，进一步加强了亚欧间的贸易联系。此外，“一带一路”倡议也推动了港口合作，加强了海上贸易和航运的连接。柬埔寨西哈努克港、巴基斯坦瓜达尔港、马来西亚马六甲港等一大批港口项目的建设和扩建，提高了共建国家的贸易能力和物流效率。航空运输方面，到2021年底，中国已与100个国家签署了双边政府间的空运协议，并同54个国家维持了定期的客货运和货运航线，且与东盟和欧盟签署了区域空运协议。“一带一路”倡议在基础设施连接方面已取得了重要成果，促进了人员和货物的快速流动，加强了区域内的商务和旅游交流，为共建国家的发展和互利共赢作出了积极贡献。

3. 贸易畅通

提升贸易畅通，拓展经贸投资合作。“一带一路”倡议鼓励共建国家通过降低贸易壁垒、促进投资和开展自由贸易协定等方式来扩大贸易规模。该倡议提出以来，中国同“一带一路”共建国的贸易自由化、便利化程度不断提高，贸易模式不断创新，贸易畅通又上了一个新的台阶。中国已成为25个共建国家最大的贸易伙伴，同“一带一路”国家的经贸合作越来越紧密。以“一带一路”为中心的自贸区网络正在加速构建，目前中国已与 13 个共建国家签订了 7 个自贸区，并与 31 个经济体系（包括欧盟和新加坡）签订了“经认证的经营者”（AEO）互认协议。随着各国合作机制的不断完善，中国与“一带一路”国家间的投资合作总体呈现稳步发展的态势。2013—2021 年，中国对“一带一路”共建国家直接投资累计 1 613 亿美元，年均增长 5.4%，“一带一路”共建国家已成为中国企业对外投资的首选地；而共建国家已在中国设立了 32 000 家企业，累计实际投资额 712 亿美元；中国与共建国家签订了超 1 万亿美元的合同，实现了 7 286 亿美元的营业额，涉及交通和电力等多个行业。此外，中国与“一带一路”共建各国在境外投资建设的工业园项目也在不断推进，已成为促进双方经济贸易发展的一个主要平台，如泰中罗勇工业园、中柬西哈努克港口经济特区、中国埃塞俄比亚东部工业园等。这些园区以其独特的优势，吸引了大量中外企业前来投资，解决了当地居民的就业问题，为当地经济带来了机遇和发展空间。

4. 资金融通

扩大资金融通，健全金融制度。资金融通在推动和支持“一带一路”建设中发挥着重要的作用。《“一带一路”融资指导原则》已经获得了 29 个国家财政部门的联合批准，旨在充分发挥政府和市场的双重作用，促进共建国家、国际机构、金融机构和投资者等多方参与，构建长期、稳定、可持续且风险可控的多元化融资体系。在中国与“一带一路”国家的共同努力下，已经建立了多个多边金融合作组织，包括亚洲基础设施投资银行和丝绸之路基金，为“一带一路”的发展和“一带一路”国家的互联互通提供了投融资保障。亚洲基础设施投资银行成立以来，已经吸引了 106 个成员方的加入，成为仅次于世界银行的第二大国际多边开发机构，覆盖亚洲、欧洲、非洲、北美洲、南美洲和大洋洲①。截至 2023 年 6 月，亚洲基础设施投资银行已通过 221 个项目，总投资额达到 420.4 亿美元②。

在新冠肺炎疫情暴发后，亚洲基础设施投资银行采取了积极的应对措施，设立了特别应急基金以支持成员国在公共卫生方面的紧急需求。该基金的目标是提供资金支持，帮助成员国加强疫情防控和医疗卫生系统的能力。特别应急基金涵盖了包括越南、巴基斯坦、哈萨克斯坦等 19 个国家，这些国家在疫情期间面临着严峻的挑战，亟须额外的资金和支持。AIIB 将基金规模从最初的 100 亿美元增加到 130 亿美元，以确保更多的国家能够受益于该基金。中国将继续加强与共建各国的金融合作，推进多层次金

① 参见《开业运营 7 周年亚投行“朋友圈”何以越来越大？》，https://www.gov.cn/xinwen/2023-01/17/content_5737425.htm.

② 数据来源于亚投行官网（ALLB），https://www.aiib.org/en/index.html.

融服务体系的建设，为“一带一路”的发展提供多种形式的金融支持和服务[①]。

5. 民心相通

促进民心相通，深入人文交流。在“一带一路”建设中，人心所向是基础，也是核心。通过加强人员往来、文化交流和民间交往，可以增进各国人民之间的了解和友谊。近几年来，在文化、教育、旅游、科技创新等领域，中国与“一带一路”国家推出了各类“人心相通”的工程，“一带一路”建设得到广泛认可。“一带一路”建设为促进国际的人才交流和合作创造了良好的环境。在倡议提出之后，我国出台了《推进共建“一带一路”教育行动》，通过计划的实施，致力于加强教育领域的合作，推动民心相通和文化交流，为“一带一路”建设打下坚实的民意基础，促进各国人民之间的相互了解与友谊。此外，中国在推动“一带一路”建设中，积极帮助共建各国脱贫，为各国提供从扶贫到农业等各个方面的专业技术培训。从2017年实施《共建“一带一路”行动计划》开始，中国与“一带一路”各国通过科技文化交流、建立联合实验室、建立科技园区、开展技术转移、积极参与新一轮科技革命，促进科学技术“走出国门”。“一带一路”倡议倡导文化交流与合作，加强不同国家和地区之间的人文交流，这有助于促进民间友好关系，增进各国人民的相互了解和尊重，为各国人民之间的相互了解和友谊搭建桥梁，为倡议的成功推进提供了坚实的社会基础。

### 2.1.2 “人类命运共同体”

2013年3月23日，习近平主席首次向国际社会提出人类命运共同体理念，将其概括为“人类命运共同体，顾名思义，就是每个民族、每个国家的前途命运都紧紧联系在一起，应该风雨同舟，荣辱与共，努力把我们生于斯、长于斯的这个星球建成一个和睦的大家庭，把世界各国人民对美好生活的向往变成现实”[②]。人类命运共同体强调人类共同面临的挑战，如气候变化、贫困、环境破坏、恐怖主义等，无论是发达国家还是发展中国家都需要合作来应对这些问题，即全球社会的共同利益和命运的紧密联系。因此，各国和人民之间应该共同面对和解决全球性挑战，追求共同发展和繁荣。

人类命运共同体的理念强调了全球互联互通和合作的重要性。其核心思想是建设

① 习近平. 在亚洲基础设施投资银行第五届理事会年会视频会议开幕式上的致辞［N］. 人民日报 2020-07-29（2）.

② 习近平. 携手建设更加美好的世界——在中国共产党与世界政党高层对话会上的主旨讲话［N］. 人民日报，2017-12-02（2）.

持久和平、普遍安全、共同繁荣、开放包容、清洁美丽的世界[①]。它主张各国应该超越国家边界和意识形态的差异，以合作、对话和共赢的精神，共同应对全球性挑战。这需要各国尊重彼此的主权和发展道路选择，以及通过多边机制和国际规则来推动合作。人类命运共同体在国际关系领域被广泛探讨和倡导，旨在加强全球治理和合作机制，解决全球性问题，并推动可持续发展。它呼吁各国共同努力，以确保人类的共同利益和未来，实现更加公正、平等、包容和可持续的世界。

人类命运共同体这一理念自 2013 年 3 月首次提出以来，得到国际社会广泛认同和响应。2017 年 2 月，“构建人类命运共同体”理念首次被写入联合国决议，随后又被陆续写入联合国大会、安理会、人权理事会及相关国际组织重要文件，得到国际社会广泛认同。人类命运共同体的发展历程还在继续，不断有国家和各界人士参与和支持。通过国际合作、多边机制和共同努力，人类命运共同体的理念有望在全球范围内得到更广泛的认同和实践。这将为人类共同面对全球挑战、推动可持续发展和实现和平繁荣提供更坚实的基础。

构建人类命运共同体，是中国特色社会主义进入新时代以来中国外交的旗帜和方向，也是习近平外交思想的精髓和核心。“一带一路”倡议正是在这一思想的指引下形成并不断推进的，是构建人类命运共同体的重要实践平台，也是构建人类命运共同体的重要引擎和动力源泉，其作用不可或缺。在“一带一路”倡议的推进过程中，能源合作是重要支柱之一，推进“一带一路”核能合作是中国能源国际合作的重要内容。由于“核”的特殊性，核能合作属于高度政治敏感和技术复杂的合作领域，是更为“高端”的合作形式。相比其他合作，核能合作周期更长、资金更庞大、技术更复杂以及公众关注度更高，因此更有利于建设更加紧密的“一带一路”伙伴关系。此外，在“一带一路”倡议下，通过推动核能合作，可以减少对传统能源的依赖，实现能源多元化，提高能源供应的可靠性和稳定性，同时减少对环境的负面影响，促进可持续发展目标的实现。在国际核能合作上，中国与“一带一路”国家应当从构建人类命运共同体的高度出发，为构建新时代国际能源秩序提供中国方案，贡献中国智慧，以核能合作为载体，推动可持续发展与“一带一路”倡议走深走实，夯实实现人类命运共同体这一远大目标的坚实基础。

---

① 习近平. 携手建设更加美好的世界——在中国共产党与世界政党高层对话会上的主旨讲话［N］. 人民日报，2017-12-02（2）.

### 2.1.3 核能合作

各国能源资源禀赋差异性、能源结构和产业结构的异质性提高了能源合作的潜力和可能性，能源政治与经济是能源合作最朴质的合作理论的现实基础。合作是指为达到共同目的而采取的联合行动，主体通常由个人、群体或者国家构成，不同的合作主体之间一般存在着相互依存的关系。在全球经济相互依赖的背景下，合作成为国际体系和规则的基本需求，尤其是在能源领域。能源合作是指双边或多边在能源领域开展的合作活动能源，通常包括政策沟通、投资合作、贸易畅通和技术交流等方面，以此来实现双方共同的能源利益。该合作的前提是各方拥有共同的经济利益或非经济利益。能源合作涉及外交政策、经济利益、战略平衡等重要因素，它不仅是简单的合作关系，更是大国之间博弈的体现，在国际和国内层面都受到各种因素的影响。能源是经济社会发展的基础和动力源泉，能源合作有利于合作各方保障自身能源安全，并且其合作情况与双方经济增长联系紧密。

从能源合作的能源种类来看，能源是各国资源禀赋和能力禀赋，它是一种多能共存的综合能源体系，既包括煤炭、石油、天然气等化石能源，也包括水电、风电、光电、光热、核能等可再生能源。在能源合作研究中，本书重点关注国际核能合作领域，以下将对核能合作进行相关介绍。

自 19 世纪末人类发现核能以来，经过 200 余年的发展，核能、核技术的研发与应用不断取得实质性突破，现在已经与人们的生活和工作紧密相连。核电是人类利用核能推动经济发展、造福社会的主要形式之一。从 20 世纪 50 年末苏联建成首座商用核电站以来，目前全球建成在运核电机组已达 450 余台。同时，60 余年间，核电技术也经历了从第一代原型堆到第二代商业化反应堆，再到第三代先进大功率核反应堆的迭代升级，以及安全性、经济性更高的第四代核电技术的探索和实践。全球核能合作是指各国在核能领域进行合作与交流，包括核能技术开发、核燃料合作、核电站出口建设合作以及核安全和核能利用方面的合作。以下是全球主要核能合作的一些情况。

核燃料合作是指各国在核能领域共享、交易和合作关于核燃料的资源、技术和服务。核燃料合作的目的是确保核能发电的持续供应和安全性。通过合作，各国可以分享资源和技术，提高核燃料供应的可靠性和多样性，降低核燃料成本，促进核能在全球范围内的可持续发展。核燃料是用于核能发电的燃料，主要包括浓缩铀、钚等放射性物质。这里所讲的核燃料合作指的是铀资源合作。铀资源合作的重要国家有南非、纳米比亚、乌兹别克斯坦、俄罗斯等，而具体的合作国家可能因各国的能源需求、政治关系和经济合作因素而有所不同。

核电站出口合作是指一个国家或企业将自己的核电站技术、设备和服务出口到其他国家，为其建设核电站提供支持和合作，是现阶段各国合作最广泛的领域，也是核电技术国家竞争最激烈的领域。目前能自主设计建设核电站出口的国家有 7 个：美国、法国、俄罗斯、日本、中国、韩国、加拿大。这种合作形式可以促进核能技术的国际传播和推广，同时也为出口国提供商业机会和经济收益。首先，出口国将自己的核电站设计、建设和运营经验转让给进口国，涉及提供技术手册、工程设计、设备供应、建设指导等方面的支持，以帮助进口国顺利建设和运营核电站。其次，出口国向进口国提供核电站所需的关键设备和部件。这包括核反应堆、蒸汽发生器、涡轮发电机等核电站核心设备的供应。出口国可能自主生产这些设备，或者与其他国家的厂商进行合作。然后，出口国可以与进口国共同合作，共同承担核电站的建设任务。这包括工程管理、施工人员培训、质量控制等方面的合作。合作双方可以共同参与核电站项目，分享责任和利益。最后，出口国为进口国提供核电站的运营支持和技术服务，包括培训运营人员、提供运维支持、技术咨询等方面的合作，目的是帮助进口国确保核电站的安全运营和维护。核电站出口合作对于出口国和进口国都具有重要意义。对于出口国来说，这是一个扩大市场和提高核能技术竞争力的机会。同时，核电站出口合作也为出口国创造了就业机会和经济收益。对于进口国来说，合作国家可以获得现代化的核能技术和设备，推动本国的能源结构转型，实现能源安全和可持续发展。

核技术合作是指不同国家之间在核能领域进行技术交流、合作和共享资源的活动。这种合作可以涵盖多个方面，包括核能发电技术、核燃料循环、核废料管理、核安全和核科学研究。

## 2.2　理论基础

### 2.2.1　国际合作相关理论

#### （一）合作理论

合作是人类文明得以不断赓续发展的基础，目前学界尚没有纯粹的合作理论，更多的合作理论以合作博弈、合作竞争等形式来表现，所有合作理论的研究范式与研究起点都建立在人类的社会分工之上，人类整个发展史其实就是人类的合作史，也是合作理论的根基所在。在践行“一带一路”倡议的过程中，合作也被赋予了新的时代内涵。这种新的时代合作强调多边合作、共商共建共享原则，追求互利共赢和可持续发展。核能领域的国际合作与“一带一路”倡议的践行紧密相连。基于核能的特点和需求，国际合作在核能领域具有重要的意义。核能是一种高技术、高投入成本且绿色的能源，它能够提供清洁、可持续的电力，对于能源安全和环境保护具有重要意义。由于核能技术的特殊性和安全性，国际合作成为推动核能发展的关键因素。

合作理论是通过长期的研究和积累，对合作问题进行深入探究并提供科学支持的一系列理论成果。长期以来，在学科相互融合的基础上对合作的研究取得了丰硕的成果，包括心理学、社会学、生物学、经济学、人类学等众多领域。合作理论以研究合作行为的定义、合作的原因和影响因素为基础来构建理论框架，并通过学科融合的方式不断发展。中国经济学家黄少安在 21 世纪初呼吁从中国文化出发构建合作经济学，并作出了一系列重要贡献，将合作问题的研究推向了一个理论高度，尤其是在互惠合作的研究方面。目前的合作理论主要应用在以下两个层面。在微观层面，主要集中在对抽象的合作行为进行阐释以及解释合作现象产生的原因。这方面的研究探讨了合作行为的定义、动机和影响因素，以理解为什么该个体会进行合作行为以及合作现象是如何产生的。在宏观层面，合作理论主要关注对具体合作实践的研究，例如解释各个国家之间的国际合作以及国际能源合作。

基于对合作行为需要付出成本的共识，合作理论提供了一系列模块化理论来解释合作行为和合作现象，包括亲缘选择理论、直接互惠理论、间接互惠理论和强互惠理论等。这些理论为理解合作行为和合作现象提供了重要的理论机制。同时，博弈论、信任理论、社会学、政治学、演化学、文化和意识形态等学科角度也为合作产生提供了不同的解释。例如，博弈论通过无限次重复博弈研究合作的产生，而有限次重复囚徒困境博弈则证明了合作的可能性。综上所述，合作理论基于微观层面的合作行为研究形成了一个重要共识，即合作的可能性取决于行动者对其他参与者可能选择的信念。这种信念可以表现为行为上的信念，如利他信念和亲社会信念，也可以体现为对共同观念、共同文化和意识形态的信念。

### （二）国际合作理论

合作理论在对具体合作问题研究方面，围绕国际关系中的冲突与合作问题逐渐形成国际合作理论。“一带一路”核能合作是一个跨国、跨地区的合作项目，涉及多个国家和地区之间的合作关系。在这样的复杂环境下，国际合作理论可以为合作双方或多方提供更科学的理论指导与支撑。目前，国际合作理论中形成共识的主要有现实主义国家合作理论、自由主义国际合作理论和建构主义合作理论。这些理论提供了不同的视角和解释框架，以理解国家间合作的动机和机制。

首先，现实主义国家合作理论将国家的合作行为解释为权力追求的结果。根据这一理论，国家之间的合作是为了平衡和制衡其他国家的行为选择，强调国家自利行为的重要性。然而，这种理论对国际合作持较为悲观的态度。该理论的主要代表人物有汉斯·摩根索、肯尼士·华尔兹。其次，与现实主义国家合作理论对国际合作产生悲观的态度不同，自由主义国际合作理论将国家间合作解释为追求利益最大化的行为。该理论认为，当国家行为体关注自身的绝对利益时，国家间的合作不会像现实主义所述那样困难。自由主义合作理论强调制度的重要性，认为制度能够调和国家行为体之间的利益矛盾，促进合作。该理论的主要代表人物有罗伯特·基欧汉。最后，以亚历山大·温特为代表人物的建构主义合作理论则提供新的观点，即更强调共有观念或文化的作用。该理论认为，国家间合作的产生是基于国家对于共同认同的身份构建和康德文化的影响。建构主义合作理论提供了理解国家间合作现象的重要机制。

国际合作理论中，国家能力、国家意愿和国际社会分别探讨了不同的问题——所有涉及合作的具体表现形式，它们的综合回答形成了完整的国际合作理论。国家能力解答了为何国家进行合作的问题，即国际合作产生的原因，这是该理论的核心问题[①]。而国家意愿和国际社会则解答了如何进行合作的问题，即合作的方式和途径。这三个要素相互关联，共同构建了合作理论的框架。

基于国家能力的基础上建立的“国家能力-国际合作”理论模式认为，国际合作的前提和目标都是国家能力。国家的能力在多个方面具有多维度的属性，这些能力是国家存在和发展的基础。当一个国家缺少某一项能力或其中一项能力不足时，这个国家的生存和发展都将面临困难。在国际合作中，国家能力有两个作用。一是国家所具备的各种能力，既能满足自身发展的需要，又能促进别国发展同类能力。国家拥有丰富的能力是其进行国际合作的有利条件。二是如果一国在某些方面上没有足够的能力，或者自身的能力无法满足与之对应的需求，它就会向他国求助，这使得国家能力的不足成为其参与国际合作的动力。因为国家能力具有这些特性，所以本书所构建的国际合作理论将权力支配、无政府文化、制度优势和国际社会的约束都排除在外，最大限度地发挥国际合作的作用[②]。

---

① 张秋海，赵荣君，聂岩. 基于模型分析的核电交付模式选择［J］. 建筑经济，2022，43（S1）：876-878.

② 郭晓立. 国际能源合作的稳定性研究［D］. 长春：吉林大学，2012.

### （三）国际区域经济合作理论

国际区域经济合作理论是伴随经济全球化和国际区域一体化的发展而产生的，是国际经济学的重要组成部分，在国际经济学理论体系中占有重要地位，并一直受到国内外学术界的广泛关注。早在20世纪，对国际经济合作问题的研究就引起了一些学者的兴趣，但彼时学者们将研究重点放在了商品与生产要素在国际贸易中的跨国界流动，以及企业的生产运作与消费行为。该时期，形成了以关税同盟理论为核心的理论架构。维纳提出，在关贸联盟中，通过设置贸易壁垒来限制非关贸联盟成员之间的自由贸易，将会带来“贸易转移”与“贸易创造”的双重效应。并指出，成员国的产品结构竞争程度越高，关税同盟越有利于提高社会福利。以克鲁格曼为首的一批学者近些年从贸易集团这一角度出发，对区域经济一体化组织之间的相互影响效应进行探讨，为全球经济一体化的发展提供了新的理论视角。这一理论框架更加全面地考虑了不同区域之间的经济联系和互动关系。区域经济合作的加强是世界经济发展不平衡的产物，并且在当前全球经济发展中成为一个重要趋势。随着国家之间的合作加强，区域一体化将进一步推动经济的发展和合作的深化。在区域经济合作的实践中，区域合作理论得到进一步深化和完善。

国际区域经济合作是指多个国家或地区在特定地理区域范围内合作解决共同面临的经济、政治、社会或环境问题，主要涉及经济分工和经济交易活动，但国际地区合作有其特定的政治、经济环境，并且有其自身的运作与演化机理，拥有两种基本合作模式，一是政府主导，二是市场驱动，可根据具体情况进行选择。国际区域合作的条件变迁、机制演变与模式选择具有密切的关联性，并呈现出一定的共性与规律性。国际区域合作的形成、演化和发展是建立在特定的组织形式和体制之上，是一种内在的运行机制。

国际区域合作的研究主要关注欧盟和北美地区的经济一体化问题。早期的研究主要集中在产品和生产要素的跨国流动、企业经营和消费活动的跨国流动以及双边和多边关税问题上。近年来，关于国际地区合作问题研究的主要学派有区域主义、全球主义和国家主义三个主要流派。

从体系上看，区域合作的一般理论主要分为两个部分：区域经济合作形式理论和区域经济合作动因理论。

1. 区域经济合作形式理论

区域经济合作形式理论是指对不同国家或地区在经济领域进行合作的方式和形式

进行理论研究和分析，着重探讨如何在国际或地区间进行有效的协调与应对。在形式理论方面，中西方经济学界的认识是基本一致的，但在分类上却有细微的差别。我国学者将区域经济合作形式分为优惠贸易安排、关税同盟、自由贸易区、共同市场、全面经济一体化和经济同盟六种。而美国的理论界则一般将其划分为四种。研究这些合作形式有助于理解区域经济合作的动力、效果和挑战，指导实际的国际经济合作实践。

2. 区域经济合作动因理论

新自由主义经济学理论中的公共选择学派和理性预期学派从经济学角度为国际合作动因分析提供了新的研究框架。在这些流派中，科斯的交易费用理论在新自由主义经济学中具有核心地位，并对传统经济研究和政治研究产生了革命性的影响。新自由主义经济学为国际区域合作动因提供多层次的理性视角。

新制度经济学强调从现实世界问题出发，对经济人的行为作出了修正。首先，它认为经济人行为是有限理性的，而不是完全理性的。在实际中，由于信息的稀缺性，人们在认知和计算等方面存在着一定的局限性，从而影响了其决策和解决问题的能力。在这种情况下，制度分析变得至关重要，能够在一定程度上减少交易中的不确定因素，并且能够在不完全契约条件下协调各种利益冲突。其次，在新制度经济学中，人是存在着“机会主义”的。就像威廉姆森指出的那样，当人们追求自身利益时，可能采取微妙而隐蔽的手段。尽管不是每个人都会在任何时间或场合下做出投机的举动，但是总有些人会做出投机行为。所以，利用欺诈来谋取私利是人的天性之一。新制度经济学为国际区域经济合作动因提供了制度安排的视角。

### （四）技术性贸易壁垒理论

技术性贸易壁垒理论描述了由于技术差异或技术创新而导致的贸易障碍。根据这个理论，技术壁垒可以体现在技术标准、专利和知识产权保护、技术许可要求等方面的限制上，这些限制可能阻碍特定技术产品或服务的跨国贸易。技术壁垒的存在可以使得进口商品更难进入某个国家市场，或者使得出口商品更难进入其他国家市场。贸易技术壁垒对贸易产生的影响可以分为三类限制。一是技术标准和认证要求。技术标准和认证要求是基于产品质量、安全、环境等方面的规定，用于限制进口产品的进入。国家可以要求进口商品符合特定的技术标准和认证要求，如果产品不符合这些要求，将被禁止进口或面临其他限制。二是进口配额。限制进口商品的市场供应，保护本国产业免受外国竞争的冲击。三是司法和政府部门的管制。国家通过进出口许可证、禁止进出口或限制进出口数量等手段对特定产品的进出口实施限制或控制。

1. 贸易保护主义

随着国际贸易的发展，发达国家为了保护本国产业免受来自其他国家激烈竞争的冲击，发展中国家则为了保护本国的民族产业，贸易保护主义兴起。其理论发展过程如下。

重商主义：其核心观点以财富观为基础，强调国家财富的积累和金融实力的增强。因而重商主义主张国家应该通过促进出口、限制进口以实现贸易顺差，即“多卖少买”，以促进货币流入国内，增加国家财富和国力。重商主义追求经济保护主义政策，强调国家利益的维护和经济的自给自足，旨在提高国家经济实力和国际竞争力。

商品进口幼稚产业保护理论：该理论认为在某个国家的新兴产业刚刚起步处于适度规模时，它可能面临外国竞争的挑战。为了提高该产业的竞争能力，并使其在未来具备比较优势并能够对国民经济作出贡献，需要采取适当的保护政策来支持其发展。这种保护政策通常包括关税保护等手段，以促进产业的成长和壮大。幼稚产业保护理论认为，通过过渡性的保护和扶植政策，新兴产业将有机会在国际市场上出口产品，并为国家经济发展作出积极贡献。这种理论主张在初创阶段给予新兴产业一定的保护，以使其能够逐步成长、提高竞争力，并最终实现经济的可持续发展。

凯恩斯贸易保护理论：贸易顺差对国民经济具有积极影响，可以增加国民收入并扩大就业机会；而贸易逆差则可能导致国民收入减少和失业率增加。为了增加有效需求、实现充分就业，政府应该采取一系列保护贸易政策，包括鼓励出口、限制进口以及维持贸易顺差。这样做可以促使国内生产者更多地出口商品，增加出口收入，从而刺激经济增长和就业机会。凯恩斯贸易保护理论认为，通过控制贸易平衡，国家可以实现经济的稳定和繁荣。

2. 技术差距理论

技术差距理论认为，各国的技术发展水平有很大的差别，技术领先的国家在出口技术密集型产品时，往往更具相对优势[①]。一些国家或地区可能拥有更先进的技术、更高效的生产方法和更具竞争力的产业结构，从而在经济发展方面处于领先地位。这些先进的技术和方法可以提高生产效率、降低成本并推动经济增长。然而，其他国家或地区可能在技术创新和采用方面相对滞后。这可能是由于缺乏研发投资、技术转移渠道不畅或教育水平低等因素造成的。这些国家或地区可能面临生产效率低下、产业结构单一以及经济增长乏力的挑战。

① 纪新，徐红菊. 国际技术贸易各方利益之法律分析——以专利技术为视角［J］. 社会科学家，2013（5）：89-93.

技术差距并非一成不变，通过技术创新、技术转移和技术采用，相对滞后的国家或地区有机会逐渐缩小技术差距，实现经济的快速增长和发展。为了缩小技术差距，国家和地区可以采取一系列政策和措施，如增加研发投资、改善教育体系、促进技术转移和引进外国直接投资等。

### 2.2.2 地缘政治理论

地缘政治学起源于政治地理学。而地缘政治理论的根源可以追溯到德国地理学家弗里德里希·拉采尔在 1897 年所提的“国家有机体”论，以及之后发表的“生存空间”概念。瑞典学者 R·谢伦接纳了拉采尔的思想，并在 1917 年出版的《作为生命形态的国家》一书中首次提出了“地缘政治学”这一名词。地缘政治学是研究国际关系中地理因素与政治力量之间相互作用的学科。它主要关注国家、地区和民族之间的政治行为与地理因素之间的相互作用，以及地理环境对国家政策和国际关系的影响。地缘政治理论有传统地缘政治理论与现代地缘政治理论两大框架及流派。

传统地缘政治理论框架有以下几个。（1）海权论。由阿尔弗雷德·塞耶尔·马汉在 1890 年出版的《海权对历史的影响 1660—1783》一书中提出了海权理论。他认为，拥有强大的海军和控制重要的海上通道是国家实现地缘政治影响力和全球霸权的关键。一个国家要想成为强国，必须有自由在海洋上行动的能力。（2）陆权论。该理论主张控制重要的陆地区域和陆上交通走廊可以为国家带来战略优势和地缘政治影响力。代表人物麦基多的“心脏地带论”认为，欧亚大陆的中央地带（心脏）是全球最重要的地缘政治地区，控制这个地区可以掌握世界命脉。（3）空权论。该理论由意大利将领朱利欧·杜黑首次提出，他将“空域”定义为两点间的最短距离，空权在一场战争中起着决定性作用。后来的学者塞维尔斯从美国与苏联两国空中战略的重要性出发，提出北极对于美国争取空中力量的重要性，即空权论。（4）生存空间论。该理论强调国家或民族在地理环境中争夺和保护生存空间的重要性。代表人物是德国将军卡尔·豪斯霍费尔，他认为国家的发展离不开生存空间，因此进行更多的掠夺是有其合理性的[①]。

现代地缘政治理论框架主要有以扫罗·B·柯恩为代表的分裂世界论、以塞缪尔·P·亨廷顿为代表的文明冲突论和以布热津斯基为代表的单极论。此外，随着全球化的深化，地缘政治学者从批判的角度出发，结合实际发展，提出了批判性地缘政治学。尽管中国近年来积极开展和平外交，但与周边国家存在尚未有效解决的矛盾。因

① 陈艳云. 豪斯霍费尔对日本传统地缘政治学的影响［J］. 德国研究，2010，25（3）：47-52+79.

此，采用批判性地缘政治学的研究方法，对解决这一问题提供了可靠的思路和方法。批判性地缘政治学强调地缘政治实践的重要性，认为只有清楚了解各国的地缘政治实践，才能解决彼此之间的矛盾。对于区域间能源合作及合作范围的扩大，Melvin A.Conant 和 Fern Racine Gold 提出了一个重要观点，即这种合作首先应该在具有紧密地缘关系的国家之间展开。这意味着地缘关系的紧密程度对能源合作的发展至关重要。地理位置的接近和相互依存性的增强有助于建立更紧密的合作关系。通过共享能源资源、技术交流和合作项目的推进，地缘关系密切的国家可以实现互利共赢，共同应对能源安全和发展挑战。

在“一带一路”核能国际合作中，地缘政治因素发挥着重要作用。地理位置、能源资源分布和地缘关系对参与国之间的核能合作具有重要影响。地理位置决定能源供应与输送的路径，以及各国之间能源流动的方式和程度。地缘关系则对合作伙伴关系的建立和合作规模产生影响。通过“一带一路”倡议，中国积极促进与共建国家的核能合作，包括在核能技术、设备、人才培养和运营管理方面的合作。中国的核能技术水平和经验成为吸引合作伙伴的重要因素。同时，中国通过投资建设核电站等项目，推动能源互联互通，加强地区能源安全和可持续发展。然而，在“一带一路”核能国际合作中，也存在一些地缘政治挑战和考虑因素。地缘政治的复杂性和参与国之间的利益差异可能对合作产生影响。地理边界、领土争端和政治风险可能对合作项目的可行性和稳定性构成挑战。因此，合作伙伴之间的政治和地缘关系的稳定性、互信和合作意愿至关重要。

### 2.2.3 博弈论

博弈论在中国与“一带一路”国家的核能国际合作中具有重要的运用价值。“一带一路”国际核能合作是一个涉及多个参与方的复杂系统，其中存在着各方之间的利益冲突和合作博弈。博弈论提供了一种理论框架和分析工具，可以帮助理解和解决这些利益冲突，推动合作的实现。首先，博弈论可以帮助分析核能国际合作中的利益诉求和合作策略。参与“一带一路”核能合作的国家往往拥有不同的利益诉求和发展目标。博弈论可以通过建立合适的博弈模型，分析各方之间的利益冲突和合作空间，从而为制定合适的合作策略提供依据。例如，可以通过博弈模型分析不同国家在核能资源获取、技术交流和市场开拓方面的利益分配问题，为合作方案的制定提供参考。其次，博弈论可以帮助评估核能国际合作中的合作结果和稳定性。在复杂的合作环境中，各方之间的博弈行为会影响合作的结果和稳定性。博弈论可以通过分析博弈均衡和合作结果的稳定性，评估不同合作方案的可行性和持续性。这有助于确定合作方案的优势和劣势，为决策者提供合作风险和不确定性的认识，以便制定相应的管理策略和应对措施。此外，博弈论还可以帮助解决核能国际合作中的合作机制和合同设计问题。在核能国际合作中，各方之间需要制定合适的合作机制和合同设计，以确保合作的顺利进行和利益的均衡。博弈论可以分析参与方之间的合作机制和合同设计的合理性和可行性，帮助设计合适的激励机制和约束机制，提高合作的效率和可持续性。

### （一）博弈论的基本概念

博弈的本意是下棋，多用于表示具有对抗性的竞争类游戏，最早出现在《论语 • 阳货》中。《论语 • 阳货》载："子曰：饱食终日，无所用心，难矣哉！不有博弈者乎？为之，犹贤乎已。"千百年来，人们对于博弈的认知大多停留在经验积累，并未上升到理论高度，直到 20 世纪初期美国数学家约翰 •冯 •诺伊曼才首次提出了博弈论的思想，并论证了博弈论的基础原理。

博弈论是研究在特定条件下和遵循一定规则的情境中，个体或团队通过选择可行的行为或策略来实现相应结果或收益的数学理论和方法。这个过程可视为参与者为争夺利益而处于对立关系下，每个参与者都考虑对方可能采取的行动，进而作出相应的选择。博弈论涉及预测和实际行为，并研究最优策略。通过博弈论的研究，可以评估博弈参与者是否存在最合理的行动方案，并寻找达到该方案的方法。博弈论提供了一种形式化的框架，帮助理解和分析博弈行为，并在经济学、政治学和其他领域中解决决策制定和策略选择的相关问题。

策略式表述与扩展式表述是博弈论的两种主要表述方式，他们在要素构成方面有所区别。博弈的策略式表述通常由博弈的参与人集合、每个参与人的策略集合、由策略组合决定的每个参与人的收益三个要素组成。相比之下，博弈的扩展式表述有时间上的先后区别，包含五个要素，即博弈的参与人集合、每个参与人的行动次序、每个参与人在每次行动时可以选择的行动集合、每个参与人在每次行动时有关对手过去行动选择的信息集、参与人可能选择的每一行动组合所对应的各个参与人的收益。从理论上讲，这两种表述方式是等价的，相对而言，策略式表述更适合静态博弈，扩展式表述更适合动态博弈。通过对博弈论基本概念的了解，能够更好地理解和分析博弈论，并应用于核能国际合作的实际问题中。

### （二）合作博弈

博弈论中常见的分类方式包括动态博弈与静态博弈、纯策略博弈与混合策略博弈、完全信息博弈与非完全信息博弈等，这些分类都是以非合作博弈为基础的，而合作博弈的研究则构成了一个独立的领域。

合作博弈是各参与者为了进一步提高各自效益而建立合作联盟，并通过强约束力的协议来分配共同获得效益的一种博弈形式。在合作博弈中，参与者通过协商和合作达成一致，以确定合作联盟内的合作方式和效益分配方式。其中，合作剩余的分配不仅是合作的结果，也是达成合作的前提条件。通过运用合作策略，参与者能够产生一种被称为合作剩余的额外效益，这是增进双方利益的源泉，而合作剩余的分配则取决于参与者之间的力量对比和策略技巧的运用。因此，如何形成有效的合作形式和实现公平的效益分配是合作博弈最为核心的问题。合作博弈的研究对于理解合作行为、协商过程以及合作联盟的形成和稳定具有重要意义。

合作博弈存在的基础条件有以下两个方面。

一是对于参与合作的联盟而言，联盟整体的收益应大于各个成员独立行动时的收益总和。这意味着通过合作，联盟能够实现经济上的合作增益，使得每个成员都能获得更高的收益。

二是在联盟内部应存在一种分配规则，该规则具有帕累托改进性质。这意味着通过合作达成的收益分配方案，使得每个成员都能获得不少于他们在没有加入联盟时所能获得的收益。换言之，合作博弈应确保每个成员在合作中能够获得经济上的最小保障，并且没有人因参与合作而变得更糟。

满足合作博弈的条件是由其本质特点决定的。合作博弈强调联盟成员之间的信息交流和强制执行的协议，这与非合作的策略博弈形成鲜明对比。在合作博弈中，参与者不是独立决策者，他们可以相互交流信息并承担约束协议的义务。简言之，合作博弈和非合作博弈的重要区别在于合作博弈强调联盟内部成员之间的信息互通和存在有约束力的可执行契约。信息互通是形成合作的首要前提和基本条件，它能够促使具有共同利益的参与者形成联盟，并共同追求相同的目标。然而，联盟是否能够实现净收益以及如何在联盟内部分配净收益，需要依赖可强制执行的契约来保证[①]。因此，在研究合作博弈时，人们会更加关注强制执行的契约，这是合作博弈的本质特点。当联盟成本可以忽略不计且联盟内部分配可以顺利实施时，联盟在博弈环境中可以被视为与其他对手同样的单一决策者。

然而，博弈论专家指出合作博弈理论存在一个缺陷，即缺乏明确的标准来分析现实社会竞争的解决方案。这是因为现实中的协议或契约可能只能部分强制执行，而其他部分则无法强制执行。这导致实际生活中的博弈往往处于合作博弈和非合作博弈之

① 周明. 合作收益分析框架下的地方政府间合作机制研究［J］. 理论学刊，2012（8）：81-85+128.

间的状态。此外，合作博弈具有序列渐进结构，并且反映现实经济问题的不完全信息性质也是其所面临的挑战。

### （三）非合作博弈

与合作博弈相比，非合作博弈是博弈论中的另一种博弈形式，其中参与者独立作出决策，没有存在约束力的共同协议。在非合作博弈中，每个参与者追求自身的最大利益，通过选择策略来达到目标。非合作博弈的特点是参与者之间缺乏沟通和信息共享的机制，他们根据对其他参与者的行动和可能的结果进行推理和决策。由于缺乏合作和协商的因素，非合作博弈常常导致参与者之间的竞争和冲突，而非合作博弈理论的研究旨在分析和预测在这种情境下的最优策略和结果。

1. 完全信息静态博弈

完全信息静态博弈是博弈论中的一种常见形式，参与者在同一时间作出决策，并相互了解彼此的策略选择和相关收益函数。在这种博弈中，每个参与者可以通过全面的信息了解来作出最佳的决策，而且参与者之间的决策是同时进行的，无法根据其他参与者的策略进行调整。通过分析博弈矩阵和运用博弈论概念，如纳什均衡，参与者可以确定最优策略选择。完全信息静态博弈通常应用于分析短期决策问题，如定价策略和市场竞争，在同时行动的情况下预测可能的结果和收益分配。

通过经典博弈模型——“囚徒困境”，可以理解完全信息静态博弈的概念。在这个模型中，两名囚犯面临决策：坦白或抵赖。他们都希望追求自身利益的最大化，并需要在不知道对方选择的情况下作出决策。根据理性人假设，囚徒 A 会选择坦白，因为对于他来说，坦白的收益是 –8 或 0，而抵赖的收益是 –10 或 –1。同样地，囚徒 B 也会作出坦白的选择。即使知道双方同时抵赖只会判一年，但考虑到对方也是理性人，对方必然会选择坦白。因此，在对方选择坦白的情况下，自己也会选择坦白。这种情况下的纳什均衡是（坦白，坦白）。囚徒困境模型展示了合作博弈中囚徒面临的困境，即尽管最优策略是合作（即双方选择抵赖），但由于缺乏合作的机制和互信，最终会陷入次优的结果（即双方选择坦白）（见表 2-2）。

表 2-2 囚徒困境

| | | 囚徒 B | |
|---|---|---|---|
| | | 坦白 | 抵赖 |
| 囚徒 A | 坦白 | –8，–8 | 0，–10 |
| | 抵赖 | –10，0 | –1，–1 |

纳什均衡是博弈论中的一个重要概念，它描述了多人博弈中的一种策略组合，其中每个参与者都选择了对自己最有利的策略，其假设为已知其他参与者的策略[①]。这样的策略组合形成了一个纳什均衡点。在纳什均衡点上，每个参与者没有动机或积极性去改变自己的策略，因为这个策略对他们来说是最优的选择。然而，正如囚徒困境这个例子所展示的，纳什均衡并不一定代表最佳结果，这凸显了个人理性和集体理性之间的矛盾。囚徒困境模型揭示了当个体追求最大利益时，整体结果可能会受到损害的情况，这引发了对合作和互信的重要思考。

2. 完全信息动态博弈

与完全信息静态博弈相比，在完全信息动态博弈中，参与者按照某种先后顺序行动，而后发者能够观测到先发者的行为决策。此时，每个参与者都准确地了解其他参与者的特征、策略空间和支付函数，参与者具有完全的信息，他们可以基于对其他参与者行为的观察和认知作出决策。这种情况下，参与者能够更准确地评估不同策略对自身利益的影响，并相应地调整自己的策略选择。完全信息动态博弈为参与者提供了更充分的信息基础，以便他们作出最优的决策。

同样，在完全信息动态博弈中，可以通过以下博弈情景来理解：存在一个垄断企业（在位者）和一个试图进入市场的企业（进入者）。垄断企业希望保持其垄断地位，因此会采取措施阻挠进入者的市场进入。假设在进入市场之前，垄断企业享有 300 的垄断利润，而在进入之后，寡头企业的利润将减少至 50。此外，进入市场的成本为 10。

在这个博弈模型中，可以得出以下结论：一方面，如果假设进入者选择进入市场并且在位者默许，那么在位者的收益将是 50，进入者的收益将为 40；而如果在位者选择阻挠进入者，那么在位者的收益将为 0，进入者的收益将为 –10。另一方面，如果进入者选择不进入市场，那么在位者的收益将是 300，进入者的收益将为 0。因此，进入者的最优策略是进入市场。综上所述，（进入，默许）是一个纳什均衡点（见表 2-3）。

**表 2-3 市场进入博弈**

| | | 在位者 | |
|---|---|---|---|
| | | 默许 | 阻挠 |
| 进入者 | 进入 | 40，50 | –10，0 |
| | 不进入 | 0，300 | 0，300 |

然而，需要注意的是，（不进入，阻挠）也是一个纳什均衡点，但它被称为弱纳什

① Wiebe Van der Hoek. International Conference on Autonomous Agents and Multiagent Systems [C]. New York: ACM, 2006: 202.

均衡。在现实市场中，（不进入，阻挠）并不会出现，因为阻挠对在位者并没有好处。实际上，它是一种不可置信的威胁，即如果企业摆出进入者进入市场就会阻挠的姿态，进入者不应该被威胁所动摇。

在动态博弈中，参与者的行动是有先后顺序的，并且每个参与者能够观察到先行动者的选择。此外，参与者对其他参与者的特征、策略空间和支付函数都有准确的认知。在这种情况下，博弈被划分为多个子博弈，每个子博弈都是从过去的行动选择开始，并且构成一个新的博弈。精炼纳什均衡的概念是指在每个子博弈中，参与者的战略都构成纳什均衡。换句话说，精炼纳什均衡要求参与者的决策在任何时间点上都是最优的。这意味着战略均衡不再包含不可置信的威胁策略，参与者需要根据情况进行灵活调整。通过剔除不可置信的威胁策略，精炼纳什均衡减少了均衡点的数量，使得博弈结果更加符合实际情况。

3. 不完全信息静态博弈

不完全信息静态博弈指的是参与者在博弈过程中对其他参与者的信息不完全了解的情况下作出决策。在这种博弈中，参与者并不知道其他参与者的策略、特征或者支付函数，因此无法准确预测对手的行为和目标。与完全信息博弈相比，不完全信息静态博弈更加复杂和困难，因为参与者需要基于有限的信息和自身的判断来作出决策，同时要考虑到对手的可能行动和可能结果。在不完全信息静态博弈中，策略的选择通常涉及概率和随机性，参与者需要权衡不同的可能性，并采取相应的决策策略。这种类型的博弈经常出现在现实生活中的竞争和决策情境中。对参与者而言，制定有效的策略需要综合考虑信息缺失、对手行为的不确定性和可能的后果。

可以通过古巴导弹危机事件看到不完全信息静态博弈的痕迹：美国和苏联之间的对峙形成了一个博弈情境，其中存在着不完全的信息和先后行动的顺序。苏联将导弹秘密部署在古巴，而美国察觉到这一行动。面对这个局面，苏联需要决定是撤回导弹还是坚持部署，而美国则需要决定是挑起战争还是容忍苏联的行动。在这个博弈中，双方都有两个策略：进攻（鹰派）或撤退（鸽派）。每个参与者知道自己属于哪一派，但这一信息是私密的，对其他参与者来说是不完全了解的。此外，作为后行动者的美国，由于行动的先后顺序，无法准确了解苏联的具体行动，只能根据其所掌握的有限情报，对苏联可能的战略进行推测。所以，这个博弈属于不完全信息静态博弈[①]。在这个博弈中，每个参与者的支付函数取决于双方的行动选择。如果双方都选择进攻，将发生战争，支付为 1。对于每个参与者而言，如果他属于鹰派，他将选择进攻，支付

① 贺寿南. 不完全信息博弈的逻辑分析［J］. 周口师范学院学报，2010，27（4）：104-107.

为 1；如果他属于鸽派，他可能会选择撤退，支付为 – 4（见表 2-4）。

表 2-4 古巴导弹危机博弈

| | | 美国 | |
|---|---|---|---|
| | | 进攻 | 撤退 |
| 苏联 | 进攻 | Va，Vb | 6，–6 |
| | 撤退 | –6，6 | –3，–3 |

总的来说，古巴导弹危机事件展示了不完全信息静态博弈的特征，参与者在缺乏完全信息的情况下作出决策，并且先后行动的顺序对结果产生影响。这个事件也凸显了博弈中决策制定过程中的不确定性和隐私性。

为了更好地理解不完全信息静态博弈，回到市场进入阻挠的例子。考虑到进入者不完全了解在位者的生产函数、成本函数和偏好，引入了在位者具有高成本和低成本两种情况的情形（见表 2-5、表 2-6）。

表 2-5 高成本情况

| | | 在位者 | |
|---|---|---|---|
| | | 默许 | 阻挠 |
| 进入者 | 进入 | 40，50 | -10，0 |
| | 不进入 | 0，300 | 0，300 |

表 2-6 低成本情况

| | | 在位者 | |
|---|---|---|---|
| | | 默许 | 阻挠 |
| 进入者 | 进入 | 30，100 | -10，140 |
| | 不进入 | 0，400 | 0，400 |

在这个博弈中，进入者面临在不确定的条件下作出选择。进入者不知道在位者的确切成本函数，但知道在位者可能具有这两种成本函数的概率分布，这构成了不完全信息博弈。行动的先后顺序决定了后行动者不可能知道先行动者的行为，只能根据已知的有限信息来推测先行动者的策略，因而是一种静态博弈。海萨尼提出了一种方法来研究不完全信息博弈的均衡。

在位者高成本的概率为 X，低成本的概率为（1 – X）。高成本时，进入者选择进入；低成本时，进入者选择不进入。进入者的收益分别为 40 和 0。进入者选择进入的期望收益为 40X+（– 10）×（1 – X），选择不进入的期望收益为 0。当进入者选择进入的期望收益大于不进入的期望收益时，进入者最优策略是选择进入。当在位者高成本的概率大于 20%时，进入者选择进入获得的期望收益大于不进入的期望收益。这时贝叶斯纳什均衡为：进入者选择进入，高成本在位者选择默许，低成本在位者选择阻止。

在海萨尼的方法中，所有参与者的真实类型是已知的，尽管其他参与者不知道某一参与者的真实类型，但知道这些可能出现的类型的概率分布，这是公共知识。公共知识意味着进入者知道在位者高成本和低成本的分布概率，而在位者也清楚进入者知道这一概率。通过海萨尼转换，不完全信息博弈转化为完全但不完美信息博弈。在贝叶斯纳什均衡中，每个参与者的最优策略依赖自身类型，在给定其他参与者的策略选择和类型的分布概率的条件下，使得自身的期望效用最大化。贝叶斯纳什均衡是一种类型依赖的策略组合，使得每个参与者的期望效用最大化。

4. 不完全信息动态博弈

不完全信息动态博弈是指参与人的行动具有先后顺序，后行动者能够观察到先行动者的选择，且对其他参与人的特征、策略空间及支付函数没有准确的认识。在这种博弈中，参与人根据其他参与人的类型及其概率分布建立初步判断。随着博弈开始，参与人可以根据观察到的实际行动修正判断，并选择策略。精炼贝叶斯均衡是应用于不完全信息动态博弈的均衡概念，结合了完全信息动态博弈的精炼纳什均衡和不完全信息静态博弈的贝叶斯均衡。它要求参与人根据观察到的他人行为按照贝叶斯原则修正关于其他参与人类型的主观概率，并根据此选择行动。精炼贝叶斯均衡是一个数学上的“不动点”，满足每个关于其他参与人类型的主观概率情况下，参与人的战略选择是最优的，主观概率是根据观察到的行动得出的[①]。

可以用中国成语“黔驴技穷”用来解释不完全信息动态博弈，即描述了老虎对驴子的试探和观察行为，以确定自己对驴子的看法，并采取相应的行动。在市场进入阻挠博弈中，进入者与在位者不同时出手，通过计算概率可以得出进入者对在位者成本的判断，并据此选择行动。精炼贝叶斯均衡要求参与人根据观察到的行为修正关于其他参与人类型的信念，并选择行动，修正方法是通过互相试探，即通过子博弈获知对方的战略倾向。此外，还存在其他均衡概念如“颤抖手均衡”“恰当均衡”“序贯均衡”“稳定均衡”，这些概念是在纳什均衡基础上发展而来的，通过逐步剔除不合理均衡获得更精确和合理的均衡概念。这些均衡概念根据约束条件的强弱排列为：“纳什均衡”“子博弈精炼纳什均衡”“叶斯-纳什均衡”“精炼贝叶斯-纳什均衡”“序贯均衡”“颤抖手均衡”“恰当均衡”和“稳定均衡”。这些概念从弱到强逐步排列，每个较强的均衡概念都是在较弱概念的基础上发展而来，因此适用于弱概念的分析环境。这些均衡概

① 江能. 博弈论理论体系及其应用发展述评［J］. 商业时代，2011（2）：91-92.

念扩展了经济博弈论的理论框架，能更准确地描述和分析不完全信息动态博弈中参与人的行为与策略选择。

总的来说，不完全信息动态博弈是参与人行动具有先后顺序且观察不完全的一种博弈类型。精炼贝叶斯均衡是应用于这种博弈的均衡概念，要求参与人根据观察到的他人行为修正自己的主观概率，并选择最优策略。通过互相试探和博弈来获知对方的战略倾向是修正主观概率的方法之一。除了精炼贝叶斯均衡，还有其他均衡概念如颤抖手均衡、恰当均衡、序贯均衡和稳定均衡，这些概念在纳什均衡的基础上发展而来，提供了更精确和合理的分析框架。通过这些均衡概念，能够更好地理解和解释经济博弈中参与人的行为和决策选择。

5. 纳什均衡的效率

纳什均衡是博弈论的重要分支，也被称为非合作均衡。它描述了在博弈中参与者选择的策略，在该策略下只有当所有参与者都选择相同的策略时，才能实现利益的最大化。任何单个参与者改变策略都不会获得好处。纳什均衡是一种非合作博弈状态，可以存在于不同的博弈中，但可能有多个均衡点，而囚徒困境只有一个均衡点。

纳什均衡分为纯战略纳什均衡和混合战略纳什均衡。纯战略纳什均衡是指所有参与者都选择纯粹的策略，而混合战略纳什均衡中至少有一个参与者采取混合策略。纳什均衡并不意味着博弈双方达到整体最优状态，因为最优策略不一定是纳什均衡，严格劣势策略无法成为最佳对策，但弱优势和弱劣势策略可能达到纳什均衡。博弈中可能存在多个纳什均衡点，而有些博弈同时具有纯战略和混合战略均衡。

在纳什均衡中，各参与方都有不同的策略组合，这使得各参与方都不能单独调整策略以提高自身的收益。只有在各参与方都采取相同的策略时，才能使参与方获得最大的利益[①]。换句话说，纳什均衡是一种稳定状态，没有参与者有动机单独改变策略。即纳什均衡代表博弈双方处于静止状态，尤其是在顺序博弈中。它是博弈双方通过一系列的行动与反应获得的一种动态平衡。此外，纳什均衡也不一定达到整体最优状态[②]。最优策略不一定是纳什均衡，而且存在弱优势和弱劣势策略可能达到纳什均衡。一个博弈可能存在多个纳什均衡，但在某些情况下只有一个纳什均衡存在，例如囚徒困境。

纳什均衡在非合作博弈理论中起着核心作用，但其多样性限制了其应用。纳什均衡的多样性意味着单个人的最优选择并不一定导致整体最佳结果。这与亚当·斯密的“看不见的手”理论形成了对立。斯密认为，通过个人追求利己的目标，整个社会最终

① 王晓辉. 粮食市场非合作博弈的纳什均衡［J］. 中国粮食经济，2020（7）：63-65.

② 邢军. 学术团队中两类利益冲突的分析及对策［J］. 天津师范大学学报，2011（6）：68-71.

会达到利他的效果。然而，纳什均衡证明了个人理性和集体理性之间的矛盾，即从个体利益出发的策略选择并不一定会造福自己。因此，纳什均衡的概念对于理解博弈论中的决策制定和行为分析来说非常重要。它可以应用于各种领域，包括经济学、政治科学、生物学和社会学。

在经济学中，纳什均衡被广泛应用于分析市场竞争和产业组织。在竞争性市场中，供应商和消费者之间的策略选择决定了市场均衡的价格和数量。纳什均衡的概念帮助理解竞争者在市场中的行为和利润最大化策略。

在政治科学中，纳什均衡被用来分析冲突和合作的策略选择。国际关系中的冲突和博弈可以通过纳什均衡的观点来解释。各个国家在外交政策制定中的策略选择，包括军备竞赛、贸易谈判和联盟形成，都可以从纳什均衡的角度进行分析。

在生物学中，纳什均衡被用来研究动物行为和进化生态学。动物在资源争夺、捕食和繁殖中的策略选择可以通过纳什均衡的概念来解释。进化博弈论也使用了纳什均衡的概念，以研究基因频率在群体中的稳定状态。

在社会学中，纳什均衡被用来研究人类行为和社会交互。社会规范、合作和集体行动都可以通过纳什均衡的分析来理解。纳什均衡可以帮助解释为什么人们会选择合作而不是单独追求个人利益，以及如何形成和维持社会规范和价值观。

通过综合对比，本书拟采用非完全信息静态博弈模型来对“一带一路”国际核能合作机理进行研究。其一，在“一带一路”国际核能合作中，各个参与者之间存在复杂的利益竞争和信息不对称的情况，合作博弈模型无法充分考虑到各方可能存在的自私行为和不完全合作的可能性。其二，在实际情况中，“一带一路”国际核能合作参与者之间的信息可能是不对称的，即某些参与者对于其他参与者的策略和利益了解有限。因此，完全信息静态博弈模型无法准确描述和分析参与者在信息不对称条件下的决策行为和合作策略。其三，“一带一路”国际核能合作是一个长期过程，参与者的决策是逐步进行的，信息的获取和传递是一个动态的过程。完全信息动态博弈模型无法很好地捕捉到参与者之间信息不完全性和信息传递的影响，无法提供对于合作稳定性和决策路径的全面分析。其四，虽然不完全信息动态博弈模型可以考虑信息不对称的情况，但对于“一带一路”国际核能合作这样的复杂合作机制，信息的获取和传递过程可能是持续变化的，模型的复杂性和计算难度较高，限制了其应用。而不完全信息静态博弈模型恰恰能够综合弥补以上缺陷。首先，使用不完全信息静态博弈模型可以更贴近实际情况，考虑参与者在信息不对称的情况下作出决策的影响。其次，不完全信息静态博弈模型可以更好地分析参与者之间的策略选择和均衡状态，并揭示隐藏信息和信息获取对决策和合作的影响。

# 2.3 评价方法介绍

合作与风险是国际经济学中的孪生兄弟，合作往往伴随着风险，尤其是对于资金投入高、政治敏感的核能合作。故本书在分析核能国际合作的机理后，将对合作存在的风险进行识别与评价。从理论上讲，风险评价是指对各种不确定因素及其所引起的不同影响进行恰当的分析与评估。其评价基础是不确定性的普遍存在，通过关注不确定因素，来揭示它对风险所造成的影响，对潜在风险展开分析，并对自身的能力进行评估，采取相应的措施来降低风险的负面影响或减少其发生的可能性。风险评价的目标是确定潜在风险的性质、可能性和影响，让项目的成本估计和进度安排变得更实际、更可靠，并为决策者提供关于处理这些风险的信息，从而能够制定出更完整的应急方案，提升决策水平。

至今为止，已经有数十种用于风险评价的方法。鉴于不同的风险评价方法可能对最终结果产生影响，甚至导致与实际风险情况偏离，因此本书主要对风险评价方法进行了梳理。这样做的目的是确保在进行风险评估时能够选择适当的方法，以准确评估合作中存在的风险，并为决策者提供可靠的信息，从而作出更明智的决策。

## 2.3.1 简单风险评价方法

简单风险评价方法是一种迅速、直观且相对简单的方法，适用于初步筛选和快速判断风险的情况。它不涉及复杂的数据分析和量化计算，通常具有主观性。常见的简单风险评价方法包括调查法与专家打分法、故障树分析法（FTA）、敏感性分析法、外推法、决策树法和影响图分析法。尽管这些方法相对简单，但在初步评估和快速决策中具有一定的实用性。然而，在复杂的风险评估和决策情境下，可能需要结合更详尽和可量化的方法以获得更准确的风险评估结果。

### （一）调查法与专家打分法

调查法与专家打分法是目前评价风险最常见和最简便的方法。该方法分两步进行：首先确定某工程项目在实施过程中可能面临的全部风险，编制风险调查表；其次结合专家的经验，对各风险因子的重要程度进行评估，综合得到整体风险水平。该方法适合在决策初期，由于没有具体的数据信息，在决策过程中，主要依赖于专家的经验和决策者的主观判断。评价的结果往往不是具体的风险值，而仅是一种一般性的评估，以供用于将来的分析。

### （二）故障树分析法

故障树分析法是一种定性分析方法，用于可靠性工程中较为复杂的项目的风险分析，其最早由美国贝尔电话实验室的维森提出，后面才传到我国。故障树由节点与连线构成，每一点代表一个特定的事件，每一条连线代表事件间的联系，它是一种基于逻辑关系的图形化工具。主要是通过对多种可能的风险因素进行预测和辨识，并利用逻辑推理的方法，沿风险生成的路径来计算风险发生的概率，以及导致主事件发生的最小组合数。通过求出最小的组合个数，判断最有可能出现的事故及其对主要事故的影响程度，并给出相应的控制方案。该方法应用广泛、逻辑性强、直观性好，结果具有系统性、精确性和可预测性。

### （三）敏感性分析法

敏感性分析法是一种用来评估工程项目风险的方法，如利率、投资额和运行成本，它主要关注项目成本中的关键因素，并分析这些因素的变化对项目风险的敏感程度。通过对这些关键因素进行变化范围的设定，可以评估它们对项目成本的影响程度，为决策者提供重要的参考信息。敏感性分析法的步骤包括确定关键因素和设定其变化范围。首先，需要明确哪些因素对项目成本具有重要影响，如利率、投资额和运营成本。其次，针对每个关键因素，设定其可能的变化范围，可以基于历史数据或专家意见来确定。通过对这些变化范围进行分析，能够明确各因素对项目费用的敏感性，从而有助于决策者在做出最后决策时，将各因素的影响纳入考量，并对费用最敏感的因素给予优先考虑。灵敏性分析作为一种有效的决策工具，虽然无法得出具体的风险影响程度数值，但可以提供一种相对排序，以此向决策者提供简要的风险影响程度和重要程度的信息，帮助他们作出明智且审慎的决策。

### （四）外推法

外推法是一种常用的风险评估方法，用来推断未来事件发生的概率和后果。它通过利用已有的信息和数据来作出预测，以评估和分析风险情况。

外推法可以分为前推、后推和旁推三种类型。前推法是基于历史经验和数据进行风险评估的方法。通过观察数据的周期性，可以推测出未来事件的可能性以及预期结果。若历史数据呈现出显著的周期性，则可直接运用周期进行风险评价。但需要注意历史数据的完整性和主观性。后推法适用于缺乏历史数据的情况。由于工程项目通常是一次性且不可重复的，所以无法依靠历史数据来进行评价与分析。基于此，后推法是一种基于后处理的风险评价方法，即将"未知""假想"事件及其"后果"与"已知"事件相关联，并将未来的风险事件归为引起事件的初始事件。旁推法是利用已有的同类工程项目的数据和信息，在充分考虑环境变化的情况下对新设的工程项目进行风险评估。若已有的数据不完整或无规律可循，可以就数据的概率分布进行推测。外推法在项目风险评估和分析中具有广泛的应用。它利用现有信息和数据来推断未来的风险情况，为决策者提供重要参考。然而，在使用外推法时需要注意数据的可靠性和合理性，并妥善处理不确定性。综合运用各种外推法可以提高风险评估的准确性和可靠性，帮助决策者作出更明智的决策。

### （五）决策树法

决策树法作为一种对风险进行定量分析的有效方法，已在国内得到广泛应用。该方法是对决策问题中有关因子进行分解，然后逐级求出各因子的概率与期望值，从而完成各种方案的比较与优选。该方法的优点是层次清晰、易于理解和避免遗漏。在使用决策树法进行风险评估时，首先，需要对问题进行分解，将其拆解为一系列相关的决策因素和事件。其次，根据问题的特点和因素之间的关系，构建决策树的结构。决策树由决策节点、事件节点和概率分支组成，三者分别表示需要作出的决策、可能发生的事件以及每个事件发生的概率。再次，对每个事件节点计算其发生的概率和相应的损失或收益，并将其乘以相应的概率。通过逐步向上计算，可以得到每个决策节点的期望值。最后，比较各个方案的期望值，选择具有最高期望值的方案作为最佳决策。决策树法的应用范围广泛，不仅适用于单阶段决策问题，还可以应用于多阶段的决策问题。其优势在于可以清晰地展示决策过程，并且易于识别最佳方案。然而，构建决策树需要有准确的数据和可靠的概率来估计，因此在使用决策树法时需要注意数据的可靠性和准确性。

总的来说，决策树法是一种有效的风险评估和决策分析方法，通过逐步计算概率和期望值，帮助决策者作出理性和可靠的决策。

### （六）影响图分析法

影响图分析法是一种常用的风险评估和决策分析方法，它基于有向图的形式描述风险因素之间的相互关系和影响。该方法以图形方式清晰地展示了不确定性变量和决策之间的关系，既适合定性分析，又可以进行数量化分析。在影响图分析中，通过构建一个有向图，将风险因素表示为节点，用有向弧表示因素之间的关系和相互影响。

节点表示决策问题中的各个变量，而有向弧表示变量之间的因果关系和信息传递。影响图分析法的优点在于其直观且概念明确。它能够帮助决策者全面了解各个风险因素之间的相互作用和影响程度，从而更好地评估决策的风险性和可行性。此外，影响图分析还可以结合概率估计和决策者的偏好，进行量化分析和方案比较。通过影响图分析，决策者可以更好地理解风险因素的重要性、关联性和影响路径。它能够揭示隐藏在传统评估中的因素相互作用，并为决策者提供在不确定性条件下作出决策的依据。然而，影响图分析方法仍然需要进一步的改进和发展。在实际应用中，需要更准确地定义和计算因素之间的关系、概率和影响，以提高分析结果的可靠性和预测性。

总之，简单风险评价方法是一种常用的风险评估方法，具有快速、直观和相对简单的特点。该方法在初期的风险筛选和快速判断中发挥着重要作用，但需要在实际应用中谨慎使用，并结合其他更为精细和量化的方法进行综合评估和决策。

## 2.3.2　常规风险评价方法

随着对能源境外投资风险评价研究的深入，学者们逐渐将研究的分析角度从定性分析转向定量分析，并提出了更多的风险评估方法，以便更准确地评估风险水平。其中，模糊理论、层次分析法、灰色系统理论和蒙特卡罗模型是较为常用的方法。

### （一）模糊理论

模糊理论是由美国自动控制专家 ZadehLA 于 1968 年提出的，它在风险评价领域得到广泛应用，尤其是在模糊综合评价方法方面。模糊综合评价方法是一种基于模糊理论的评价方法，用于对多个评价指标或因素进行综合评估和决策。它适用于处理评价指标不确定、模糊或难以量化的情况，其核心思想是在确定评估因素、因子评价等级划分标准和权重的基础上，运用模糊集合变换原理，通过隶属度来描述各因素和因子的模糊边界，构建评价矩阵，并通过多层复合运算，最终确定评价对象的等级。采用模糊综合评判法对风险进行评估，其优点是既能反映出风险因子的发生概率及后果，又能反映出风险因子的某些不确定因素。这使得模糊数学在风险评价领域得到了广泛应用。通过模糊综合评价方法，可以更好地处理风险评价过程中的不确定性和模糊性，从而提供更全面、准确的评估结果。许多研究人员也将模糊理论应用于风险评价领域，其中包括王志宏等（1998）[①] 和黄崇福等（2000）[②] 的研究。这些研究证明了模糊数学

① 王志宏，刘志斌，彭世济，等. 矿业投资风险评价方法［J］. 煤炭学报，1998（2）：107-111.

② 白海玲，黄崇福. 自然灾害的模糊风险［J］. 自然灾害学报，2000（1）：47-53.

在风险评价中的实用性和有效性。通过运用模糊综合评价方法，可以更好地分析和评估风险，为决策提供更可靠的依据。

## （二）层次分析法

1980 年，美国运筹学家 SaatyTL 提出了层次分析法（AHP）。AHP 是一种用于解决复杂问题的方法，根据问题和任务目标将复杂问题的影响因素划分为相互关联的有序层次，形成一个多层分析结构模型。具体而言，对每个层次的元素进行两两比较，构造判断矩阵，然后利用数学方法（如最小二乘法和特征根法）计算出各因素的相对权重，进而确定它们在整体决策中的重要性和影响程度。层次分析法的优势在于将复杂的多因素决策问题分解为可处理的层次比较和权重计算问题，使决策过程更加直观和可操作。因此，该方法在风险评估领域得到了广泛应用。许多研究项目利用 AHP 方法进行风险分析，如工程项目施工风险[①]、信贷风险[②]和矿业投资风险[③]。这些研究为决策者提供了有价值的信息，帮助他们评估各个因素的相对重要性，并作出更好的决策。

## （三）灰色系统理论

灰色系统理论是一种处理信息部分明确、部分不明确的系统理论。在风险评估中，灰色系统理论提供了一种处理不完全信息和数据不确定性的框架。其中的灰色模型是灰色系统理论的重要组成部分，通过对原始数据的处理和灰色模型的构建，可以实现对风险的分析和预测。在灰色系统理论中，采用累加生成法和累减生成法对原始数据进行处理，以生成具有规律性的数列。随后，使用后验差检验法、残差检验法或关联度检验法对构建的模型进行准确性检验。精确的模型可以更好地评估和分析风险[④⑤]。应用灰色系统理论进行风险评估有助于解决不确定性问题。它提供了一种灵活的方法来处理不完全信息和数据不确定性，为决策者提供科学依据和支持。灰色系统理论的发展将进一步完善其在风险评估领域的应用，为复杂的风险评估问题提供更多的工具和方法，提升决策制定的质量和效果。

## （四）蒙特卡罗模拟

蒙特卡罗模拟是一种广泛应用于风险评估的方法。它利用随机数和概率统计的原

① 程国萍，续文昊，关贤军.AHP 在工程项目施工风险评估中的应用［J］. 价值工程，2015，34（14）：7-11.

② 邱慧茹. 基于层次分析法的消费者信贷平台风险分析［J］. 中国集体经济，2019（3）：106-107.

③ 刘莎，王高尚，陈晨，等. 基于层次分析法的全球矿业投资环境分析［J］. 资源与产业，2010，12（2）：116-122.

④ 胡国华，夏军. 风险分析的灰色——随机风险率方法研究［J］. 水利学报，2001（4）：1-6.

⑤ 郑明贵，黄明旺. 矿业项目生产运营风险评价研究［J］. 管理现代化，2015，35（4）：88-90.

理来模拟大量的随机事件，以评估风险和预测可能的结果。蒙特卡罗模拟的名称源于蒙特卡罗赌场，它基于随机试验来估计风险。在蒙特卡罗模拟中，首先，需要确定评估对象和评估指标，并为相关的输入变量设定概率分布；其次，通过生成大量的随机数样本，根据设定的概率分布对输入变量进行抽样，得到一系列可能的输入情况；最后，将这些输入情况应用于评估模型或系统模拟中，进行计算和模拟，得出相应的输出结果。通过重复进行大量模拟运算，蒙特卡罗模拟可以全面了解评估对象的不确定性和风险。通过对大量样本的统计分析，可以得到评估指标的概率分布、风险范围和可能的结果。这为决策者提供了更全面的信息，有助于他们基于风险作出决策，并进行相应的风险控制和管理。蒙特卡罗模拟广泛应用于金融风险评估、工程项目管理、天然资源开发等领域。它的优势在于能够考虑多个变量和不确定性，提供全面的风险分析和决策支持。然而，蒙特卡罗模拟也存在一些局限性，例如对数据质量和模型的依赖性较高，计算复杂度较大等。因此，在使用蒙特卡罗模拟时需要合理设置模型和参数，并进行适当的验证和敏感性分析，以确保评估结果的准确性和可靠性。

### 2.3.3　风险评价方法的演进

近年来，风险分析领域涌现出了一些新的方法，以提高风险评估的准确性和适用性。其中一种方法是将传统方法进行组合，形成复合风险评价模型。例如，结合模糊理论和层次分析法，以模糊理论为基础进行层次分析，以平衡主观赋权和客观赋权之间的关系。另一种方法是将模糊理论和灰色理论相结合，构建模糊灰色关联评价模型，改进指标权重计算方法。另外，层次分析法与灰色聚类分析相结合也是一种新方法。首先利用层次分析法确定指标的权重，然后基于灰色理论进行聚类分析，以更好地考虑指标之间的相关性和权重，提高评估结果的准确性。此外，为了开发更精确和通用的预测方法，数据挖掘技术如熵权和神经网络被广泛引入风险预测和评估领域。这些方法能够挖掘数据中的隐藏模式和趋势，从而改善评估结果的准确性。这些新方法的应用有助于提高风险评估的准确性和全面性。它们能够综合考虑多个因素和不确定性，并提供更全面的风险分析和预测结果。然而，这些方法仍需要进一步的研究和验证，以确保其在不同领域和情境中的可行性和有效性。

#### （一）熵权法

熵权法是一种用于多目标决策的权重确定方法，其基本思想是根据指标的变异性确定其权重。具体而言，通过计算指标的信息熵，即指标值的无序程度来确定其相对重要性。一般情况下，信息熵越小，表示指标值的无序度越低，相应的权重也越大。在矿产资源测评领域，研究者付海波和孔锐（2010）将熵权法引入矿产资源竞争力比较评价体系中①。他们结合距离空间理论，对三个矿山的资源竞争力进行了评价，并与模糊综合评价法进行了比较，显示了熵权法的优势。此外，付娅娜和谷春燕（2015）应用熵权—双基点复合方法，对主要矿业投资国的投资环境进行了评分排序②。他们综合考虑了多个指标的信息熵，并通过复合评价方法得出了投资环境的综合评分。这些研究表明，熵权法在资源评价和投资环境评估中具有一定的优势。通过利用信息熵来确定指标的权重，熵权法能够更准确地反映指标的相对重要性，提供科学的决策依据。然而，熵权法的应用仍需要进一步研究和探索，以完善其方法和扩大其应用范围。

### （二）人工神经网络

人工神经网络是一种由神经元连接而成的网络结构，旨在模拟人脑神经网络的传导方式和学习能力。它通过存储和传递神经元之间的连接权重矩阵来处理信息，并具备存储、学习和利用经验知识的能力。与传统方法不同的是，神经网络的连接权和阈值通常通过对样本进行网络训练来确定，而不是主观设定。人工神经网络在数据分类和数据预测方面表现出色，并且具有适应非线性数据、容忍噪声和数据缺失的能力，因此近年来在风险预测和评价中得到广泛应用。例如，陈家愿（2014）应用 BP 神经网络模型对境外矿业投资的主要目标国进行了预警分析③。他利用神经网络模型从历史数据中学习并建立预测模型，以辅助决策者评估投资目标国的风险。另外，吕函枰和马恩涛（2017）将神经网络引入用来研究我国地方政府债务风险预警系统④。他们利用神经网络模型分析和预测地方政府债务风险，以提供有效的风险预警和决策支持。这些研究表明，人工神经网络在风险预测和评价中具有潜力。通过学习和适应数据的特征，神经网络能够捕捉到数据之间的复杂关系，提高预测准确性。然而，神经网络的应用仍需谨慎，需要继续深入研究和改进，以充分发挥其在风险分析领域的优势。

表 2-7 对上述各种风险评价常规方法进行了对比分析。

在风险评价领域，模糊综合评价法、灰色理论、熵权法和 BP 神经网络被广泛应用，并在国际合作风险分析中展现了一定的价值和优势。但是对合作风险的提示和评价本质上是一个较复杂的高维分类问题。传统模型难以处理如此复杂的数据，主要体

---

① 付海波，孔锐. 基于熵权法的矿产资源竞争力比较评价［J］. 资源与产业，2010，12（3）：66-70.

② 付娅娜，谷春燕. 基于熵权—双基点法的行业综合财务能力评价［J］. 财会月刊，2014（24）：49-52.

③ 陈家愿，郑明贵. 基于 BP 神经网络的我国海外矿业投资金融风险预警分析［J］. 资源与产业，2014，16（4）：106-110.

④ 吕函枰，马恩涛. 我国地方政府债务风险预警系统研究［J］. 东北财经大学学报，2017（6）：59-65.

现在：一是虽然存在一些降维技术，但是降维可能会引起信息的损失；二是主要依赖人工设计特征，难免掺杂研究者的主观因素，并且设计的特征过于具有针对性和不完整性；三是传统线性方法还具有过强的“线性”设定，而各因素对风险的影响往往是非线性的。即使是较为有效的人工神经网络方法，除了存在过拟合和梯度消失问题外，由于仍属于浅层学习方法，对输入特征的处理能力有限，求解复杂分类问题时泛化能力受到制约。故，基于对以上所有风险评价方法的综合考量，本书将引入一种新的方法来进行风险评价，即动态因子分析方法。

表 2-7　风险评价方法对比一览表

| 方法分类 | 方法名称 | 方法描述 | 优点 | 缺点 |
|---|---|---|---|---|
| 简易方法 | 调查法与专家打分法 | 通过调查和专家评分来评估风险 | 简单易行 | 结果受到主观评估的影响 |
| | 故障树法 | 分析故障事件的因果关系，评估风险的概率和影响 | 可以识别系统的关键故障和风险源 | 需要收集大量的数据和专业知识 |
| | 敏感分析法 | 通过改变输入参数来评估风险的敏感性和变化程度 | 可以识别重要的输入参数和关键风险因素 | 结果受到输入参数的选择和范围的影响 |
| | 外推法 | 基于历史数据和趋势进行未来风险的预测 | 利用过去的数据进行风险趋势分析 | 对未来的预测存在不确定性 |
| | 决策树法 | 使用决策树模型来评估风险和决策的可能结果 | 结构清晰，易于理解和应用 | 对输入参数的选择和权重赋值要求高 |
| | 影响图分析法 | 通过分析影响因素之间的关系来评估风险 | 可以揭示风险因素之间的复杂关系 | 结果受到数据的质量和模型的准确性的影响 |
| 常规方法 | 模糊理论 | 处理不确定性和模糊性的风险评价方法 | 能够处理主观和模糊性信息 | 对专家的主观判断和模糊集的建立要求高 |
| | 层次分析法 | 将风险因素进行层次化，通过判断矩阵计算风险权重 | 结构清晰，易于理解和应用 | 对判断矩阵的准确性和一致性要求高 |
| | 蒙特卡罗模拟 | 使用随机抽样和模拟方法来分析不确定性和风险 | 可以模拟复杂系统和不确定性的影响 | 需要大量的随机抽样和模拟运算 |
| 演进方法 | 熵权法 | 基于信息熵理论来确定指标的权重 | 提供了客观的权重分配方法 | 对数据的要求较高，需要有可靠的数据 |
| | 人工神经网络 | 使用神经网络模型进行风险评估和预测 | 可以处理非线性和复杂的关系 | 需要大量的数据进行训练和调整 |

## 2.3.4　动态因子分析方法的原理

传统的因子分析模型只关注某研究对象的静态截面数据或时间序列数据的变化，未能反映数据的动态变化。动态因子分析法是 1978 年由 Coppi 和 Zannella 提出的，之后由 Coppi 和 Corazziari 进一步完善，是将主成分分析得到的截面分析结果和线性回归模型得到的时间序列分析结果进行综合的一种多元统计分析方法[①]。它是将样本、变量和时间三者综合考虑的三维阵列统计分析法。目前，这一方法已被广泛用于环境和生物药学等领域，而在风险评价领域的运用较为有限。动态因子分析方法可以用于研究生物药学领域的多变量数据，例如药物疗效评估、药物代谢动力学分析。它能够揭示药物与生物体之间的复杂关系，提供更准确的分析和预测。在环境领域，动态因子分析方法可以用于分析环境变量、污染物浓度等多元时间序列数据。通过综合考虑样本、变量和时间因素，可以揭示环境变化的动态模式和趋势，有助于环境管理和决策。尽管在风险评价领域的应用较少，但动态因子分析方法具有潜力应用于风险评价。通过综合考虑多个变量之间的动态变化，该方法可以提供更全面和准确的风险评估结果，有助于识别和管理潜在风险。未来的研究可以进一步探索动态因子分析方法在风险评价中的应用，并加以扩展和改进。

本书采用的是动态因子分析法的模型（一），表示一种双因素方差分析模型，假设给定数组：

$$X(I,J,T)=\{x_{ijt}\}\quad i=1,2,\cdots,I;\ j=1,2,\cdots,J;\ t=1,2,\cdots,T \tag{2-1}$$

式中：$I$ 指评价对象；$J$ 指评价指标；$T$ 指评价时期；$i$ 表示不同样本；$j$ 表示不同指标；$t$ 表示不同时期。

为了便于分析，$xijt$ 是对方差分析中的均值、总体变量的均值、静态影响、动态影响、互动影响的分解，即：

$$xijt=\bar{x}.j.+(\overline{x}ij.-\bar{x}.j.)+(\bar{x}.jt-\bar{x}.j.)+(xijt-\overline{x}ij.-\bar{x}.jt+\bar{x}.j.) \tag{2-2}$$

式中：$\bar{x}.j.$ 代表单个变量的总体平均值；$(\bar{x}.jt-\bar{x}.j.)$ 反映了随时间变化的各样本静态结构带来的影响；$(\bar{x}.jt-\bar{x}.j.)$ 反映了平均动态效应；$(xijt-\overline{x}ij.-\bar{x}.jt+\bar{x}.j.)$ 反映了动态差异带来的影响，即单个样本与时间的交互影响。

从本质上讲，动态因子分析是基于线性回归模型和主成分分析模型。式（2-2）则为动态因子分析法的模型（一），其将总变异具体分解为以下两个部分：

$$S=S_I^*+S_T^*+S_{IT}=(S_I^*+S_{IT})+S_T^*=S_T+S_T^* \tag{2-3}$$

式中：$S_I^*$ 是通过主成分分析得到的每个样本的静态结构矩阵；$S_T$ 代表了利用主成分分析得到的各时期的平均离差矩阵；$S_T^*$ 代表了通过线性回归模型得到的不同时期的变异；$S_{IT}$ 是单个样本的动态差异矩阵，是样本和时间交互作用的方差和协方差矩阵，反映了由所有样本总体平均水平变化和单个样本变化所导致的动态差异。

① 胡日东，李颖. 我国房地产业发展的综合评价——基于动态因子分析法[J]. 经济地理，2011，31（11）：1862-1866，1873.

同时残差必须满足以下条件：

$$cov(e_{jt}, e_{j't'}) = \begin{cases} w_j & j = j'; t = t' \\ 0 & others \end{cases} \quad (2\text{-}4)$$

## 2.4　本章小结

为了更好地开展“一带一路”国际核能合作相关研究，本章对本书研究的三个主要方面进行了界定和阐述，包括“一带一路”国家对象、人类命运共同体以及核能合作。此外，本章还通过归纳法对博弈论、国际合作理论和风险评价模型进行了详细讨论，并探讨了这些理论在中国与“一带一路”国际核能合作研究中的理论依据和基本应用。

首先，本章明确了“一带一路”国际核能合作的对象范围，即参与“一带一路”倡议的国家，涵盖了亚洲、欧洲、非洲、大洋洲等多个地区，拥有丰富的能源资源和合作潜力。其次，界定了本书核能合作范围，主要包括技术转移、设施建设和核燃料三方面。在理论方面，本章详细介绍了博弈论、国际合作理论以及各类风险评价方法。博弈论提供了分析各参与方之间利益冲突和合作策略的工具，为“一带一路”国际核能合作的风险博弈提供了分析框架。国际合作理论则强调了合作的重要性，通过协调各方利益和资源，促进合作成果的最大化。风险评价模型则提供了识别和评估风险的方法和工具，为“一带一路”国际核能合作的风险识别和预警提供了支持。最后，针对“一带一路”国际核能合作的特点和需求，提出了动态因子分析模型的应用，综合考虑多个变量的动态变化，识别和评估“一带一路”国际核能合作中的潜在风险，并提供及时预警和应对措施。需要指出的是，“一带一路”国际核能合作领域的研究仍面临一些挑战和限制。首先，数据的可靠性和获取仍然是一个重要问题，需要建立健全的数据收集和共享机制。其次，“一带一路”共建国家的法律、政策和监管体系存在差异，需要在合作中加强法律和制度的协调和配合。最后，风险评价和预警的精准性和准确性也需要进一步提高，结合实际情况不断完善和优化评估模型和方法。

# 第3章 “一带一路”框架下中国核能合作状况概述

在共建“一带一路”倡议被提出之后，核电正成为继高铁之后中国高端制造业“走出去”的另一张代表名片，在国际核能合作市场上稳进突围。作为一种高效的清洁能源，核电正成为诸多国家缓解能源危机、实现“双碳”目标与推进工业化进程的重要替代能源或补充能源。即使目前中国在核电出海进程中已初步具备资金、人才、管理与基建方面的优势，但与“一带一路”国家核能合作尚处于开创阶段。未来，中国需要进一步扩大核能产业规模并提升自身的核能技术能力，以开拓更广阔的合作发展空间。

## 3.1 全球核能合作发展趋势

### 3.1.1 全球核能发展情况与未来趋势

人类对核能的探索可以追溯到 19 世纪末。1896 年，法国物理学家贝克勒尔发现了放射性现象，随后居里夫妇发现了铀的放射性，此后，科学家们开始对核能进行系统性研究。1938 年，德国物理学家哈恩和斯特莱斯曼首次发现重核裂变，证明了核能的存在。1942 年，意大利人费米点燃了世界上第一座原子反应堆。而早期核工业主要集中在核武器制造领域。在第二次世界大战期间，原子弹的制造促进了核能技术的发展。随着核能技术研究的深入，人们逐渐认识到核能不仅可以用于军事，还可以用于民用能源领域。在此背景下，全球各国纷纷开始投入资金和人力资源，开展核能技术的研究和开发。首先是美国，1951 年建成世界上第一座商业化核电站，并开始向全球输出核电技术和设备。此后，其他发达国家如英国、法国、日本也相继开始建设核电站，并在核能技术研究和开发领域投入大量资金和人力资源。核技术的应用领域不断扩大，包括核燃料加工、核医学、核废物处理等领域，其中核聚变，甚至可能会在未来改变核能的发展方向。

### （一）全球核能发展情况

全球核工业的发展对社会生活和国民经济都产生了积极的影响：核武器的研发为国家安全提供了保障，核辐射技术的应用解决了医疗和生活方面许多难题，核电技术的发展则对现阶段缓解能源紧张、减轻环境污染具有重要的意义。然而，核能发展过程中的一些重大事故引发了人们对核能安全性和可靠性的关切。1979 年美国三哩岛核事故和 1986 年苏联切尔诺贝利核事故的发生导致全球对核电站建设的放缓。随后，在 2011 年发生的日本福岛核事故再一次给正蓬勃发展的核电产业浇了一盆冷水。之后的 2012 年全球核电发电量出现最大幅度的下滑，甚至一些国家宣布停止或减少核能的使用。这些事故使各国对核能的安全管理提出了更高要求，并采取了加强核监管和管理的措施。然而，值得注意的是，随着近年来核能安全管理的逐渐完善和核能减排效应的效果显著，全球核电发电量总体也呈逐年上升的趋势。尽管在 2020 年受到新冠肺炎疫情的短暂影响出现了下降，但在 2021 年，核电发电量又恢复到 2019 年的水平。根据国际能源署（IEA）的预测，到 2050 年，全球 90%的可再生能源电力将来自风力和光伏发电，但仍需要核能来提供剩余 10%的电力。根据美国能源信息署（EIA）发布的数据，在 2012 年至 2021 年的十年间，全球总发电量以及核电发电量均呈现出稳步增长态势。值得注意的是，相较于全球总发电量的增长趋势，核能发电量的增长势头更为迅猛，显示出其在全球能源结构中的重要作用及潜力（见图 3-1）。

近年来，虽然世界核电发电量呈现小幅增长，但占比却呈下降趋势。这主要归因于以下两个原因。一是随着经济的发展，电力需求不断增加，但新建投运的核电机组相对较少。二是日本福岛核事故后，许多国家关闭了一部分核电站，导致核能发电量的占比下降。根据 PRIS 数据库的数据，截至 2021 年年底，全球在运核电机组为 431 台，而 2011 年为 443 台，事故发生的第二年减少到 425 台。尽管近年全球核电新建机组增长幅度有限，但核电建设的重点地区不断扩大。中东、中亚等地区已成为新的核电建设主要区域。未来，全球核电建设的重点将集中在发展中国家，特别是中国和印度，因为发达国家趋于维持现有核电水平。此外，近年核电装机容量的增加主要是由中俄对核能的投资推动，核能市场的主导地位已逐渐向中国和俄罗斯转移。

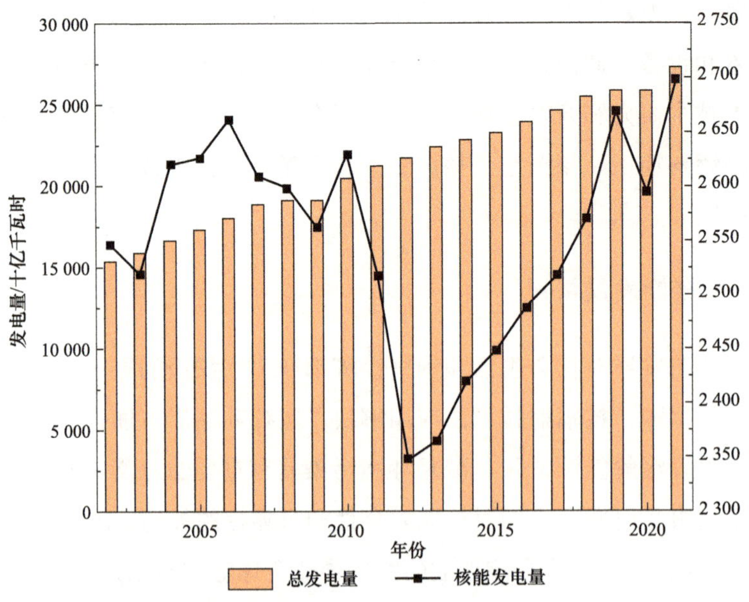


图 3-1　2012—2021 年全球核能发电量和总发电量

数据来源：IEA

美国能源信息署（IEA）的研究报告表明，核能可以在 93.5%的时间内满负荷运行，在电力供应方面具有独特优势，是迄今为止最可靠的能源之一。根据世界核协会（WNA）发布的《世界核电发展情况报告 2022》，2022 年全球核电可运行反应堆总容量最大的十个国家依次是美国、法国、中国、日本、俄罗斯、韩国、加拿大、乌克兰、西班牙、瑞典（见图 3-2)。《世界核工业现状报告》显示，截至 2021 年 6 月，有 33

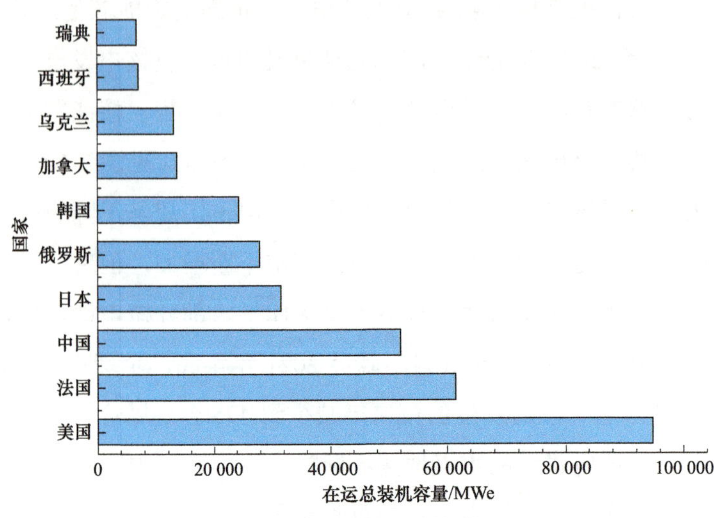


图 3-2　2022 年全球核电可运行反应堆总容量

数据来源：WNA

个国家的 415 个民用核反应堆在运行，超过三分之一位于发展中国家，发达经济体国家的核电机组约占全球 70%。这表明在发展中国家，核能仍然具有巨大的发展潜力。

#### （二）核能发展未来趋势

全球气候变化给人类社会和自然环境带来了严重的影响，包括极端天气事件的增加、海平面上升、生态系统破坏等。温室气体的排放是导致全球变暖和极端天气的主要原因之一。在此背景下，核能作为一种低碳能源发挥着重要的作用，因为其发电过程中不产生二氧化碳等温室气体。作为清洁能源，其可以帮助减少对高碳能源（如煤炭）的依赖。此外，核能作为一种可靠的大规模清洁能源，可以为能源转型提供可靠的基础负荷电力。在满足不断增长的电力需求的同时，核能可以替代高碳能源，减少温室气体的排放[①]。在低碳转型进程中，可再生能源（如太阳能和风能）同样发挥着重要作用。核能与可再生能源可以相互补充和协同发展，共同构建可靠、稳定的能源供应体系。核能能够提供持续供电的基础负荷，而可再生能源则可以弥补核能在调节性能上的不足，形成能源多元化和灵活性。

### 3.1.2 中国核能发展现状

#### （一）中国核能发展历程

20 世纪 50 年代，美国发动朝鲜战争并在日本部署了核武器，公开威胁要使用原子弹来封杀中国。当时，中国面临着核垄断、核讹诈、核威胁等严峻的国际形势。我国高层领导人意识到，要捍卫世界和平、反对核武器，就必须有自己的核武器，建立自己的核盾牌。中国核能发展至今已有 70 年，作为高科技战略产业，中国核工业的发展始终与国家、民族的命运息息相关，一路走来承担着保障中国大国地位、加强支撑国家安全、实现民族自立自强的历史重任。中国的核能发展可以分为以下几个阶段。

开始阶段（1955—1977 年）。1955 年 1 月 15 日，毛泽东在中南海主持召开了中共中央书记处扩大会议，并作出中国要大力发展核工业的战略性决策[②]，我国核工业建设拉开序幕。在经验欠缺、人才匮乏的情况下，无数老一辈科技研发者协同努力攻坚克难，终于在 1964 年 10 月，我国第一颗原子弹爆炸成功。之后，1967 年 6 月我国第一颗氢弹也爆炸成功。紧接着，1970 年 12 月，我国自主研制的第一艘核潜艇成功下水。

① 张祎鹏，刘海燕，唐玉蝶，等. 负载氯化银的聚丙烯腈静电纺丝复合物对碘离子的吸附研究［J］. 东华理工大学学报，2019，42（4）：438-443.

② 丛书编辑部. 当代中国的核工业［M］. 北京：当代中国出版社，2009.

“两弹一艇”铸就了共和国国防事业的坚强盾牌。到20世纪70年代，我国成为世界上少数几个拥有完整核工业产业体系的国家之一。1970年2月，我国核工业迎来了下一个阶段的发展，周恩来从国家全局和核工业发展出发，对核工业进行了战略调整，提出中国不光要搞核爆炸，还要搞核电站。此后，中国核工业开始从军用走向民用，中国开启了和平利用原子能的时代①。

初步发展阶段（1978—2000 年）。党的十一届三中全会之后，我国核工业积极响应党中央号召作出了“保军转民”的战略调整，确立了以核电、核燃料、核技术应用为主的核能产业发展之路。经过20多年的发展，我国核电建设取得了举世瞩目的成就。20世纪80年代至20世纪末，中国先后在秦山、大亚湾、岭澳等地大规模建设核电站。其中，中国首个自行设计和建设的核电站——秦山核电站，于1991年12月15日投入运行，自此中国核电开启了崭新的一页②③。1993年，中国与法国进行核能合作，引进法国核电技术，建立大亚湾核电站。之后，中国自行设计建造第一座出口商用核电站——巴基斯坦恰希玛30万千瓦核电站。1998年6月，采用加拿大CANDU-6核电技术、包括2台728兆瓦机组的秦山三期核电站开工。④

加速发展阶段（2001—2010 年）。中国政府在这一阶段加大了核能发展的力度，开始积极扩大核电装机容量，并在多个地区建设了核电站。从21世纪初到2010年，中国相继开工建设二代改进型岭澳二期（2004）、红沿河（2007）、宁德（2008）、阳江（2008）、福清（2008）、方家山（2008）、防城港（2010）等百万千瓦级核电站，以及第三代三门（2009）和海阳AP1000（2009）、台山EPR（2009）等百万千瓦级核电站。此外，中国还积极推进核燃料循环技术的发展。经过这一阶段的发展，中国的核能发展取得了显著进展，并成为全球最快速、规模最大的核电发展国家之一。

安全与可持续发展阶段（2011年至今）。自2011年日本福岛核事故以来，中国政府加强了核安全和环保方面的监管和控制，同时也逐步推动核能与可再生能源的协同发展，积极探索和推广新型核能技术，并在2013年首次提出了核电“走出去”战略。目前，中国已经形成了比较完整和独立的核燃料循环链，重要核燃料——铀的生产和供应基本能够适应核能的发展需求，具有发展核电的良好基础。在未来，中国的核能发展将继续朝着安全、可持续、高效和多元化的方向发展。

在核能技术方面，中国的核能技术经过了引进、消化、吸收和再创新四个阶段。

---

① 胡安邦. 从核说起——中国核工业发展史［J］. 课堂内外：科学少年，2021（9）：42-43.
② 朱强. 中国核电“走出去”战略研究［D］. 北京：中共中央党校，2015.
③ 于海江. 全力推动我国第四代核电技术发展［N］. 中国电力报，2021-06-24（005）.
④ 余剑锋. 打造科技自立自强的“国家名片”［J］. 红旗文稿，2021（4）：9-13+1.

通过引进吸收西方先进核能技术，增强自主创新能力，中国核电技术取得了飞速的发展。中国从欧美国家引进第三代核电技术 AP1000 和 EPR，并在此基础上不断创新，形成了具有自主知识产权的第三代先进压水堆技术——“华龙一号”，完成从第二代技术为主到自主掌握第三代技术，并向第四代技术进发的跨越。我国现有第三代核电主要包括美国 AP1000、法国 EPR、俄罗斯 VVER 以及自主研发的“华龙一号”和 CAP1400/1000 五种技术路线。同时，具有第四代特征的高温气冷堆、快堆以及小型模块化反应堆等先进核电技术研发及示范也取得重要进展。2021 年 9 月，中国甘肃武威宣布钍基熔盐核反应堆正式试运行，它是世界上第一个商业化运营的第四代熔盐堆核电技术，一旦成功，标志着我国在国际上率先实现了第四代核能技术商业化运行。同年 12 月 20 日，全球首个并网发电的第四代高温气冷堆核电项目——山东荣成石岛湾高温气冷堆核电站示范工程首次并网发电，意味着我国已经成为世界上为数不多的拥有第四代核能技术的国家。

通过几十年不断的科研攻关、建设发展，中国核电自主创新能力得到了显著提升，在设计、制造、施工、安装、调试、运行、维修、后处理、运营管理等各环节都取得了举世瞩目的成就，推动了我国核能技术能力提升、核能装备产业升级，一大批关键设备和关键材料实现国产化。“十三五”以来，“国和一号”成功研发、“玲龙一号”正式开工和“华龙一号”成功运行，标志着中国已经拥有独立自主的核能技术和完整的核能产业链，具备与美国、俄罗斯、法国等核能强国同台竞争的实力，为未来进一步提升我国核电自主创新和核能国际竞争力提供了强有力的技术支撑。

### （二）中国核电建设情况

近年来，为了满足不断增长的能源需求，减少对化石燃料的依赖，提高能源安全和科技水平，以及应对气候变化等环境挑战，中国加大了核能发展的支持力度。目前，中国核能发展以稳妥推进沿海核电建设为主要发展方向，由四大核电巨头主导开发、建设和运营。核电站自北向南依次分布在辽宁、山东、江苏、浙江、福建、广东、广西和海南八个省区。其中，中广核在国内拥有八大核电基地，分别是广东大亚湾核电基地、福建宁德核电基地、广东阳江核电基地、广东惠州核电基地、苍南核电基地、广东台山核电基地、广西防城港核电基地和辽宁红沿河核电基地；中核集团已在国内建成五大核电基地，分别是田湾核电基地、秦山核电基地、三门核电基地、福清核电基地、昌江核电基地，该集团是中国核能发展与核电建设的绝对主力军。国家电力投资集团拥有全球最先进的非能动第三代核电技术，在山东建立海阳核电基地。2021 年 11 月 9 日，国家电投“暖核一号”投运，该项目 1 号机组为世界上最大的热电联产机组，实现了全国首个“零碳”供暖城市——海阳市将全部实现核能供暖。此外，该集团旗下还拥有山东荣成石岛湾的 CAP1400 示范项目和山东海阳的 AP1000 项目。中国华能拥有山东石岛湾、海南昌江、福建霞浦三大核电基地，其中海南昌江核电基地为中核集团与华能集团作为战略合作伙伴共同开发。2021 年 3 月 31 日，昌江核电二期开工，这标志华能集团进军核电产业取得了实质性进展。此外，2021 年 12 月 20 日，石岛湾高温气冷堆项目首次并网发电，标志着我国在第四代核电技术研究应用方面已走在了世界前列，对我国优化能源结构、保障能源供给安全具有重要意义。

截至 2023 年 2 月底，我国核电机组共 55 台（见表 3-1），装机容量为 53 181 兆瓦，仅次于美国的 93 台 9 552.3 万千瓦和法国的 56 台 6 137 万千瓦，居世界第三位。但核电发电份额仅为 5%，仍具有很大的提升空间。

**表 3-1　中国核电机组（截至 2023 年 2 月底）**

| 序号 | 核电机组 | 堆型 | 位置 | 装机容量/兆瓦 | 电网连接时间 |
|---|---|---|---|---|---|
| 1 | 昌江 1 号 | 压水堆 | 海南昌江 | 601 | 2015-11-07 |
| 2 | 昌江 2 号 | 压水堆 | 海南昌江 | 601 | 2016-06-20 |
| 3 | 大亚湾 1 号 | 压水堆 | 广东深圳 | 944 | 1993-08-31 |
| 4 | 大亚湾 2 号 | 压水堆 | 广东深圳 | 944 | 1994-02-07 |
| 5 | 方家山 1 号 | 压水堆 | 浙江海盐 | 1 012 | 2014-11-04 |
| 6 | 方家山 2 号 | 压水堆 | 浙江海盐 | 1 012 | 2015-01-12 |
| 7 | 防城港 1 号 | 压水堆 | 广西防城港 | 1 000 | 2015-10-25 |
| 8 | 防城港 2 号 | 压水堆 | 广西防城港 | 1 000 | 2016-07-15 |
| 9 | 防城港 3 号 | 压水堆 | 广西防城港 | 1 000 | 2023-01-10 |
| 10 | 福清 1 号 | 压水堆 | 福建福清 | 1 000 | 2014-08-20 |
| 11 | 福清 2 号 | 压水堆 | 福建福清 | 1 000 | 2015-08-06 |
| 12 | 福清 3 号 | 压水堆 | 福建福清 | 1 000 | 2016-09-07 |
| 13 | 福清 4 号 | 压水堆 | 福建福清 | 1 000 | 2017-07-29 |
| 14 | 福清 5 号 | 压水堆 | 福建福清 | 1 075 | 2020-11-27 |
| 15 | 福清 6 号 | 压水堆 | 福建福清 | 1 075 | 2022-01-01 |
| 16 | 海阳 1 号 | 压水堆 | 山东海阳 | 1 170 | 2018-08-17 |
| 17 | 海阳 2 号 | 压水堆 | 山东海阳 | 1 170 | 2018-10-13 |
| 18 | 红沿河 1 号 | 压水堆 | 辽宁瓦房店 | 1 061 | 2013-02-17 |
| 19 | 红沿河 2 号 | 压水堆 | 辽宁瓦房店 | 1 061 | 2013-11-23 |
| 20 | 红沿河 3 号 | 压水堆 | 辽宁瓦房店 | 1 061 | 2015-03-23 |
| 21 | 红沿河 4 号 | 压水堆 | 辽宁瓦房店 | 1 061 | 2016-04-01 |
| 22 | 红沿河 5 号 | 压水堆 | 辽宁瓦房店 | 1 061 | 2021-06-25 |
| 23 | 红沿河 6 号 | 压水堆 | 辽宁瓦房店 | 1 061 | 2022-05-02 |

续表

| 序号 | 核电机组 | 堆型 | 位置 | 装机容量/兆瓦 | 电网连接时间 |
|---|---|---|---|---|---|
| 24 | 岭澳 1 号 | 压水堆 | 广东深圳 | 950 | 2002-02-26 |
| 25 | 岭澳 2 号 | 压水堆 | 广东深圳 | 950 | 2002-09-14 |
| 26 | 岭澳 3 号 | 压水堆 | 广东深圳 | 1 007 | 2010-07-15 |
| 27 | 岭澳 4 号 | 压水堆 | 广东深圳 | 1 007 | 2011-05-03 |
| 28 | 宁德 1 号 | 压水堆 | 福建宁德 | 1 018 | 2012-12-28 |
| 29 | 宁德 2 号 | 压水堆 | 福建宁德 | 1 018 | 2014-01-04 |
| 30 | 宁德 3 号 | 压水堆 | 福建宁德 | 1 018 | 2015-03-21 |
| 31 | 宁德 4 号 | 压水堆 | 福建宁德 | 1 018 | 2016-03-29 |
| 32 | 秦山一期 | 压水堆 | 浙江海盐 | 326 | 1991-12-15 |
| 33 | 秦山二期 1 号 | 压水堆 | 浙江海盐 | 623 | 2002-02-06 |
| 34 | 秦山二期 2 号 | 压水堆 | 浙江海盐 | 610 | 2004-03-11 |
| 35 | 秦山二期 3 号 | 压水堆 | 浙江海盐 | 619 | 2010-08-01 |
| 36 | 秦山二期 4 号 | 压水堆 | 浙江海盐 | 619 | 2011-11-25 |
| 37 | 秦山三期 1 号 | 重水堆 | 浙江海盐 | 677 | 2002-11-19 |
| 38 | 秦山三期 2 号 | 重水堆 | 浙江海盐 | 677 | 2003-06-12 |
| 39 | 三门 1 号 | 压水堆 | 浙江三门 | 1 157 | 2018-06-30 |
| 40 | 三门 2 号 | 压水堆 | 浙江三门 | 1 157 | 2018-08-24 |
| 41 | 石岛湾高温气冷堆 | 高温气冷堆 | 山东石岛湾 | 200 | 2021-12-20 |
| 42 | 台山 1 号 | 压水堆 | 广东台山 | 1 660 | 2018-06-29 |
| 43 | 台山 2 号 | 压水堆 | 广东台山 | 1 660 | 2019-06-23 |
| 44 | 田湾 1 号 | 压水堆 | 江苏连云港 | 1 000 | 2006-05-12 |
| 45 | 田湾 2 号 | 压水堆 | 江苏连云港 | 1 000 | 2007-05-14 |
| 46 | 田湾 3 号 | 压水堆 | 江苏连云港 | 1 060 | 2017-12-30 |
| 47 | 田湾 4 号 | 压水堆 | 江苏连云港 | 1 060 | 2018-10-27 |
| 48 | 田湾 5 号 | 压水堆 | 江苏连云港 | 1 060 | 2020-08-08 |
| 49 | 田湾 6 号 | 压水堆 | 江苏连云港 | 1 060 | 2021-05-11 |
| 50 | 阳江 1 号 | 压水堆 | 广东阳江 | 1 000 | 2013-12-31 |
| 51 | 阳江 2 号 | 压水堆 | 广东阳江 | 1 000 | 2015-03-10 |
| 52 | 阳江 3 号 | 压水堆 | 广东阳江 | 1 000 | 2015-10-18 |
| 53 | 阳江 4 号 | 压水堆 | 广东阳江 | 1 000 | 2017-01-08 |
| 54 | 阳江 5 号 | 压水堆 | 广东阳江 | 1 000 | 2018-05-23 |
| 55 | 阳江 6 号 | 压水堆 | 广东阳江 | 1 000 | 2019-06-29 |

数据来源：世界核协会（截至 2023 年 2 月底）

截至 2023 年 2 月底，我国在建核电机组 21 台（见表 3-2），总装机容量 21 867 兆瓦，在建机组装机容量继续保持全球第一。

表 3-2 中国大陆在建核电机组（截至 2023 年 2 月底）

| 序号 | 机组 | 堆型 | 额定容量/兆瓦 | 开工时间 |
| --- | --- | --- | --- | --- |
| 1 | 昌江小堆示范工程 | 压水堆 ACP100 | 125 | 2021-07-13 |
| 2 | 昌江 3 号 | 压水堆 HPR1000 | 1 100 | 2021-03-31 |
| 3 | 昌江 4 号 | 压水堆 HPR1000 | 1 100 | 2021-12-28 |
| 4 | 防城港 4 号 | 压水堆 HPR1000 | 1 000 | 2016-12-23 |
| 5 | 海阳 3 号 | 压水堆 CAP1000 | 1 161 | 2022-07-07 |
| 6 | 陆丰 5 号 | 压水堆 HPR1000 | 1 100 | 2022-09-08 |
| 7 | 三澳 1 号 | 压水堆 HPR1000 | 1 117 | 2020-12-31 |
| 8 | 三澳 2 号 | 压水堆 HPR1000 | 1 117 | 2021-12-31 |
| 9 | 三门 3 号 | 压水堆 CAP1000 | 1 163 | 2022-06-28 |
| 10 | 石岛湾 1 号 | 压水堆 CAP1400 | 1 400 | 2019-06-19 |
| 11 | 石岛湾 2 号 | 压水堆 CAP1400 | 1 400 | 2020-04-21 |
| 12 | 太平岭 1 号 | 压水堆 HPR1000 | 1 116 | 2019-12-26 |
| 13 | 太平岭 2 号 | 压水堆 HPR1000 | 1 116 | 2020-10-15 |
| 14 | 田湾 7 号 | 压水堆 VVER-1200 | 1 100 | 2021-05-19 |
| 15 | 田湾 8 号 | 压水堆 VVER-1200 | 1 100 | 2022-02-25 |
| 16 | 霞浦 1 号 | 钠冷快堆 CFR-600 | 600 | 2017-12-29 |
| 17 | 霞浦 2 号 | 钠冷快堆 CFR-600 | 600 | 2020-12-27 |
| 18 | 徐大堡 3 号 | 压水堆 VVER-1200 | 1 100 | 2021-07-28 |
| 19 | 徐大堡 4 号 | 压水堆 VVER-1200 | 1 100 | 2022-05-19 |
| 20 | 漳州 1 号 | 压水堆 HPR1000 | 1 126 | 2019-10-16 |
| 21 | 漳州 2 号 | 压水堆 HPR1000 | 1 126 | 2020-09-04 |

数据来源：世界核协会（截至 2023 年 2 月底）

作为世界上最大的能源消费国，中国能源发电主要来自煤炭、油、天然气、水力、核能和可再生能源。核能被广泛认可为清洁、低碳、安全、高效与稳定的能源，在保障我国能源供给安全、优化能源结构、促进能源绿色低碳转型和实现“双碳”目标等方面发挥着不可替代的重要作用，是我国构建现代能源体系的重要战略选择[①]。随着中国经济发展的加快，中国对能源的需求不断提高，各能源发电量都在逐年上升，如图 3-3 所示。2021 年，我国核能发电量达 4 075.2 亿千瓦时，约占全国总发电量的 5%，虽然较 2020 年核能发电量有进一步提高，但仍远低于清洁能源和化石能源发电量，未来仍有较大提升空间。“十四五”期间，我国核电装机规模将进一步加快增长，发电量将大

① 周涛，蔡亮，刘文斌. 大学生党建与核能结合教育方法研究［J］. 东南大学学报，2021，23（S1）：126-130.

幅增加；预计到 2035 年，核能发电量在我国电力结构中的占比将达到 10%左右。

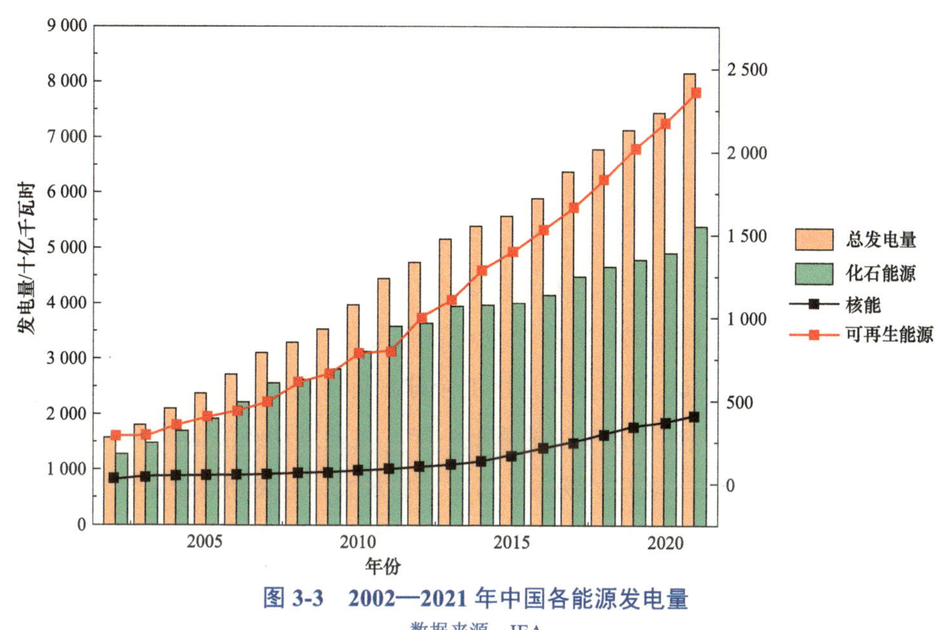


图 3-3 2002—2021 年中国各能源发电量

数据来源：IEA

## 3.2 中国与共建“一带一路”国家核能国际合作的契机

“一带一路”倡议源于“丝绸之路”这个具有悠久历史意义的符号。自 2013 年以来，该倡议实施持续深入，被赋予了更多的内容。在世界经济格局百年未有之大变局下，中国以“一带一路”为载体，旨在促进资源要素的自由流动与有效配置，建立一个互利共赢、共享发展的新模式，推动共建国家全面、均衡、可持续发展。能源国际合作作为“一带一路”倡议的重要组成部分，已得到快速发展，并在各个领域取得了全方位提升，中国能源国际话语权优势明显提高。“一带一路”核能国际合作是推动“一带一路”能源合作、打造能源命运共同体的重点之一。伴随着“一带一路”建设的不断推进，中国与“一带一路”国家在核能领域的国际合作将进一步加深。

### 3.2.1 “一带一路”核能国际合作动因分析

党的二十大充分肯定了我国在核电技术方面取得的重要成就。核能作为低碳清洁能源，具有能量密度高、无间歇性、全天候服役等优势，在构建以新能源为主体的新型电力系统中将占据更为突出的地位和发挥更大的作用。在“一带一路”建设中，能源合作是一个非常重要的领域，其中，核电将在全球的能源结构和社会生活中起到越来越大的作用。中国与“一带一路”共建国家在商业、工业、医疗等领域一直进行着不同程度的核能技术合作。“一带一路”核能国际合作对于各国的能源安全、技术进步、经济发展、和平发展、可持续发展、核安全与非扩散等方面都有着重要的意义，是推动全球能源转型和可持续发展的重要途径之一。

### （一）推动全球能源转型

随着全球气候问题日益凸显，加快能源低碳转型、有效开发非化石能源已成为国际共识。2005 年《京都议定书》首次以法规的形式限定温室气体的排放。2015 年 12 月，史上第一份覆盖近 200 个国家和地区的全球减排协定——《巴黎协定》达成，标志着全球应对气候变化迈出了历史性的重要一步。主要发达经济国家先后制定了“碳中和”目标，例如，美国、英国、法国、日本、加拿大、意大利等设定在 2050 年实现“碳中和”目标；中国计划 2030 年“碳达峰”，2060 年“碳中和”。随着“碳达峰碳中和”任务目标的提出，加快推动能源转型，实现低碳发展，已成为各国经济发展中最重要的一环。

世界能源经过多年的发展已经加速向低碳化转型。化石燃料的碳排放在温室气体的总量中占主导地位，高碳排放导致全球气候变暖加剧，导致全球各地包括欧洲和中国都在面临干旱和高温气候的挑战。电力行业是全球最大的碳排放源，占总排放量的 40%左右。而核电作为清洁，由于其稳定可靠、持续时间长等优点，被认为是一种非常理想的替代化石能源。与燃煤、燃油等化石燃料发电相比，核电是全生命周期碳排放最少的能源之一，可大幅度降低二氧化碳的排放，对实现能源的绿色替代、实现新能源的生产和消费变革具有重要意义。核能发电与传统能源相比，还有着能源可靠性高的优点，并且核电的燃料生产成本很低，不会受到国际能源价格波动的影响，燃料体积小、运输方便。与此同时，核电具有水电、风电、太阳能等可再生能源清洁低碳的特性，且核电又很少受到天气、季节或其他环境的影响，可以满足稳定发电的需求。所以，核能将成为“双碳”目标中能够大量取代化石能源的唯一能源[①]。

除了气候问题外，疫情、俄乌冲突、制裁与反制裁、OPEC 政策等因素的影响进一步强调了加速低碳发展的重要性。为实现到 2050 年二氧化碳零排放的目标，核能作为一种经济、高效、可持续和环境友好的绿色新能源，成为各国低碳能源战略的共同选择。据相关资料，2021 年核电运行的容量为 389.5 吉瓦，由 32 个国家的 437 个运行的反应堆提供，核电的年产量达到了过去十年的第二高，为不断变化的全球危机提供

① 李晨曦，孟雨晨. 核能可以在全球应对气候变化过程中发挥关键作用［J］. 国外核新闻，2022（6）：1-2.

了安全和可靠的低排放电力。根据国际能源署发布（IEA）的《2022 年世界能源展望》报告，核发电量呈现逐步上升的趋势，核能被视为全球能源向可持续发展转型的主要路径之一，国际核能合作是大势所趋。

纵观当今世界，能源博弈加剧，气候治理迫在眉睫，实现低碳和可持续发展的压力较大，必须加快绿色命运共同体建设。“一带一路”国家的发展现状和碳排放情况因国而异，但大多面临经济发展和能源消费增长的情况，在全球减排的大背景下，这些国家都在积极推进清洁能源的利用和节能减排。以“一带一路”发展战略为指引，与沿线国家开展国际核能合作，建立更密切的绿色伙伴关系，有助于增加合作国绿色能源比重，优化能源结构，保障国家能源安全，进而推动全球能源可持续发展，在应对全球气候变化方面起到了积极作用。这体现了中国实现“碳达峰碳中和”目标的坚定决心，彰显了中国作为负责任的大国形象。

### （二）维护国家能源安全，促进经济发展

当今时代，世界百年未有之大变局加速演进，新冠肺炎疫情反复延宕，地缘政治紧张与经济格局演变叠加，对国际能源供需平衡、能源资源产业链供应链造成严重冲击。从能源安全视角看，对中国而言，其他核电强国与“一带一路”国家开展核能合作，将在某种程度上影响到中国能源输送渠道和能源资源的安全。一方面，将会导致一些合作国家对核电强国产生政治依赖，某些核电强国可能会利用合作给合作方施加压力，影响与之合作国家的政治决策，进而威胁到我国能源通道的安全。另一方面，核电强国与“一带一路”国家的核能合作，尤其是西亚、北非的核能合作将影响我国能源来源地的安全。对与“一带一路”合作国家来说，核能是保障能源安全的最佳选择，可以帮助各国降低对石油、天然气等传统能源的依赖，从而提高能源安全性。虽然可再生能源开发成本逐年降低，规模发展迅速，但在生产、上网、输送、储能等环节仍存在诸多技术瓶颈，因此迫切需要稳定的基荷电源支撑以及大比例可再生能源接入电网。而核电具有稳定、可靠、换料周期长等优点，适合承担电网的基本负载和必要的负载跟踪，在化石能源逐渐退出之后，核电可被用作基荷电源[①]。而核能国际合作可以促进核能技术在不同国家的推广和应用，从而实现全球能源安全。

核电产业涉及上游核燃料、原材料生产，中游核反应堆、核电核心设备制造和核电辅助设备制造，下游核电站建设、运营维护及乏燃料后处理等环节，具有投资高、技术性强、周期长、风险大等特点。由于不同国家的经济实力和技术水平不同，一定

① 侯艳丽. 双碳目标下核电的高质量发展［J］. 能源，2022（4）：32-36.

程度上决定了核能国际合作是安全和发展核能的必然趋势。而且“一带一路”国家大多为新兴经济体和发展中国家，少数发达经济体主要分布在中东欧地区。大多国家经济发展较发达国家落后，技术和资金实力不足。国际核能合作既可以弥补核电资金和技术的不足，安全快速地发展核电；又有助于核能大国开拓核电市场，带动双方经济发展和促进就业。因此，核能国际合作的快速发展，可以加快合作国核能行业的技术创新升级，同时带动相关产业的快速发展，促进就业。

在绿色转型和低碳发展背景下，推动能源生产变革已成为一项重要而紧迫的任务。电力在一些“一带一路”国家中仍然是一种“奢侈品”，甚至有些国家还存在偷电的行为。这些国家若要参与全球产业分工，融入世界经济大循环，亟须加速能源发展建设，以便获得足够的能源支持其工业化和现代化进程。因此，中国能源企业积极响应“一带一路”倡议，交流中国能源发展经验，为“一带一路”国家能源发展提供机会，携手打造“丝绸之路”绿色能源走廊。

### （三）促进国家间政治关系深化

核能作为一种清洁、高效的能源形式，对于保障国家能源安全和降低对外能源依赖具有重要意义。在核能领域的技术和资源的掌握和利用，涉及各国的能源安全和国家战略利益，因此具有地缘政治属性。核能的开发和利用涉及核技术、核材料等敏感技术和物质，对于国家的安全和国际地位都具有重要的影响。而核能合作不仅是技术和经济合作，更是政治关系的体现。在进行核能合作时，各国政府之间需要进行谈判和协商，包括技术转移、市场准入、人员交流等方面，这些涉及各国政治利益的博弈和影响。核能领域的国际合作需要双方进行全方位的核技术和信息交流，同时还需要建立起完善的国际核能安全制度和监管机制，以确保核能的安全和可持续性。这也意味着，核能领域的国际合作需要双方政治意愿和合作精神的支持，加强战略互信。通过在核能领域的合作，双方政府可以加强相互之间的信任和合作，加深彼此之间的理解和友谊，从而促进政治关系的发展，实现双方的共同利益和长期发展。另外，核能的国际合作和技术转移对国际政治和经济体系有影响。

目前，在国家层面，核能作为能源合作的重要合作领域之一，为国家间的政治关系提供了一个共同的合作平台，许多国家由此产生了“核能外交”。通过与其他国家建立核能合作伙伴关系，使核能技术、设备和服务的国际交流和合作不断增加，形成多边和双边的核能外交网络，从而促进政治层面的交流与合作，增进相互理解和信任，深化国家间的政治关系，有助于化解潜在的地缘政治冲突，促进和平与合作的氛围。此外，各国通过核能合作实现能源多元化，减少对特定能源供应国的依赖。这种多元化能源供应的情况将降低地缘政治因素对能源供应的影响，减少因为能源短缺与能源资源争夺而引发的冲突。

### （四）推进全球核安全治理

2016 年 4 月 1 日，习近平主席在华盛顿核安全峰会上发表讲话，在尊重各国主权的前提下，所有国家都要参与到核安全事务中来，以开放包容的精神，努力打造核安全命运共同体。打造国际核安全体系，加强核领域全球治理，这符合各国共同利益，是实现更好地利用核能的基础。然而，近几年来，美国却坚持冷战思想，鼓吹“大国竞争”，持续扩大军力，谋求绝对的战略优势，以种种理由诋毁、打压其他国家间正常的核电合作，对核不扩散问题采取双重标准，以防扩散为幌子，泛化国家安全概念，人为地设置技术障碍，这严重地制约了核领域全球的治理与发展。如美国一边以核扩散为由，罔顾自己单方面退出伊核协议的毁约行径，不断对伊朗实施单边制裁，致使伊核协议恢复履约谈判延宕不决；另一边却对澳大利亚网开一面，公然向其转让成吨的核武器材料。

核能合作不仅是双方之间的事务，也是全球治理的一部分。在政治大国博弈加剧、地区国际关系日趋复杂的背景下，核领域国际合作具有较高的技术敏感性和较强的政治色彩，从而进一步增加各国涉核国际业务拓展的复杂性和艰巨性。中国愿与各国共同努力，坚定维护《不扩散核武器条约》机制，努力塑造核能合作与安全秩序，提升处理核能国际合作项目所遇到的政治问题的能力。切尔诺贝利核事故殷鉴不远，日本福岛核事故影响至今未散，核武器的巨大杀伤力与迫害力、核恐怖主义的威胁、核安全事件的影响超越国界。因此，现今世界各国应加强核能国际合作并协调努力，促进各国相互分享技术和经验，贡献资源和平台，为核安全作出贡献，以减轻核事故造成的影响，促进和平利用核能。中国一直重视国家间的核安全政策交流与务实合作，于 2019 年首次发表《中国的核安全》白皮书，开展核安全公约、乏燃料与放射性废物管理联合公约等履约活动，与国际原子能机构签署核安全合作协议，加强多双边务实合作。在“一带一路”的倡议下中国加强同有关国家的技术交流，可以帮助相关国家强化核与辐射安全监管体系建设，推动核能的可持续发展和全球核安全治理，将核安全进程纳入持续健康发展的轨道，帮助构建“核安全”命运共同体。

## 3.2.2 “一带一路”国家核能发展前景

随着经济发展和能源需求的增长，核能在“一带一路”国家能源供应中的比重逐步提高。虽然这些国家的核能发展现状各不相同，但大多数表现出对核能的兴趣和需求。除新兴核电国家韩国和老牌核电强国俄罗斯外，“一带一路”国家中有 17 个国家运行或在建核电站，目前有 52 台核电机组正在运行，15 台机组正在建设中，总净容量 38 484 兆瓦，如表 3-3 所示。“一带一路”共建国家在核能建设规模方面逐步扩大，越来越多的国家开始建设核电站，一些国家也开始考虑引进第四代核电技术，因此，“一带一路”国家有超大规模的核能市场和内需潜力。

表 3-3 “一带一路”国家核电站建设情况

| 洲别 | 国家或地区 | 名称 | 堆型 | 状态 | 装机容量/兆瓦 |
|---|---|---|---|---|---|
| 非洲 | 埃及 | EL DABAA-2 | PWR | 在建 | 1 194 |
| | | ELDABAA-1 | PWR | 在建 | 1 194 |
| | 南非 | KOEBERG-1 | PWR | 运行中 | 924 |
| | | KOEBERG-2 | PWR | 运行中 | 930 |
| 南美洲 | 阿根廷 | ATUCHA-1 | PHWR | 运行中 | 340 |
| | | ATUCHA-2 | PHWR | 运行中 | 693 |
| | | CAREM25 | PWR | 在建 | 25 |
| | | EMBALSE | PHWR | 运行中 | 608 |
| 欧洲 | 白俄罗斯 | BELARUSIAN-1 | PWR | 运行中 | 1 110 |
| | | BELARUSIAN-2 | PWR | 在建 | 1 110 |
| | 保加利亚 | KOZLODUY-5 | PWR | 运行中 | 1 003 |
| | | KOZLODUY-6 | PWR | 运行中 | 1 003 |
| | 捷克共和国 | DUKOVANY-1 | PWR | 运行中 | 468 |
| | | DUKOVANY-2 | PWR | 运行中 | 471 |
| | | DUKOVANY-3 | PWR | 运行中 | 468 |
| | | DUKOVANY-4 | PWR | 运行中 | 471 |
| | | TEMELIN-1 | PWR | 运行中 | 1 027 |
| | | TEMELIN-2 | PWR | 运行中 | 1 029 |
| | 罗马尼亚 | CERNAVODA-1 | PHWR | 运行中 | 650 |
| | | CERNAVODA-2 | PHWR | 运行中 | 650 |
| | | BOHUNICE-3 | PWR | 运行中 | 466 |
| | | BOHUNICE-4 | PWR | 运行中 | 466 |
| | | MOCHOVCE-1 | PWR | 运行中 | 467 |
| | | MOCHOVCE-2 | PWR | 运行中 | 469 |
| | | MOCHOVCE-3 | PWR | 运行中 | 440 |
| | | MOCHOVCE-4 | PWR | 在建 | 440 |

续表

| 洲别 | 国家或地区 | 名称 | 堆型 | 状态 | 装机容量/MW |
|---|---|---|---|---|---|
| 欧洲 | 斯洛文尼亚 | KRSKO | PWR | 运行中 | 688 |
| | 乌克兰 | KHMELNITSKI-1 | PWR | 运行中 | 950 |
| | | KHMELNITSKI-2 | PWR | 运行中 | 950 |
| | | KHMELNITSKI-3 | PWR | 在建 | 1 035 |
| | | KHMELNITSKI-4 | PWR | 在建 | 1 035 |
| | | ROVNO-1 | PWR | 运行中 | 381 |
| | | ROVNO-2 | PWR | 运行中 | 376 |
| | | ROVNO-3 | PWR | 运行中 | 950 |
| | | ROVNO-4 | PWR | 运行中 | 950 |
| | | SOUTH UKRAINE-1 | PWR | 运行中 | 950 |
| | | SOUTH UKRAINE-2 | PWR | 运行中 | 950 |
| | | SOUTH UKRAINE-3 | PWR | 运行中 | 950 |
| | | ZAPOROZHYE-1 | PWR | 运行中 | 950 |
| | | ZAPOROZHYE-2 | PWR | 运行中 | 950 |
| | | ZAPOROZHYE-3 | PWR | 运行中 | 950 |
| | | ZAPOROZHYE-4 | PWR | 运行中 | 950 |
| | | ZAPOROZHYE-5 | PWR | 运行中 | 950 |
| | | ZAPOROZHYE-6 | PWR | 运行中 | 950 |
| | 匈牙利 | PAKS-1 | PWR | 运行中 | 479 |
| | | PAKS-2 | PWR | 运行中 | 479 |
| | | PAKS-3 | PWR | 运行中 | 479 |
| | | PAKS-4 | PWR | 运行中 | 479 |
| 亚洲 | 阿拉伯联合酋长国 | BARAKAH-1 | PWR | 运行中 | 1 337 |
| | | BARAKAH-2 | PWR | 运行中 | 1 345 |
| | | BARAKAH-3 | PWR | 运行中 | 1 345 |
| | | BARAKAH-4 | PWR | 在建 | 1 345 |
| | 巴基斯坦 | CHASNUPP-1 | PWR | 运行中 | 300 |
| | | CHASNUPP-2 | PWR | 运行中 | 300 |
| | | CHASNUPP-3 | PWR | 运行中 | 315 |
| | | CHASNUPP-4 | PWR | 运行中 | 313 |
| | | KANUPP-2 | PWR | 运行中 | 1 017 |
| | | KANUPP-3 | PWR | 运行中 | 1 017 |

续表

| 洲别 | 国家或地区 | 名称 | 堆型 | 状态 | 装机容量/MW |
|---|---|---|---|---|---|
| 亚洲 | 孟加拉国 | ROOPPUR-1 | PWR | 在建 | 1 080 |
| | | ROOPPUR-2 | PWR | 在建 | 1 080 |
| | 土耳其 | AKKUYU-1 | PWR | 在建 | 1 114 |
| | | AKKUYU-2 | PWR | 在建 | 1 114 |
| | | AKKUYU-3 | PWR | 在建 | 1 114 |
| | | AKKUYU-4 | PWR | 在建 | 1 114 |
| | 亚美尼亚 | ARMENIAN-2 | PWR | 运行中 | 416 |
| | 伊朗 | BUSHEHR-1 | PWR | 运行中 | 915 |
| | | BUSHEHR-2 | PWR | 在建 | 974 |

数据来源：世界核协会

## （一）东亚及东南亚地区

东亚位于亚洲东部地区，东临太平洋，西靠中国大陆和中亚地区，是亚洲和太平洋地区的重要地缘政治区域。东南亚位于亚洲大陆的东南部，控制着海上十字路口——马六甲海峡。这两个地区中与中国签订“一带一路”合约的国家有韩国、新加坡、印度尼西亚、马来西亚、文莱、新西兰、越南、泰国、菲律宾、缅甸、蒙古国等。

目前在这些东南亚的国家中没有正在运行或在建的核电站，但是一些国家却有核能发展的基础，如印度尼西亚、菲律宾、泰国和越南，早在 20 世纪 60 年代初，就相继在美国和平利用原子能计划的支持下，建立了一批小型核反应堆，开启核能研究。在经济快速发展的情境下，东南亚国家的能源需求快速增长，但传统能源资源不足，因此正在寻求替代能源，其中就包括核能。越南是东南亚地区最先推进核能计划的国家之一。越南政府曾与俄罗斯签署了合作协议，但受日本福岛核事故影响，该计划暂停。2022 年，越南政府考虑建设小规模核电项目以实现 2050 年净零排放目标。马来西亚政府曾计划在 2030 年之前建造 3 座核电站，但这些计划因为成本和公众反对而拖延。目前，马来西亚正在推进可再生能源的发展，如太阳能和风能。菲律宾一直表示要积极发展核能，1988 年，菲律宾政府关闭了国内唯一的一座核反应堆，但在 2018—2040 能源计划中，计划在 2027 年之前投运首个核电站，菲律宾正在与俄罗斯、韩国和美国就使用小型模块化反应堆技术进行谈判。印度尼西亚政府曾表示在 2045 年前建造第一座核电站。然而，该计划受到了公众和环保组织的反对，而且印度尼西亚的能源政策重点放在可再生能源和煤炭上。泰国政府也计划发展核能，以减少对进口能源的依赖，计划与美国合作实施小型反应堆。

总的来说，与东南亚国家进行核能合作存在一定的挑战和限制，如资金、公众反对等。虽然一些国家已经开始实施核能计划，但另一些国家则更倾向于发展可再生能源。此外，中国与东南亚国家核能合作还面临不确定性多、政治风险大、国际竞争激烈等严峻挑战。因此，中国与东南亚国家在推进核能合作的过程中需要采取科学的风险评估和管理措施，加强国际合作和经验分享，保证核能项目的安全和可持续性。

### （二）中亚地区

中亚地区指的是亚洲中部地区，通常包括哈萨克斯坦、吉尔吉斯斯坦、塔吉克斯坦、乌兹别克斯坦和土库曼斯坦五个国家。该地区位于欧亚大陆的中心，是丝绸之路的重要组成部分，拥有丰富的自然资源，如石油、天然气和稀有金属，这些资源在全球能源市场中具有重要地位。

目前，该地区只有一些国家在研究和规划核能项目，而尚未有任何核电站开始商业运营。哈萨克斯坦是中亚地区最具潜力的核能发展国家之一。该国天然铀的开采位居世界第一，拥有自己的核燃料生产，并拥有一定的铀浓缩能力。该国计划建造 1 座核电站，包括 2 座核反应堆，每座核反应堆的装机容量为 1 400 兆瓦，但大多哈萨克斯坦民众对建设核电站持反对意见。哈萨克斯坦拥有“铀大国”称号，核能国际合作成为哈萨克斯坦经济发展的方向之一。目前，哈萨克斯坦主要与日本、韩国、法国、加拿大、印度、俄罗斯和中国开展了核能合作。乌兹别克斯坦也在积极推进核能发展。2018 年 9 月，乌兹别克斯坦与俄罗斯签署两台 VVER-1200 机组建设协议。同年 10 月，乌兹别克斯坦在首都塔什干启动了中亚第一座核电站的建设。2017 年 2 月 27 日，塔吉克斯坦与俄罗斯签署了两国间和平利用核能协议。该和平利用核能协议为两国首次在核技术领域开展大规模合作奠定了基础。吉尔吉斯斯坦面临长期缺水导致的能源短缺，需要进口电力。2022 年 1 月，吉尔吉斯斯坦能源部与俄罗斯原子能公司签署协议，计划在 RITM-200N 反应堆的基础上建设一座低功率核电站。

中亚地区的核能发展处于起步阶段，但各国将建设核电站视为摆脱能源危机的途径。核电站的能源生产不依赖煤炭、天然气或水的数量，将有助于建立国家能源系统的持续运行，有助于工业发展和经济增长。此外，中亚铀资源在世界能源格局中占据举足轻重的地位，虽然一些国家目前暂时没有建设核电站，但中国可以与之进行铀资源合作。东亚各国都与俄罗斯核能合作密切，中国与东亚进行核能合作，可能将会面临与俄罗斯的激烈竞争。

### （三）南亚地区

南亚地区是位于亚洲南部的喜马拉雅山脉中、西段以南及印度洋之间的广大区域。与中国签订“一带一路”合约的国家有巴基斯坦、孟加拉国、斯里兰卡、尼泊尔、马尔代夫等。在能源方面，南亚地区高度依赖化石能源，但能源资源相对较少，主要依赖进口石油、天然气等能源资源。近年来，南亚地区的一些国家开始关注清洁能源的发展，推进可再生能源的利用，例如巴基斯坦在大力发展太阳能、风能等清洁能源。

在南亚地区，核能发展水平参差不齐。印度和巴基斯坦都拥有核武器，并拥有一定的核能发展能力。巴基斯坦目前拥有 6 座可运行反应堆，政府计划在 2050 年前新建几座核电站以缓解能源短缺问题。此外，南亚地区的一些国家也在探索核能的发展。如，斯里兰卡《2015—2034 年长期发电扩建计划》中提及从 2030 年开始建设 600 兆瓦核电站，目前该国政府已与俄罗斯、印度、巴基斯坦签署相关核能合作协议。孟加拉国有两个反应堆，分别于 2017 年和 2018 年开始建造。孟加拉国计划在未来几年再建设 2 座核电站，以增加其电力供应。

在南亚地区，孟加拉国和巴基斯坦是最具有实力和经验的核能国家，且整个南亚地区对核能依赖程度急剧上升。中国已与巴基斯坦进行了民用核能合作，且取得了丰厚成果。其他国家也在尝试发展核能项目，以应对能源短缺和电力需求的增加。因此，无论从减排考虑还是从优化能源结构考虑，未来南亚对于核能的需求将大幅增加。

### （四）东欧地区

东欧地区位于欧洲大陆的东部，签署了“一带一路”合约的国家包括葡萄牙、波兰、乌克兰、立陶宛、克罗地亚、斯洛文尼亚、斯洛伐克、白俄罗斯、马耳他、希腊、摩尔多瓦、黑山、塞尔维亚、爱沙尼亚、拉脱维亚等。煤炭和天然气是东欧地区最主要的能源资源，波兰和捷克拥有大量的煤矿资源，天然气则来自俄罗斯。这些国家大量使用煤炭发电，这也导致它们的碳排放量较高。而一些东欧国家正在逐步减少对俄罗斯天然气的依赖，并试图寻找其他的能源供应来源。这些国家正逐步发展可再生能源，特别是风能和太阳能。

核能在东欧地区已得到广泛应用，捷克、匈牙利、乌克兰、斯洛伐克和罗马尼亚都拥有核电站。其中，捷克拥有 6 座核反应堆，总装机容量为 3 464 兆瓦，2021 年核电占该国总发电量的 36%左右。匈牙利有 4 座核反应堆，总装机容量为 1 916 兆瓦，2021 年核电占该国总发电量的 46%左右。斯洛伐克有 5 座正在运行的核反应堆，1 座在建，核电占该国总发电量的 53%左右。乌克兰有 11 座可运行核反应堆，3 座在建，是这些国家中核反应堆最多的国家，2021 年核电占该国总发电量的 55%左右。此外，波兰和立陶宛也在计划建设新的核电站。波兰计划采用第三代或第三代+PWR 技术，在 2043 年前新建 6～9 吉瓦装机容量，首座核反应堆拟于 2033 年试运行，以应对能源需求的增长和减少对化石燃料的依赖。立陶宛在 2009 年关闭唯一的核电站后，现考虑建设新的核电站以保障其电力供应。

2021 年 11 月 18 日，匈牙利、斯洛伐克、捷克和波兰四国部长在匈牙利表示，没有核能就不可能实现“碳中和”目标。核能在整个东欧地区发展整体趋势向好，但是中国与东欧地区的核能合作却面临美国、俄罗斯、法国等核电强国的猛烈竞争，未来中国还需不断提高核能整体水平和国际竞争力，才能从竞争者中脱颖而出。

### （五）中东及北非地区

中东地区是指位于亚洲西南部和北非的一片地区，签署了“一带一路”合约的国家包括伊朗、沙特阿拉伯、阿尔及利亚、阿联酋、塞浦路斯、黎巴嫩、伊拉克、也门、叙利亚、利比亚、卡塔尔、科威特、摩洛哥、阿尔巴尼亚、阿塞拜疆、亚美尼亚、阿曼、突尼斯等。中东地区地广人多，经济和文化发达。该地区有丰富的自然资源，包括石油、天然气、煤炭、黄金、磷酸盐和铝土矿。其中，石油和天然气是该地区最重要的资源，中东国家拥有世界上大部分石油和天然气储备，是全球重要的石油和天然气生产和出口地区之一。但由于中东地区的地缘政治因素和经济利益，该地区经常处于紧张和不稳定的局势中，这对该地区和全球能源安全都带来了影响。

由于中东特殊的地理位置和地缘政治风险，核能发展在中东地区并不是很顺利。截至 2020 年，整个地区只有伊朗的布什尔核电站和巴拉卡核电站在运行。

巴拉卡核电站使阿联酋成为阿拉伯世界首个拥有核电的国家，同时也是近 30 年来全球首个启动核电项目的国家。中东唯一在建的核电站是土耳其阿克库尤核电站。土耳其与俄罗斯政府于 2010 年签署协议，由俄罗斯国家原子能公司承建土耳其阿克库尤核电站，预计建设 4 台机组，装机容量总共为 4 800 兆瓦，总投资高达 200 亿美元。此外，已经有一些阿拉伯国家开始采购或者计划建设核电站，如沙特阿拉伯和约旦。沙特阿拉伯计划建设装机容量为 2 800 吉瓦的第一座核电站，已邀请韩国、中国、俄罗斯、法国等感兴趣的各方参与其首座核电站的招标；约旦计划建设两台装机容量为 2 000 兆瓦的核电机组，并已于 2016 年与俄罗斯的 Rosatom 公司合作进行核电站的可行性研究。伊朗也在积极开展核能研究和发展，并于 2015 年伊朗核问题最后谈判阶段达成历史性的全面协议后，迅速启动核电站建设，目前该地区有 1 座运行反应堆和 1 座在建反应堆。在燃料循环方面，一些国家也开展了研究和合作，如沙特阿拉伯、阿联酋、约旦，与俄罗斯和中国等国签署了共同探索核燃料循环技术发展的核能合作协议。

随着“一带一路”倡议的深入，我国与中东国家有了更多在核能领域展开务实合作的机会。中国可以发挥增量优势，通过中国特色核能外交推动中国核电企业在中东市场的发展，提升国际化水平，并通过双边和多边合作平台与沙特、阿联酋、伊朗、阿尔及利亚、土耳其、埃及、约旦、苏丹等国加强民用核能合作。但是，中东地区某些国家的政治和安全环境相对不稳定，这给中国核能国际合作发展带来了一些挑战，如核安全和核扩散等问题。因此，与中东地区的核能合作需要高度关注和谨慎处理，以加强核能在能源领域的应用和促进区域能源安全。

### （六）加勒比海及拉丁美洲地区

拉丁美洲地区是指南美洲、中美洲和加勒比海地区的国家。巴拿马、乌拉圭、阿根廷、智利、秘鲁、玻利维亚、多米尼加、委内瑞拉、牙买加、哥斯达黎加、厄瓜多尔、萨尔瓦多、特立尼达和多巴哥等国已与中国签署“一带一路”合约。拉丁美洲地区的能源来源多样化，主要包括石油、天然气、水力发电、风能和太阳能。石油和天然气是该地区的主要能源，水力发电也在拉丁美洲地区能源中占领一席之地，尤其是在阿根廷和秘鲁。

在以上地区中，目前只有阿根廷一个国家拥有商业核电站，其他国家尚未建成商业核电站。阿根廷是拉丁美洲地区核能发展的领先者，2021 年该国的 3 座商用核电站贡献了约 7%的电力供应，其中最大的一座核电站阿图查 1 号机组已经投入运营超过 40 年。阿根廷还有 1 座在建核反应堆，并计划在未来建设第四座核电站，并将核能作为国家能源战略的重要组成部分。此外，牙买加曾与俄罗斯就合作建设核电站进行了谈判，但最终未能达成协议。虽然拉丁美洲地区的一些国家正在探讨或计划开展核能项目，却面临着许多挑战和难题。如智利、秘鲁、委内瑞拉等国由于缺乏相关技术和资金，以及公众对核能安全问题的担忧等因素，核能项目进展缓慢。

拉丁美洲地区的核能合作相对较少，但一些国家仍在进行着合作和探索。在未来，随着能源需求的不断增长和技术的发展，该地区的核能合作可能会进一步拓展。不过，由于核能发展存在着安全、环境等重要问题，在与这些国家合作时应该注意加强监管和合作伙伴的信任，以确保核能发展的安全和可持续性。

### （七）撒哈拉以南地区

撒哈拉以南地区是指位于撒哈拉沙漠以南的非洲国家，其中南非、尼日利亚、纳米比亚、赞比亚、津巴布韦、肯尼亚、埃塞俄比亚、苏丹、安哥拉、喀麦隆、坦桑尼亚、加纳、博茨瓦纳、科特迪瓦、刚果（布）、加蓬、莫桑比克、多哥、尼日尔、塞内加尔等国与中国签署了“一带一路”条约。这些地区的自然资源丰富，包括矿产资源、农业资源和能源资源。

在能源方面，撒哈拉以南地区大多数国家的能源供应仍然依赖传统能源，如煤炭、天然气和石油。然而，该地区还拥有丰富的可再生能源资源，如太阳能、风能、水能和生物质能，这些资源在近年来得到了越来越广泛的关注和利用。

南非是非洲大陆上唯一拥有商运核电站的国家，目前拥有两座运营中的核电站。南非政府计划在未来继续扩大其核能产能，预计将建设更多的核电站来满足国内的能源需求。此外，南非还在推动与其他国家的核能合作，例如与俄罗斯、法国、中国等国就核能技术的合作进行磋商。肯尼亚也计划在未来建设核电站以满足国内的能源需求。肯尼亚政府在 2010 年就开始探讨核能技术，2014 年成立了肯尼亚核电委员会（KNEB），并制定了相应的发展规划。目前，肯尼亚正在与韩国合作建设核电站，并希望能够在未来发展更多的核能项目。尼日利亚拥有完善的核基础设施，第一个研究反应堆于 2004 年调试，由中国提供。2009 年，俄罗斯与尼日利亚签署了一项建造核电站和研究反应堆的协议。2021 年，重组后的俄罗斯—尼日利亚国家原子能联合协调委员会（JCC）成立，在核电站的设计、建造和退役方面进行合作。其他撒哈拉以南地区的国家，如坦桑尼亚、加纳，也曾考虑过核能技术的发展，但由于技术、资金等因素的限制，目前还未能实现核能发展的规模化；还有一些地区，如苏丹、刚果，已与中国或俄罗斯等国家签署了核能合作协议。

撒哈拉以南地区的核能合作还处于起步阶段，许多国家对核能发展持积极态度，希望通过核能建立一个安全、可靠和低碳的能源系统。由于环境、气候或安全需求的变化，核能合作都将拥有一席之地，并且该地将在未来几年成为世界核能发展热点地区之一，核能合作市场广阔。

### 3.2.3 中国与“一带一路”国家核能合作关系分析

“一带一路”倡议旨在促进欧亚非大陆的互联互通和经济合作。在该倡议下，中国大力推进核能产业的发展，这包括在“一带一路”国家建设核电站。“一带一路”地区大多自然资源丰富，但因地域范围广阔，经济水平和能源资源丰富程度有所不同。总体来说，这些国家和地区面临的能源挑战包括能源供应不足（电力紧缺）、能源消耗过高、环境污染和气候变化等问题。核能是一种可再生、清洁的能源，可以帮助减少对化石燃料的依赖，同时减少温室气体排放。在能源紧缺和环境污染日益严重的情况下，核能可以为“一带一路”国家提供稳定、可靠的能源来源。

中国是世界上最大的核能发展国家之一，拥有完整的核燃料生产和核电站建设能力。同时，中国政府还积极支持促进和平利用核能与核技术发展的多边与双边合作和交流。目前，多数核能合作仍体现为核电站建设合作，因此下面按照“一带一路”国家核电发展（计划）情况把中国与“一带一路”国家的核能合作分为五类。第一类是与中国有实质性合作的国家，未来中国可以继续深化与这些国家的核能合作；第二类是已与中国签订和平利用核能协定或相关核能项目合作备忘录，但没有后续行动或项目还在建设中的国家，这些国家未来有很大可能将与中国开展核能合作；第三类是有明确发展核电计划，并且已经与其他核能大国，如俄罗斯、美国、韩国，签订核能合作协议，却没有与中国签署相关协议的国家；第四类是无意发展核电的国家，这些国家大多受日本福岛核事故的影响，对核电产生怀疑，因此取消核电计划；第五类中，大多数国家国内有丰富的化石能源或国内支持发展太阳能、风能等清洁能源，因此对核电发展没有明确的计划，此外还有少数国家因为经济不发达，对核电发展没有明确表示（见表 3-4）。

**表 3-4　世界各国与中国核能合作的情况**

| 已与中国有合作的国家 | 俄罗斯、巴基斯坦、阿尔及利亚、阿根廷、乌兹别克斯坦、纳米比亚 |
|---|---|
| 已与中国签署合作条约的国家 | 韩国、泰国、越南、沙特阿拉伯、阿联酋、南非、伊朗、蒙古、土耳其、孟加拉国、埃及、印度尼西亚、波兰、白俄罗斯、苏丹、肯尼亚、匈牙利、捷克、斯洛伐克、保加利亚、加纳、乌干达、黎巴嫩、乌克兰、亚美尼亚 |
| 有意发展核电的国家 | 菲律宾、缅甸、安哥拉、斯里兰卡、委内瑞拉、伊拉克、尼日利亚、塔吉克斯坦、刚果、埃塞俄比亚、吉尔吉斯斯坦、赞比亚、斯洛文尼亚、津巴布韦、玻利维亚、阿塞拜疆、尼日尔、突尼斯、乌克兰、利比亚、塞尔维亚、摩洛哥、哥斯达黎加、克罗地亚、立陶宛、亚美尼亚、拉脱维亚、爱沙尼亚、智利、秘鲁、文莱、厄瓜多尔、叙利亚、卡塔尔、塞内加尔 |
| 无意发展核电的国家 | 意大利、新西兰、葡萄牙、奥地利、希腊、科威特、卢森堡 |
| 其他 | 马来西亚、新加坡、多哥、坦桑尼亚、阿曼、莫桑比克、塞拉利昂、科特迪瓦、喀麦隆、乌拉圭、利比里亚、加蓬、也门、萨尔瓦多、巴拿马、尼加拉瓜、马里、马拉维、多米尼加、黑山、苏里南、阿尔巴尼亚、摩尔多瓦、牙买加、圭亚那、特立尼达和多巴哥、博茨瓦纳、塞浦路斯、马耳他、文莱、卡塔尔 |

在第一类国家中，中国已与俄罗斯、哈萨克斯坦、巴基斯坦、阿尔及利亚、阿根廷、乌兹别克斯坦和纳米比亚 7 个国家有实质性合作。其中，阿尔及利亚是中国第一座大型核设施——15 兆瓦重水研究堆出口国，本次合作打响了中国民用核技术出口的“第一炮”；中国与俄罗斯、巴基斯坦和阿根廷分别合作建设徐大堡、田湾、恰希玛、卡拉奇和阿图查核电站；中国企业在哈萨克斯坦和乌兹别克斯坦开采铀矿的合作由来

已久，与两国签署了多项天然铀协议或合同，现在扩展至核燃料组件加工和开发新铀矿项目。在纳米比亚，中国投资了两座铀矿——湖山铀矿和罗辛铀矿。

第二类国家和第三类国家都有发展核能的计划，但第二类国家已与中国签署相关合作协议，未来可以考虑加大力度将有关国家的合作项目落实；中国与第三类国家进行核能合作的竞争远大于第二类国家，因为其已与其他国家签订核能合作项目，未来中国若想取得相关合作，就必须增强自身核电竞争力，创新核能技术。

第四类国家不支持发展核电，并取消核电计划，甚至还有一些国家反对将核能纳入可持续技术分类，如卢森堡、葡萄牙。但是不支持发展核电的国家并不一定完全排斥核能，他们可能会使用核能来进行其他领域的应用，例如医疗、农业和科研。因此，中国可以与这些国家在核电以外的领域进行广泛和深入的合作。第五类国家虽然大多国内能源丰富，但也有不少国家会因能源多样化和核电不受季节等限制而选择发展核能，未来可以多关注这些国家核能发展状况，以便能在第一时间与之开展合作。

中国经过引进、消化、吸收以及再创新，第三代核电技术“华龙一号”和“玲龙一号”在安全性、成熟性和经济性上都具有明显的国际竞争优势。并且“一带一路”倡议和共建国家市场需求高度契合为我国核电“走出去”提供了良好契机。此外，中国在以高温气冷堆技术为代表的第四代核电技术研发领域已经走在世界前列，可根据不同国家、不同区域的电力需求灵活配置，特别是对于沙特这样的“一带一路”地区和水资源匮乏的国家来说，是一种非常有效的替代传统能源的核能技术。今后，中国核能产业应提升核心竞争力，扩大核能综合利用范围，让更多的国家选择与中国合作。

## 3.3 中国与共建“一带一路”国家核能合作的现状

核能国际合作在推动“一带一路”能源合作、实现可持续发展和打造能源命运共同体方面扮演着重要角色。相关资料显示，到 2030 年“一带一路”共建国家将新建 107 台核电机组，共计新增核电装机 1.15 亿千瓦，新增装机占中国之外世界核电市场的 81.4%。中国正在积极参与“一带一路”国家核能项目建设，并为其提供技术和设备支持。目前，中国已在巴基斯坦、孟加拉国、阿根廷等国建设了核电站，并与许多“一带一路”国家建立了一些双边和多边的核能合作框架。本节将从铀资源、核技术和核电合作三个方面，详细梳理中国核能合作现状。

### 3.3.1 “一带一路”铀资源开发合作

铀是核反应堆的重要燃料之一，核电站需要稳定和可靠的铀供应来支持其运行。因此，拥有足够的可采资源对于实现核能的长期可持续发展至关重要。在各国积极发展核电的背景下，各国对作为核能主要的燃料——铀的需求大涨。但世界天然铀资源分布极为不均，使得各国铀矿资源禀赋不一。世界铀资源主要集中于澳大利亚、哈萨克斯坦、俄罗斯、加拿大、尼日尔、南非等国。

根据世界核协会有关数据，我国对外铀矿资源依赖度一直保持在70%以上。而“一带一路”共建各国蕴藏着丰富的铀资源（见表3-5），体现在：一是已探明的铀矿资源储量丰富。截至2019年1月，“一带一路”18个共建国家（除中国）累计探明铀资源254.85万吨，占世界总探明铀资源的31.58%。二是铀矿产资源的规模较大，勘探和开发投资大。截至2019年，“一带一路”各国（除中国）共发现了940处铀矿，占世界已知铀矿床总数的24.20%；在“一带一路”地区，各国在2012—2019年间对铀矿产资源的勘探和开发投资总额达到14.82亿美元，占全球勘探投资总额的17.41%。三是“一带一路”各国的铀矿产量不断增加，其在世界铀供应市场上的份额明显提高[①]。其中，十年来，哈萨克斯坦每年铀产量几乎占全球铀产量的一半，是全球最大的铀生产国。此外，澳大利亚、加拿大、乌兹别克斯坦等均是重要的产铀国，如表3-6所示。

表 3-5 “一带一路”沿线国家铀矿资源潜力状况

| 地区 | 铀探明储量/吨 | 铀矿勘查开发投入/亿美元 | 铀矿床数量/个 | 2019年铀产量/吨 |
|---|---|---|---|---|
| “一带一路”地区 | 2 548 500.00 | 14.82 | 940.00 | 30 444.00 |
| 其他地区 | 5 521 900.00 | 70.30 | 2 945.00 | 24 308.00 |

数据来源：Uranium2020：Resources，ProductionandDemand；国际原子能机构“世界铀矿床分布”

表 3-6 2012—2021年各国铀生产量 单位：吨

| 国家＼年份 | 2012 | 2013 | 2014 | 2015 | 2016 | 2017 | 2018 | 2019 | 2020 | 2021 |
|---|---|---|---|---|---|---|---|---|---|---|
| 哈萨克斯坦 | 21 317 | 22 451 | 23 127 | 23 607 | 24 689 | 23 321 | 21 705 | 22 808 | 19 477 | 21 819 |
| 纳米比亚 | 4 495 | 4 323 | 3 255 | 2 993 | 3 654 | 4 224 | 5 525 | 5 476 | 5 413 | 5 753 |
| 加拿大 | 8 999 | 9 331 | 9 124 | 13 325 | 14 039 | 13 116 | 7 001 | 6 938 | 3 885 | 4 693 |
| 澳大利亚 | 6 991 | 6 350 | 5 001 | 5 654 | 6 315 | 5 882 | 6 517 | 6 613 | 6 203 | 4 192 |
| 乌兹别克斯坦（估计） | 2 400 | 2 400 | 2 400 | 2 385 | 3 325 | 3 400 | 3 450 | 3 500 | 3 500 | 3 500 |

数据来源：世界核协会

① 马智胜，南肖.“一带一路”视域下中国铀矿资源国际合作探析［J］. 东华理工大学学报，2021，40（3）：217-221.

中国与“一带一路”共建国家合作开发铀矿项目数量增长较快。2008 年，中国与哈萨克斯坦就伊尔科利铀矿、谢米兹拜伊铀矿山开展合作[①]，为“一带一路”各国与中国在铀资源方面的合作开启了新征程。近几年，在“一带一路”倡议的推动下，中国在铀资源方面的国际合作也在逐步推进。截至 2019 年，中国已同哈萨克斯坦、蒙古国、乌兹别克斯坦等“一带一路”共建国家开展了 5 个铀矿业合作[②]。其中包括中广核投资建成的纳米比亚湖山矿与中核集团控股的纳米比亚罗辛铀矿，以及中哈合作建设的压水堆核燃料组件厂建成投产，这些合作项目为中国核能发展提供了有力的铀资源供应保障。

中国与“一带一路”共建各国的铀资源贸易合作，以哈萨克斯坦、俄罗斯、乌兹别克斯坦为重点。近几年来，中国的铀资源供应链基本上是以自然铀矿的进口为主，同时以少量国内低品位铀矿为补充。从 2013 年提出“一带一路”到 2019 年末，中国从“一带一路”国家进口的天然铀已达到 81.90%，其中哈萨克斯坦、俄罗斯、乌兹别克斯坦等国的天然铀更是超过了“一带一路”国家的 95%。另外，哈萨克斯坦也是中国铀产品的主要出口国，中国在 2013—2019 年向该国累计出口了中国铀总量的 33.35%。可以看出，在“一带一路”国家中，以哈萨克斯坦、乌兹别克斯坦、俄罗斯为核心的铀矿产资源贸易合作将成为中国核能发展的重要方向[③]。随着中国核电建设项目的不断推进，中国对铀矿资源的勘探与开发步伐将无法跟上核能发展的需求，中国对外寻找铀矿的战略地位将更加突出。因此，未来中国与“一带一路”中亚国家的铀矿合作项目数量可能持续上升。

### 3.3.2 “一带一路”核能项目合作

俄罗斯一直是中国建设“一带一路”的重要合作伙伴，双方有许多合作领域。核能合作是中俄传统优先合作领域，并在近年来发展迅速。在核能领域，俄罗斯是世界上快堆技术最领先的国家。而中国在快堆技术建设上算是后发国家，是世界上第八个掌握快堆技术的国家。中国核能的快速发展离不开与俄罗斯的密切合作。时任中国总理李克强和俄罗斯总统梅德韦杰夫在 2016 年签署《关于深化民用核能合作的联合声明》，双方就进一步加强在核电建设、核技术应用、快堆、核安全、联合开发第三国核电市场等多个领域的合作达成一致。中俄两国核能合作成果斐然。2018 年 6 月，中国

① 刘学，赵纪东，刘文浩. 哈萨克斯坦向中国供应铀矿的安全分析［J］. 中国矿业，2018，27（7）：16-20.

② World Nuclear Association. China’s Nuclear Fuel Cycle［EB/OL］.［2020-11-24］. https://www.world.nuclear.org/information-library/country-profiles/countries-a-f/china-nuclear-fuel-cycle.aspx.

③ 马智胜，南肖.“一带一路”视域下中国铀矿资源国际合作探析［J］. 东华理工大学学报，2021，40（3）：217-221.

与俄罗斯签署了核领域"一揽子"合作协议，包括《中国示范快堆设备供应及服务采购框架合同》《徐大堡核电站框架合同》和《田湾核电站 7/8 号机组框架合同》，田湾核电站是中国与俄罗斯迄今为止最大的核能合作项目和技术经济合作项目(见表 3-7)。

**表 3-7 中俄核能合作项目统计**

| 核电站 | 堆型 | 项目现状 |
|---|---|---|
| 田湾 1、2 号机组 | AES-91 | 正在投入使用 |
| 田湾 3、4 号机组 | AES-91 | 正在投入使用 |
| 田湾 7、8 号机组 | AES-2006 | 已签署合作协议 |
| 徐大堡 3、4 号机组 | AES-2006 | 已签署合作协议 |

2017 年 9 月，恰希玛核电 4 号机组全面建成，至此恰希玛核电 1～4 号机组全部建成。2019 年 12 月，中国出口海外的第三台核电机组——巴基斯坦恰希玛核电 3 号机组已经安全、稳定运行并达到最终验收条件，通过了巴基斯坦国家验收。从 1993 年 8 月恰希玛核电 1 号机组开工建设，至 2017 年 7 月，恰希玛核电 4 号机组顺利并网发电，恰希玛核电站成为中国核电海外发展的起点，为中国出口核电积累了丰富的经验。2021 年 5 月，作为"华龙一号"境外首个反应堆项目，巴基斯坦卡拉奇 2 号机组正式投产，这是中国核能技术成功输出和应用的又一个范例。"华龙一号"海外首个工程（K-2/K-3 机组）分别于 2021 年 5 月 20 日、2022 年 4 月 18 日成功商运，创造了全球第三代核电机组海外首堆最短工期和最佳业绩。"华龙一号"反应堆以其卓越的安全性能和高效的发电能力受到国际社会的广泛认可。通过成功建设和运营海外项目，中国在核能领域的国际地位和影响力进一步提升，这不仅证明了自身核能技术的可靠性和可持续性，还为其他国家提供了一种可选择的清洁能源解决方案。在"一带一路"倡议中，中国将继续加强国际合作，推动更多的"华龙一号"项目在海外落地并投入运营。目前，中国正在积极开展与南非、土耳其、约旦、保加利亚、捷克等国新的核能工程投资和合作。

在核电技术方面，2016 年 1 月，中国与沙特签订了《沙特高温气冷堆项目合作谅解备忘录》。此次签约是中沙双方贯彻落实"一带一路"倡议而进行的一次重大合作，也是中国在核能"走出去"方面取得的一次重大突破。2016 年 1 月，中国国家主席习近平访问沙特，中沙两国签署了有关核电出口项目协议。沙特与中国签署了 14 项合作项目，为中国推动贯穿欧亚的"一带一路"项目贡献了力量。同时，沙特是中国最大的石油供给国。中沙合作也是为了稳定获得经济增长上不可或缺的资源，加强双边关系。

从地区上来看，尽管中国与拉美、非洲、南亚和欧洲核能合作取得了丰富成果，但有关东南亚核能合作市场却处于起步阶段，尚未取得突破性进展。在 2011 年日本福岛核事故之前，曾有多个东南亚国家表示要发展核能，如印度尼西亚、菲律宾、新加坡、越南、马来西亚，其中印度尼西亚和越南还计划与日本开展核能合作。但在日本福岛核事故之后，一些有意发展核能的国家产生了有没有必要发展核能的争议和如何发展的讨论，如印度尼西亚和马来西亚就有民间声音质疑政府发展核能的计划。但近年来，中国与东盟及各成员国就有关核领域一直保持着紧密的联系与交流，目前已经与印度尼西亚、泰国、越南等国家签订了初步的核能合作意向协议，如 2017 年，泰国与中国签署了和平利用核能合作协议。此外，尽管柬埔寨、缅甸、老挝、新加坡等国的核电研究起步较晚，技术较落后，但跟随着世界核电发展的大潮，这些国家也将有机会发展核电。数十年来，越南、印度尼西亚、菲律宾、泰国、马来西亚都花费了大量的人力、物力、财力，来进行核电的研发，如菲律宾在 1984 年建成巴丹核电站，虽从未投入使用，但该国却拥有建设核电站的技术经验。虽然核能发展在东南亚地区一波三折，但出于对能源安全的考虑，东南亚国家不会放弃发展核能，一旦有合适的机会必将重启核电项目。

### 3.3.3 与非“一带一路”国家的核能合作

即使一些国家没有同中国签订共建“一带一路”合作文件，但是积极参与了“一带一路”建设，进而间接推动了中国与其在核能领域的合作。法国是第一个同中国正式建交的西方大国。中法两国政治互信不断深化，两国关系呈现稳步发展的良好态势，各领域合作富有成果。双方在科技、教育等领域的合作取得丰硕成果，双边关系稳步发展。在核电项目方面，中法已有三次合作。早在 1978 年，中国就引进两座法国核电设备，双方合作建设大亚湾核电站。台山项目是中法继大亚湾核电站、岭澳核电站一期之后再度深入合作，是中法两国最大能源合作项目，且建成的台山核电站 1 号机组是全球首台商业运营的 EPR 机组。台山核电站建设成功对中法两国核电产业的发展都具有积极的意义。“九五”期间，从法国技术转让建设的反应堆燃料组件生产线，在中核建中核燃料元件有限公司顺利投产。从俄罗斯引进的离心机生产一、二期工程也顺利投产。这些都大大推进了我国核电燃料生产的自主化和国产化进程，促进了我国铀浓缩技术从扩散法向离心法的更新换代。

此外，在中法两国之间，核循环项目无疑是最大的一项战略合作，受到两国政府高度关注。2008 年，中法就核循环合作问题展开了磋商，但是由于合同金额大、技术复杂等原因，中法之间一直没有达成协议。在 2015 年，中法两国在巴黎签署了《中法两国深化民用核能合作的联合声明》，该联合声明为双方合作提供了全面的框架，双方表示将在核反应堆、核燃料循环、人才培养、核安全等多个方面形成全方位的合作伙伴关系，并在此基础上进一步加强双方的交流与合作（见表 3-8）。

**表 3-8 中法核能合作项目统计**

| 核电站 | 堆型 | 实施主体 | 项目现状 |
| --- | --- | --- | --- |
| 大亚湾 | M310 | 法玛通 | 商运 |
| 岭澳 | M310 | 法玛通 | 商运 |
| 台山 1、2 号机组 | EPR | ArevaNP | 商运 |

2016 年 9 月，中广核与英国政府及法国电力集团签订了一份关于英国新核电建设工程的“一揽子”合作协定，其中约定中广核将对英国的欣克利角 C 核电工程及塞兹维尔 C 核电工程进行参股投资，并对布拉德维尔 B 核电工程进行控股投资。“华龙一号”技术方案将被应用到布拉德维尔 B 项目，这也是中国第一次将自主研发的核能技术应用到发达国家市场中。这意味着中法共同建设英国三大核电项目，携手开发第三方核能市场。但出于对环境、高成本，以及国家安全的担忧，英国政府对欣克利角 C 核电站项目的态度游移不定，促使项目进度受阻，工期不断延长。因此，中广核在 2022 年 11 月宣布退出塞兹维尔 C 核电站项目。不稳定的地缘政治和外交关系会给我国与其展开的核能合作带来潜在政治风险。2022 年，“华龙一号”技术终于通过英国通用设计审查（GDA），为中国与欧洲国家后续的核能合作打下了基础。中国与欧洲国家开展核能合作，一方面，有利于两国核领域上的优势互补，提升双方在核领域的技术水平，推动核能合作成果落地、引领中欧能源合作不断走深走实；另一方面，合作可以加快扩大本国开拓海外核电市场的速度，从而提升国家在核能市场的地位。

除法国外，中国与加拿大也在积极推进核能合作。1994 年，双方签署了《中加核能合作协议》，正式开启了两国在民用核能领域的合作关系。1996 年，中国在进行秦山核电三期建设时，从加拿大引进了两座坎杜反应堆，这是当时两国之间最大规模的商业合作合同，也改变了我国在北美洲的外交格局。当时的中国驻加大使表示，这个项目可以至少稳定中加关系 15 年。之后，中国与加拿大持续深化合作关系，两国政府之间签署了一些核能合作协议和谅解备忘录，旨在加强双方在核能领域的合作与交流。这些合作协议涵盖了技术合作、燃料供应、安全合作和人才培养方面。如，在 2014 年 11 月，中核与加拿大签署《关于中国与加拿大坎杜能源建立合资企业的框架协议》，双方将在已有良好合作基础上，携手开展先进重水堆的研究与开发，共同开发国内外核电市场，为两国在核电领域的合作开辟新的机遇与空间。

### 3.3.4 “一带一路”核能合作面临的困境

#### （一）国际核能市场激烈的竞争

现在世界上有很多国家都在积极发展核能技术，并且推广自己国家的核能产业。这些国家包括美国、俄罗斯、法国、日本、韩国等。这些国家在研发和生产核反应堆、核燃料和其他核能技术方面都有不同的优势和特点。例如，美国和法国在核电站建设和维护方面具有丰富的经验和技术；俄罗斯则在核燃料生产和核废物处理方面具有优势。近年来，俄罗斯依靠核能技术和成本优势，获得了许多国家核电建设订单，并在国际市场上赢得了良好的口碑。

目前，世界上的核能技术主要由少数几个国家掌握，包括日本、俄罗斯、加拿大、中国、美国和法国，代表性的技术有法国的 EPR、日本的 ABWR、美国的 AP1000、韩国的 APR1400、中国的 HPR1000 等。在核能设备的生产方面，有许多知名的企业，如斗山重工、阿海珐、三菱、东芝、日立。这些企业在核能设备制造领域具有丰富的经验和技术实力，为全球核能发展作出了重要贡献。随着中国核电企业的不断发展和国际合作的深入推进，与欧美日韩等主要核电强国展开激烈的竞争是不可避免的，中国核电“走出去”仍面临一定的挑战和困难。

虽然中国在核能技术领域取得了明显的进步，但在国际核能市场的竞争中，暴露出经验不足的问题。中国的核能技术起步较晚，相对于其他国家来说还有一定的差距。比如，中国在建设核电站方面取得了不少进展，但在核燃料、核废料处理等领域相比俄罗斯仍需要更深入地研究和进一步地发展。不同国家对于核电技术的标准和需求不同，俄罗斯国家原子能公司能够根据不同的东道国设计融资和核电站建设方案，这也成为俄罗斯核能在国际市场中的一大竞争优势。中国在国际核能合作方面仍有很多需要改进和提升的地方。中国需要在加强自身核能技术研发和发展的同时，加强与国际伙伴的交流，提高经验积累和技术水平，这样才能在国际核能合作中取得更好的成果和效益，提升中国在国际核能合作中的发言权和影响力。

#### （二）公众对“核”接受性的挑战

普通民众的核观念仍是发展核电的主要障碍，尤其是在一些民选体制的国家。公众的核能态度对核能发展成功与否至关重要。首先，公众对核能的态度可以影响政府的政策决策和法规环境。如果公众普遍支持核能发展，政府可能更倾向于采取支持性的政策和法规，促进核能项目的推进。相反，如果公众对核能持怀疑或反对态度，政府可能面临更大的压力限制核能的发展，意大利、奥地利、瑞士等国就是因为公众的强烈反对，而放弃发展核电。其次，公众的态度也会影响核能项目的投资环境。投资者和金融机构通常会考虑公众对核能的接受程度和风险评估来决定是否投资核能项目。如果公众对核能持积极态度，投资者可能更有信心并愿意投入资金支持核能发展。相反，如果公众对核能持怀疑或反对态度，投资者可能会更加谨慎，甚至选择撤回投资。最后，公众的态度也影响核能项目的公众参与和社会接受度。如果公众对核能持积极态度，更愿意参与核能项目的决策过程，积极提供意见和建议，核能项目的决策可能更具民主性和广泛的社会支持。相反，如果公众对核能持怀疑或反对态度，可能会面临公众抵制和反对的局面，增加项目的难度和不确定性。

公众对核能最关注的问题是安全和环境风险。苏联切尔诺贝利、美国三哩岛和日本福岛核事故对公众产生了深远的影响，增加了对核能安全性的担忧。此外，核废物的处理和贮存也是公众关注的焦点之一。为了让民众更好地接受核能，政府和利益相关者应提升核安全标准、加强与公众的沟通、提供准确的信息，推动公众参与和决策的透明度，并积极回应公众的关切和问题，以建立公众对核能安全性的信任。

### （三）合作面临多重风险

“核”的特殊性，使国际核能合作不仅涉及复杂的技术和经济问题，而且涉及国家安全和政治问题。与其他能源合作相比，核能合作显得更为复杂和谨慎。核能合作的风险涉及多个方面，一是安全风险，核能合作需要遵守非常严格的安全标准，因为核能的失控可能会导致灾难性后果。必须确保在所有合作伙伴国家中实施最高标准的安全措施，并对技术进行全面的评估和监管。二是财务风险，核能合作可能涉及大量资金，因此需要进行有效的资金管理和风险管理。这包括对合作伙伴的财务稳定性进行评估，确保资金的合理使用，以及确定在合作过程中可能发生的风险，并采取措施来应对这些风险。三是政治风险。核能合作可能会受到政治因素的影响，例如国家之间的紧张关系、政府变更、法规变化。这些因素可能会影响核能合作的稳定性和可持续性。四是环境风险。核能合作可能会对环境产生影响，包括可能的辐射泄漏和核废物处理。必须确保在所有合作伙伴国家中实施最高标准的环境保护措施，并对可能的环境影响进行全面评估和管理。五是技术风险。核能技术需要高度专业的人才和技术支持，包括设计、制造、运营和维护方面。如果在核能合作中涉及技术转移或技术支持，那么在合作过程中需要特别注意知识产权和技术保护问题，以确保核能技术的安全和保密性。

与其他产业相比，核能合作面临合作周期长、技术复杂、涉及领域广、政治敏感等合作难题，而解决这些复杂而又具有风险性的问题，无疑会大大增加核电合作的风险与成本，因此，必须采取适当的措施来评估和管理这些风险。只有在合作伙伴之间建立有效的合作和监管机制，并采取必要的措施来应对可能的风险，才能最大程度地减少风险并确保合作的成功和可持续性。

### （四）突发公共事件加剧合作的不确定性

突发事件指在某些必然性因素的作用下突如其来的危害到整个社会的健康发展，需要立即予以解决的消极事件，如自然灾害（如地震、洪水、飓风）、人为灾害（如恐怖袭击、事故、爆炸）、传染病暴发（如流行病、疫情）。由于其具有破坏性、突发性、复杂性等特点，使国际核能合作面临着严重的风险[①]。因为这些事件可能会导致核能合作延期，成本增加或者引起人们对核能的安全性和可靠性的担忧，导致政府和公众对核能合作的态度发生变化。例如，日本福岛核事故就是一个突发公共事件，它导致日本政府对核能的态度发生了变化，并使许多国家重新评估了他们的核能政策和安全标准。这可能导致一些国家减少对核能合作的支持或暂停合作。此外，其他突发公共事件，如疫情，将会导致核能合作项目延期、谈判进展缓慢等，从而影响合作的进展和发展。

因此，为了应对突发公共事件加剧核能合作的不确定性，需要采取一系列措施。首先，提高应急响应能力。制定应急预案和紧急救援措施，从而最大程度减少事故对合作进程、公众和环境的影响。其次，与合作方沟通协调。在发生突发公共事件情况下，需要与参与方及时沟通协调，确保各方都了解合作的状况和进展，并能够共同解决问题。再次，需要及时调整合作计划和进度，以保证核能合作能够继续推进。最后，提高核能的安全标准。加强核能的安全标准和监管措施，建立全球性的核安全机制，加强核能安全监督和评估，严格执行安全标准和规定。这样可以减少核能事故的发生，增强公众对核能的信心，稳定和推进核能合作。

## 3.4　本章小结

本章通过梳理全球核能合作趋势并分析中国与“一带一路”国家核能国际合作契

---

① 马智胜，南肖．“一带一路”视域下中国铀矿资源国际合作探析［J］．东华理工大学学报，2021，40（3）：217-221.

机，发现许多“一带一路”新兴经济体有发展核电的意向并且一些国家对核能的需求不断增加，这给中国借助“一带一路”合作平台与之进行核能国际合作提供了机遇。

目前，中国与“一带一路”国家的核能合作集中在铀资源开发利用和核电进出口两方面。哈萨克斯坦、乌兹别克斯坦和俄罗斯三国是中国铀矿资源合作的主要国家。而法国和俄罗斯则是中国核能技术合作的主要伙伴，尽管它们不属于“一带一路”国家范畴。中国已成功将核电技术出口到巴基斯坦和阿根廷，并积极与土耳其、泰国等国家开展核能合作。然而，中国核电“走出去”力度还需进一步加大，在成功出口巴基斯坦、阿根廷等国的基础上，应进一步扩大出口规模，特别是“一带一路”的共建国家。此外，我国在“一带一路”核能合作面临核能大国的激烈竞争、一些国家核能接受度不高以及各种突发风险等一系列难点和挑战，因此，要想推进核能合作进一步发展并拓宽“一带一路”核能市场，必须战胜并走出这些困境，发展成为核能大国。

# 第 4 章　核能国际合作的经验与比较分析

在能源全球化时代，能源可持续发展问题愈发重要。目前，全球政治格局动荡不安，经济社会发展面临着更大的挑战，与此同时，世界各国对能源的需求不断增加，解决能源可持续发展问题日益紧迫。在当前复杂形势下，很多国家不断扩大核电领域的对外投资与合作规模，核电领域成为很多国家参与国际竞争和拓展能源外交的重要阵地。本章选取老牌核电强国——美国、法国、俄罗斯与加拿大，以及新兴核电国家——日本与韩国，详细梳理其发展现状和参与核能国际合作的比较优势，为中国有效推进"一带一路"核能国际合作提供借鉴和启示，这将对中国今后参与"一带一路"核能国际合作具有重要意义。

## 4.1　中国核能国际合作历史回顾

中国原子能事业创建于 1955 年，走过了艰辛而辉煌的道路。在较短的时间里，就取得"两弹一艇"举世瞩目的成就。自 20 世纪 80 年代初，中国以核电建设为重点，依托"引进、消化、吸收、再创新"的技术发展路径，在和平利用核能方面呈现出良好的发展势头。在此过程中，核能技术得到迅速发展，核电建设规模持续扩大，核能合作也取得丰硕的成果。本书将中国核能国际合作的历史分为以下几个阶段。

初期合作阶段：1950 年至 1960 年，中国与苏联以及东欧国家等社会主义国家展开了最早的核能合作。此时期主要是以技术援助和设备进口为主。单边自力更生阶段：1960 年至 1980 年，受到国际政治环境的影响，中国转向单边自力更生的发展模式。

在这一阶段，中国独立自主地研制了第一颗原子弹、第一台核反应堆等核能装置。国际合作开放阶段：1980 年至 2000 年，随着中国对外开放政策的实施，中国逐渐重视核能国际合作。在这一阶段，中国与多个国家签署了核能合作协议，并与多个国际组织建立了合作，致力于通过技术引进和合作研发等多种方式，积极推进核能技术的发展和应用。技术自主创新阶段：2000 年至今，中国在核能技术自主创新方面取得了重大进展。在第三代核电技术领域，中国成功研发了“华龙一号”等自主品牌核电机组，实现了从技术引进到自主创新的跨越。在此时期，中国在核能合作中的地位和作用日益凸显。

在不同的阶段中，中国核能合作的重点和方式也有所不同。初期合作阶段主要以技术援助和设备进口为主，单边自力更生阶段则是以自主研发和技术引进为主，国际合作开放阶段则是以技术引进、设备采购、共同研发和合资合作为主，技术自主创新阶段则更加注重技术自主创新和国际市场拓展两方面。例如，在 1978 年中国核电才刚刚起步的阶段，国内建造核电站时面临“缺资金、缺技术、缺设备、缺人才、缺经验”五缺难题。但是，通过与法国进行核能合作，引进法国技术，中国逐渐解决了这些难题。在历经了种种困难之后，中国终于在 1994 年 2 月 1 日，完成了大亚湾核电站 1 号机组全部工作，并正式投入了商业运行；同年 5 月，2 号机组也顺利完成并投入了商业运行。大亚湾核电站的建设投产开创了中外合作建设核电站的新局面，中法两国在核能领域的长期合作也由此开启。

中国对外进行核能合作主要是核电“走出去”。改革开放 40 多年来，中国和平利用核能的最大成果就是核电。2013 年，国家能源局对外发布《服务核电企业科学发展协调工作机制实施方案》，明确提出建立核电“走出去”协调工作机制，并发布了第一份关于核电“走出去”的文件。同年，还启动了《核安全法》立法进程。由此，核能“走出去”成为中国与可能发展核能国家进行双边政治经济交流的一个主要话题。核电企业“走出去”也有了明确的方向性指引，也受到了高度关注。目前，中国拥有 70 多个正在建设和运营中的核电站，核电总装机容量居世界第一，中国已经成为全球最大的核电建设国。

中国核电“走出去”可以追溯到 20 世纪 90 年代。1991 年 12 月 15 日秦山一期核电站并网发电，16 天后，中国与巴基斯坦签署了关于恰希玛核电站的合作协议，正式成为核电出口国，开启了核电“走出去”之旅。恰希玛核电站是中国首个自主设计和建造的出口商用核电站，是当时中国最大规模的一项高科技出口配套工程。2017 年恰希玛 4 台核电机组全面建成投产，成为两国核能合作的成功典范。2021 年，是中巴核能合作三十周年，卡拉奇核电 2 号机组于当年 5 月投入商运，3 号机组于当年 12 月首次装料。2022 年，中方与阿根廷正式签署了阿图查核电站 3 号机组项目设计采购和施工合同。目前，我国正积极推进与南非、土耳其、约旦、保加利亚、捷克等国家新建核电项目的投资，还与多个国家签署了和平利用核能协议。

除上述合作外，中国还积极参与国际核能组织和国际核能展览会等活动。自 1984 年加入国际原子能机构以来，中国积极与国际组织在核能发展、核科学技术、核安全、核科技人才培养等方面开展广泛深入的合作，在防止核武器扩散、促进核能和平利用等方面发挥了重要作用。2013 年 9 月 29 日，中国国家原子能机构与经济合作与发展组织核能机构签署了《关于在和平利用核能领域合作的联合声明》，并成为核能机构的战略伙伴。中国有关企业参加了核能机构主持或支持的多个联合研究项目，这些项目包括新型反应堆设计安全审查、先进核燃料研发、热工水力实验等领域。中国有关部门参加了以核能机构作为技术秘书处的第四代核能系统国际论坛（GIF）、多国设计评价计划（MDEP）、国际核能合作框架（IFNEC）的合作与交流。

中国核能正处于从核大国向核强国转变中，现已完全掌握了“华龙一号”、高温气冷堆等核电技术，在关键设备和材料的制造技术等方面都已实现自主可控，核能发展的核心技术和重大设备不再依赖于进口。此外，近年来，中国在核能领域的合作重点逐步从技术引进转向技术创新，并且开始积极拓展国际市场。通过与多个国家和地区的深入合作，中国成功提升了其自主品牌核能技术与装备的国际市场份额。例如，中国与英国、巴基斯坦等国家签署了多个核能合作协议，与沙特阿拉伯、阿根廷、南非等国家开展了核能合作，推动了中国核能技术“走出去”和走向高端市场。同时，在诸多国际组织中，中国扮演了至关重要的角色。具体而言，在国际原子能机构内，中国已成为第三大会员国，并且致力于推进核安全以及核能技术革新等领域的合作。尽管如此，中国在核能领域的合作力度还亟待加强，特别是与“一带一路”共建国家之间的合作。

## 4.2　国际核能合作经验分析

### 4.2.1　老牌核电强国

#### （一）美国

美国是世界核电发展的先驱。美国几乎所有的核电都来自 1967 年至 1990 年间建造的反应堆。美国自 1940 年以来的核技术发展历程可以分为三个阶段。

1940 年至 1950 年为初始阶段，在第二次世界大战期间，美国通过“曼哈顿计划”的实施率先掌握了核武器技术，并开始了对利用核能发电的探索。

1950 年至 1970 年为高峰期阶段，在 1961 年 7 月，美国第一座真正意义上的商用核电站——杨基核电站建成，标志着美国核能发展进入了商业化阶段。而伴随着世界核能的快速发展，一些先进的核工业国家在发展本国的核工业之外，在出于商业目的考虑下，开始向其他一些国家出口民用核原料、技术、设备等。许多国家就是在此阶段通过引进和接收先进核能发展国家的援助，成功建设了本国的第一座核电站，如印度、南非。

1970 年至 1990 年为事故和挫折阶段，1979 年，美国最严重的核电站事故之一——三哩岛核事故发生，引发了公众对核能安全性的担忧，美国开始降低对核能的支持，取消了一些核电站的建设计划。

1990 年至今为聚焦阶段，美国能源部主导了诸多的核电技术开发专项。虽然自 1979 年美国三哩岛核事故后，美国的核能开发遭受了重大挫折，并且有许多核电订单和项目被取消或暂停，核能行业陷入长达 20 年的低迷期，但是，从 20 世纪 90 年代起，美国核工业开始提高核能的安全性和操作性能。到 21 世纪初，美国在核能领域已跻身世界领先行列。到 2000 年，美国已同阿根廷、巴西、加拿大、法国、日本、南非、韩国和英国签署协议，共同研究开发新一代的核能技术，并发表了“九国联合声明”。该声明呼吁各国共同致力于研究和开发更经济、更先进的核能发电技术，以满足未来 20～50 年的能源需求。

美国是全球最大的核电国家，其每年核能发电量、在运核电机组数量、总装机容量均为世界第一。美国核电站多建于中东部，主要是因为中东部地区水资源相对丰富且经济更为发达。如表 4-1 所示，截至 2023 年 3 月，美国共有 93 个商业核反应堆，其中可运行的反应堆有 92 座，还有另外两座 AP1000 反应堆正在佐治亚州建设。目前，美国正在运行的反应堆大多为 1970—1989 年建造。

**表 4-1　美国核电机组**

| | 名称 | 堆型 | 位置 | 装机容量/兆瓦 | 并网日期 |
|---|---|---|---|---|---|
| 运行中 | 阿肯色核电站 1 号机组 | 压水堆 | 阿肯色州 | 836 | 1974-08-17 |
| | 阿肯色核电站 2 号机组 | 压水堆 | 阿肯色州 | 988 | 1978-12-26 |
| | 海狸谷核电站 1 号机组 | 压水堆 | 宾夕法尼亚州 | 908 | 1976-06-14 |
| | 海狸谷核电站 2 号机组 | 压水堆 | 宾夕法尼亚州 | 905 | 1987-08-17 |

续表

| | 名称 | 堆型 | 位置 | 装机容量/兆瓦 | 并网日期 |
|---|---|---|---|---|---|
| 运行中 | 布雷德伍德核电站 1 号机组 | 压水堆 | 伊利诺斯州 | 1 194 | 1987-07-12 |
| | 布雷德伍德核电站 2 号机组 | 压水堆 | 伊利诺伊州 | 1 160 | 1988-05-25 |
| | 布朗斯费里核电站 1 号机组 | 沸水堆 | 阿拉巴马州 | 1 200 | 1973-10-15 |
| | 布朗斯费里核电站 2 号机组 | 沸水堆 | 阿拉巴马州 | 1 200 | 1974-08-28 |
| | 布朗斯费里核电站 3 号机组 | 沸水堆 | 阿拉巴马州 | 1 210 | 1976-09-12 |
| | 布伦瑞克核电站 1 号机组 | 沸水堆 | 北卡罗来纳州 | 938 | 1976-12-04 |
| | 布伦瑞克核电站 2 号机组 | 沸水堆 | 北卡罗来纳州 | 932 | 1975-04-29 |
| | 拜伦核电站 1 号机组 | 压水堆 | 伊利诺伊州 | 1 164 | 1985-03-01 |
| | 拜伦核电站 2 号机组 | 压水堆 | 伊利诺伊州 | 1 136 | 1987-02-06 |
| | 卡拉威核电站 1 号机组 | 压水堆 | 密苏里州 | 1 215 | 1984-10-24 |
| | 卡尔弗悬崖核电站 1 号机组 | 压水堆 | 马里兰州 | 877 | 1975-01-03 |
| | 卡尔弗悬崖核电站 2 号机组 | 压水堆 | 马里兰州 | 855 | 1976-12-07 |
| | 卡塔巴核电站 1 号机组 | 压水堆 | 南卡罗来纳州 | 1 160 | 1985-01-22 |
| | 卡塔巴核电站 2 号机组 | 压水堆 | 南卡罗来纳州 | 1 150 | 1986-05-18 |
| | 克林顿核电站 1 号机组 | 沸水堆 | 伊利诺伊州 | 1 062 | 1987-04-24 |
| | 哥伦比亚核电站 | 沸水堆 | 华盛顿州 | 1 131 | 1984-05-27 |
| | 科曼奇峰核电站 1 号机组 | 压水堆 | 德克萨斯州 | 1 205 | 1990-04-24 |
| | 科曼奇峰核电站 2 号机组 | 压水堆 | 德克萨斯州 | 1 195 | 1993-04-09 |
| | 库克核电站 1 号机组 | 压水堆 | 密歇根州 | 1 030 | 1975-02-10 |
| | 库克核电站 2 号机组 | 压水堆 | 密歇根州 | 1 168 | 1978-03-22 |
| | 库珀核电站 | 沸水堆 | 内布拉斯加州 | 769 | 1974-05-10 |
| | 戴维斯贝斯核电站 1 号机组 | 压水堆 | 俄亥俄州 | 894 | 1977-08-28 |
| | 迪亚布洛峡谷核电站 1 号机组 | 压水堆 | 加利福尼亚州 | 1 138 | 1984-11-11 |
| | 迪亚布洛峡谷核电站 2 号机组 | 压水堆 | 加利福尼亚州 | 1 118 | 1985-10-20 |
| | 德累斯顿核电站 2 号机组 | 沸水堆 | 伊利诺伊州 | 894 | 1970-04-13 |
| | 德累斯顿核电站 3 号机组 | 沸水堆 | 伊利诺伊州 | 879 | 1971-07-22 |
| | 法利核电站 1 号机组 | 压水堆 | 阿拉巴马州 | 874 | 1977-08-18 |
| | 法利核电站 2 号机组 | 压水堆 | 阿拉巴马州 | 883 | 1981-05-25 |
| | 费米核电站 2 号机组 | 沸水堆 | 密歇根州 | 1 115 | 1986-09-21 |
| | 菲茨帕特里克核电站 | 沸水堆 | 纽约州 | 813 | 1975-02-01 |
| | 吉娜核电站 | 压水堆 | 纽约州 | 560 | 1969-12-02 |
| | 大湾核电站 1 号机组 | 沸水堆 | 密西西比州 | 1 401 | 1984-10-20 |
| | 哈里斯核电站 1 号机组 | 压水堆 | 北卡罗来纳州 | 964 | 1987-01-19 |

续表

| | 名称 | 堆型 | 位置 | 装机容量/兆瓦 | 并网日期 |
|---|---|---|---|---|---|
| 运行中 | 哈奇核电站 1 号机组 | 沸水堆 | 佐治亚州 | 876 | 1974-11-11 |
| | 哈奇核电站 2 号机组 | 沸水堆 | 佐治亚州 | 883 | 1978-09-22 |
| | 霍普溪核电站 1 号机组 | 沸水堆 | 新泽西州 | 1 172 | 1986-08-01 |
| | 拉萨尔核电站 1 号机组 | 沸水堆 | 伊利诺伊州 | 1 137 | 1982-09-04 |
| | 拉萨尔核电站 2 号机组 | 沸水堆 | 伊利诺伊州 | 1 140 | 1984-04-20 |
| | 利默里克核电站 1 号机组 | 沸水堆 | 宾夕法尼亚州 | 1 134 | 1985-04-13 |
| | 利默里克核电站 2 号机组 | 沸水堆 | 宾夕法尼亚州 | 1 134 | 1989-09-01 |
| | 麦圭尔核电站 1 号机组 | 压水堆 | 北卡罗来纳州 | 1 158 | 1981-09-12 |
| | 麦圭尔核电站 2 号机组 | 压水堆 | 北卡罗来纳州 | 1 158 | 1983-05-23 |
| | 磨石核电站 2 号机组 | 压水堆 | 康涅狄格州 | 869 | 1975-11-09 |
| | 磨石核电站 3 号机组 | 压水堆 | 康涅狄格州 | 1 210 | 1986-02-12 |
| | 蒙蒂塞洛核电站 | 沸水堆 | 明尼苏达州 | 628 | 1971-03-05 |
| | 九英里点核电站 1 号机组 | 沸水堆 | 奥斯威戈 | 613 | 1969-11-09 |
| | 九英里点核电站 2 号机组 | 沸水堆 | 奥斯威戈 | 1 277 | 1987-08-08 |
| | 北安娜核电站 1 号机组 | 压水堆 | 弗吉尼亚州 | 948 | 1978-04-17 |
| | 北安娜核电站 2 号机组 | 压水堆 | 弗吉尼亚州 | 944 | 1980-08-25 |
| | 奥科尼核电站 1 号机组 | 压水堆 | 南卡罗来纳州 | 847 | 1973-05-06 |
| | 奥科尼核电站 2 号机组 | 压水堆 | 南卡罗来纳州 | 848 | 1973-12-05 |
| | 奥科尼核电站 3 号机组 | 压水堆 | 南卡罗来纳州 | 859 | 1974-09-18 |
| | 帕洛弗德核电站 1 号机组 | 压水堆 | 亚利桑那州 | 1 311 | 1985-06-10 |
| | 帕洛弗德核电站 2 号机组 | 压水堆 | 亚利桑那州 | 1 314 | 1986-05-20 |
| | 帕洛弗德核电站 3 号机组 | 压水堆 | 亚利桑那州 | 1 312 | 1987-11-28 |
| | 桃底核电站 2 号机组 | 沸水堆 | 宾夕法尼亚州 | 1 300 | 1974-02-18 |
| | 桃底核电站 3 号机组 | 沸水堆 | 宾夕法尼亚州 | 1 331 | 1974-09-01 |
| | 佩里核电站 1 号机组 | 沸水堆 | 俄亥俄州 | 1 240 | 1986-12-19 |
| | 桃花谷核电站 1 号机组 | 压水堆 | 宾夕法尼亚州 | 591 | 1970-11-06 |
| | 桃花谷核电站 1 号机组 | 压水堆 | 宾夕法尼亚州 | 591 | 1972-08-02 |
| | 普雷里岛核电站 1 号机组 | 压水堆 | 明尼苏达州 | 522 | 1973-12-04 |
| | 普雷里岛核电站 2 号机组 | 压水堆 | 明尼苏达州 | 519 | 1974-12-21 |
| | 方城核电站 1 号机组 | 沸水堆 | 伊利诺伊州 | 908 | 1972-04-12 |
| | 方城核电站 1 号机组 | 沸水堆 | 伊利诺伊州 | 911 | 1972-05-23 |
| | 里弗本德核电站 | 沸水堆 | 拉斯维加斯州 | 967 | 1985-12-03 |
| | 罗宾逊核电站 2 号机组 | 压水堆 | 南卡罗来纳州 | 741 | 1970-09-26 |
| | 塞勒姆核电站 1 号机组 | 压水堆 | 特拉华州 | 1 169 | 1976-12-25 |

续表

| | 名称 | 堆型 | 位置 | 装机容量/兆瓦 | 并网日期 |
|---|---|---|---|---|---|
| 运行中 | 塞勒姆核电站 2 号机组 | 压水堆 | 特拉华州 | 1 158 | 1981-06-03 |
| | 锡布鲁克核电站 1 号机组 | 压水堆 | 宾夕法尼亚州 | 1 246 | 1990-05-29 |
| | 塞科亚核电站 1 号机组 | 压水堆 | 弗吉尼亚州 | 1 152 | 1980-07-22 |
| | 塞科亚核电站 2 号机组 | 压水堆 | 弗吉尼亚州 | 1 139 | 1981-12-23 |
| | 南德州核电站 1 号机组 | 压水堆 | 德克萨斯州 | 1 280 | 1988-03-30 |
| | 南德州核电站 2 号机组 | 压水堆 | 德克萨斯州 | 1 280 | 1989-04-11 |
| | 圣露西核电站 1 号机组 | 压水堆 | 佛罗里达州 | 981 | 1976-05-07 |
| | 圣露西核电站 2 号机组 | 压水堆 | 佛罗里达州 | 987 | 1983-06-13 |
| | 萨默核电站 1 号机组 | 压水堆 | 南卡罗来纳州 | 973 | 1982-11-16 |
| | 萨里核电站 | 压水堆 | 弗吉尼亚州 | 838 | 1972-07-04 |
| | 萨里核电站 | 压水堆 | 弗吉尼亚州 | 838 | 1973-03-10 |
| | 萨斯奎哈纳核电站 1 号机组 | 沸水堆 | 宾夕法尼亚州 | 1 257 | 1982-11-16 |
| | 萨斯奎哈纳核电站 2 号机组 | 沸水堆 | 宾夕法尼亚州 | 1 257 | 1984-07-03 |
| | 土耳其角核电站 3 号机组 | 压水堆 | 佛罗里达州 | 837 | 1972-11-02 |
| | 土耳其角核电站 4 号机组 | 压水堆 | 佛罗里达州 | 821 | 1973-06-21 |
| | 沃格特尔核电站 1 号机组 | 压水堆 | 佐治亚州 | 1 150 | 1987-03-27 |
| | 沃格特尔核电站 2 号机组 | 压水堆 | 佐治亚州 | 1 152 | 1989-04-10 |
| | 沃特福德核电站 3 号机组 | 压水堆 | 路易斯安那州 | 1 168 | 1985-03-18 |
| | 瓦茨巴核电站 1 号机组 | 压水堆 | 田纳西州 | 1 157 | 1996-02-06 |
| | 瓦茨巴核电站 2 号机组 | 压水堆 | 田纳西州 | 1 164 | 2016-06-03 |
| | 狼溪核电站 | 压水堆 | 堪萨斯州 | 1 200 | 1985-06-12 |
| 在建 | 沃格特尔核电站 3 号机组 | 压水堆 | 佐治亚州 | 1 117 | |
| | 沃格特尔核电站 4 号机组 | 压水堆 | 佐治亚州 | 1 117 | |

数据来源：IAEA（截至 2023 年 2 月）

自 1979 年美国三哩岛核事故和 1986 年苏联切尔诺贝利核事故发生后，核安全受到民众极大的关注，不少民众开始质疑核电的发展，所以核电建造计划经常遭到反对，导致许多核电订单和项目被迫取消或暂停。因此，现在美国的核电机组拥有全球最长的役龄，大多数核电机组的运行许可证在 40 年期限的基础上又延长了 20 年。尽管美国的核能发展稳步增长，但是受到煤炭和天然气等传统能源的价格下降以及可再生能源的竞争，核能的竞争力有所下降。根据 IEA 数据统计，如图 4-1 所示，过去几年，美国可再生能源发电快速增长，在 2020 年超过了核能发电量。2021 年美国核能发电量为 7 781.5 亿千瓦时，核能发电占全国能源 19.6%，可再生能源发电占全国能源

21.3%。政府正在鼓励核能和可再生能源的融合发展，以提高核能的竞争力。

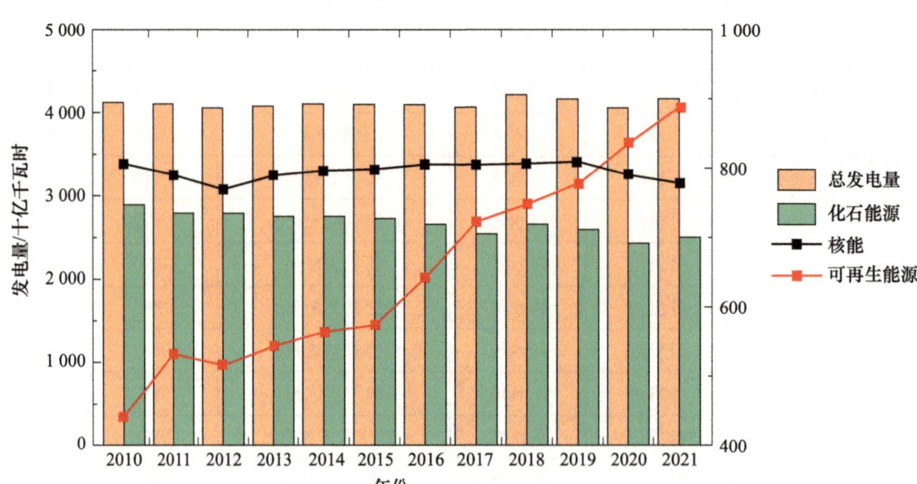


图 4-1 2010—2021 年美国各能源发电量

数据来源：IEA

当前美国是世界头号核电国家，其在核能技术领域是最具影响力的输出国，核技术应用产业的年产值在美国国民经济总产值的占比长期保持在 4%～5%，产业规模位居世界第一。1957 年，美国与欧洲六个国家签署了《欧洲经济共同体条约》和《欧洲原子能共同体条约》(合称《罗马条约》)。1958 年成立了欧洲原子能共同体(Euratom)，该共同体旨在促进核能技术的发展和应用，并建立了合作机制和研究计划。美国与 Euratom 的合作推动了核能技术和知识的交流，为美国核能行业的发展提供了契机。

美国在核能合作方面有着丰富的经验，涉及了国际合作、技术交流和合作协议的签订。首先，美国与许多国家签署了双边合作协议，推动核能技术的合作和交流。这些协议涵盖了核能研究、燃料循环、核废物管理等领域的合作。如，美国 Holtec 公司与法马通（法）、三菱电力（日）等公司合作，以完成其先进轻水 SMR 所需的早期研究和核电厂开发工作；南方公司与 TerraPower(加)、CORE-POWER(英)、Orano(法)和 EPRI 以及其他私营公司、实验室和大学合作，建造了世界上第一个熔融氯化物快堆(MCFR)。此外，在下一代核电材料的研究中，美国 Lightbridge 公司与法马通公司合作，将其耐事故燃料（ATF）技术用于商业化压水堆。其次，美国积极参与了许多国际核能合作项目。例如，美国与欧洲核能共同体（Euratom）合作推动了燃料循环技术、安全标准制定和核能研究的交流；参与了国际热核聚变实验堆（ITER）项目，与欧洲、中国、日本等国家共同研发核聚变技术。

同时，美国政府也一直积极支持核电发展。美国能源部（DOE）于 2020 年 4 月发布《恢复美国核能竞争优势：确保美国国家安全战略》报告，其中提到了振兴加强本国核燃料循环前端和核工业，提高核能出口竞争力，重构全球核工业领导地位[①]。2021年初，美国能源部发布《战略愿景》，旨在推动先进核工业技术发展以促进核能产业壮大，满足美国能源、环境和经济需求。同年，美国政府公布了一项价值 2 500 万美元的“核期货一揽子计划”，该计划旨在推动核电技术发展与革新，并与其他国家展开合作，为美国的核电发展提供支持。但受国内市场因素影响，美国在铀工业生产方面面临重大挑战，目前国内商业反应堆中使用的铀几乎全部进口，其中大量来自俄罗斯，使得核燃料循环前端生产和转化两个领域相当薄弱。

### （二）法国

目前，法国被认为是世界第二大核电生产国。核电占法国电力生产的四分之三，是法国最主要的能源来源之一。法国是全世界核能发电在总电力结构中占比最高的国家，并且是唯一一个在原子能上建立国防和电力生产的国家。法国核能的历史真正开始于第二次世界大战结束的时候，是世界上最早开始大规模利用核能的国家之一。其核能发展历程可以概括为以下几个阶段。1945 年至 1960 年，是法国核能发展的初期。该期间，政府主要关注民用核能技术的研究和开发。1945 年，法国政府成立了法国原子能委员会（CEA）。1946 年，法国成立了法国电力集团（EDF），并开始建设了多座大型核电站，以确保国家的能源安全。1955 年，EDF 决定建造一座 60 兆瓦核反应堆。1960 年至 1980 年，在经历了 1973 年石油危机之后，法国政府开始制定了一系列相关政策和措施，以大力推进核能发展。1980 年到 1990 年，在经历了苏联切尔诺贝利核事故的冲击之后，法国政府加强了核能安全管理和监督，并制定了更为严格的安全标准，法国在这一时期继续建设大型核电站，成为全球最大的核电国家之一。2000 年至今，在面临全球能源转型和气候变化的情况下，法国政府开始探索更为可持续的能源发展路径。根据美国能源信息署数据，法国能源结构主要以核能发电为主，天然气、水能、风能等可再生能源与之相比占比较少。如图 4-2 所示，在 2021 年法国的电力结构中，核能发电量占比达到 69%，远超水能、风能和天然气发电，而法国化石能源在电力生产中占比不足 10%。目前，法国逐步减少核能在国家能源结构中的比重，积极推广新型核能技术，并加强核废物处理和管理方面的工作。

法国的核电站是在 1980 年集中修建的，建设高峰过后，法国十多年没有再修建核电站，和美国一样，法国也面临着核电建设的“断档期”，核电站面临退役被延寿等问题。如表 4-2 所示，目前法国有 56 个可运行反应堆，其中有 46 个运行于 1990 年之前，

① 张林. 全球核电大国核电产业国际竞争力分析［J］. 中国核电，2021，14（5）：739-743.

这意味着如果这些核电站不延寿，到2030年之前，大部分核电机组都将面临退役。法国在2007年曾开工建造弗拉芒维尔3号反应堆，但由于设计、材料以及技术上的原因，项目进度一再被推迟，之后在2012年竣工，但到现在还没有确定投产时间。2022年2月10日，法国总统马克龙提出，法国计划于2028年开始新建6个核电机组，首台机组在2035年前投运，并在此基础上再新建8台机组，到2050年新增2 500万千瓦核电装机；此外，现有核电机组将在符合安全条件的前提下继续延寿运行，寿期从40年延期到50年以上。法国政府和企业正在加强核能技术研究和开发，加大对可再生能源的投资和支持，并探索新的核能技术和应用领域，以提高核能的安全性和可持续性。

**表4-2　法国核电机组**

| | 名称 | 堆型 | 位置 | 装机容量/兆瓦 | 并网日期 |
|---|---|---|---|---|---|
| 运行中 | 贝尔维尔核电站1号机组 | 压水堆 | 谢尔省 | 1 310 | 1987-10-14 |
| | 贝尔维尔核电站2号机组 | 压水堆 | 谢尔省 | 1 310 | 1988-07-06 |
| | 布拉耶核电站1号机组 | 压水堆 | 吉伦特省 | 910 | 1981-06-12 |
| | 布拉耶核电站2号机组 | 压水堆 | 吉伦特省 | 910 | 1982-07-17 |
| | 布拉耶核电站3号机组 | 压水堆 | 吉伦特省 | 910 | 1983-08-17 |
| | 布拉耶核电站4号机组 | 压水堆 | 吉伦特省 | 910 | 1983-05-16 |
| | 布热核电站2号机组 | 压水堆 | 安省 | 910 | 1978-05-10 |
| | 布热核电站3号机组 | 压水堆 | 安省 | 910 | 1978-09-21 |
| | 布热核电站4号机组 | 压水堆 | 安省 | 880 | 1979-03-08 |
| | 布热核电站5号机组 | 压水堆 | 安省 | 880 | 1979-07-31 |
| | 卡特农核电站1号机组 | 压水堆 | 摩泽尔省 | 1 300 | 1986-11-13 |
| | 卡特农核电站2号机组 | 压水堆 | 摩泽尔省 | 1 300 | 1987-09-17 |
| | 卡特农核电站3号机组 | 压水堆 | 摩泽尔省 | 1 300 | 1990-07-06 |
| | 卡特农核电站4号机组 | 压水堆 | 摩泽尔省 | 1 300 | 1991-05-27 |
| | 希农核电站1号机组 | 压水堆 | 卢瓦尔省 | 905 | 1982-11-30 |
| | 希农核电站2号机组 | 压水堆 | 卢瓦尔省 | 905 | 1983-11-29 |
| | 希农核电站3号机组 | 压水堆 | 卢瓦尔省 | 905 | 1986-10-20 |
| | 希农核电站4号机组 | 压水堆 | 卢瓦尔省 | 905 | 1987-11-14 |
| | 舒兹核电站1号机组 | 压水堆 | 阿登省 | 1 500 | 1996-08-30 |
| | 舒兹核电站2号机组 | 压水堆 | 阿登省 | 1 500 | 1997-04-10 |
| | 西沃核电站1号机组 | 压水堆 | 维埃纳省 | 1 495 | 1997-12-24 |
| | 西沃核电站2号机组 | 压水堆 | 维埃纳省 | 1 495 | 1999-12-24 |
| | 克吕阿核电站1号机组 | 压水堆 | 阿尔代什省 | 915 | 1983-04-29 |
| | 克吕阿核电站2号机组 | 压水堆 | 阿尔代什省 | 915 | 1984-09-06 |

续表

| | 名称 | 堆型 | 位置 | 装机容量/兆瓦 | 并网日期 |
|---|---|---|---|---|---|
| 运行中 | 克吕阿核电站 3 号机组 | 压水堆 | 阿尔代什省 | 915 | 1984-05-14 |
| | 克吕阿核电站 4 号机组 | 压水堆 | 阿尔代什省 | 915 | 1984-10-27 |
| | 当皮尔核电站 1 号机组 | 压水堆 | 卢瓦雷省 | 890 | 1980-03-23 |
| | 当皮尔核电站 2 号机组 | 压水堆 | 卢瓦雷省 | 890 | 1980-12-10 |
| | 当皮尔核电站 3 号机组 | 压水堆 | 卢瓦雷省 | 890 | 1981-01-30 |
| | 当皮尔核电站 4 号机组 | 压水堆 | 卢瓦雷省 | 890 | 1981-08-18 |
| | 弗拉芒维尔核电站 1 号机组 | 压水堆 | 拉芒什省 | 1 330 | 1985-12-04 |
| | 弗拉芒维尔核电站 2 号机组 | 压水堆 | 拉芒什省 | 1 330 | 1986-07-18 |
| | 戈尔费什核电站 1 号机组 | 压水堆 | 加龙省 | 1 310 | 1990-06-07 |
| | 戈尔费什核电站 2 号机组 | 压水堆 | 加龙省 | 1 310 | 1993-06-18 |
| | 格拉沃利纳核电站 1 号机组 | 压水堆 | 北部省 | 910 | 1980-03-13 |
| | 格拉沃利纳核电站 2 号机组 | 压水堆 | 北部省 | 910 | 1980-08-26 |
| | 格拉沃利纳核电站 3 号机组 | 压水堆 | 北部省 | 910 | 1980-12-12 |
| | 格拉沃利纳核电站 4 号机组 | 压水堆 | 北部省 | 910 | 1981-06-14 |
| | 格拉沃利纳核电站 5 号机组 | 压水堆 | 北部省 | 910 | 1984-08-28 |
| | 格拉沃利纳核电站 6 号机组 | 压水堆 | 北部省 | 910 | 1985-08-01 |
| | 诺让核电站 1 号机组 | 压水堆 | 奥布省 | 1 310 | 1987-10-21 |
| | 诺让核电站 2 号机组 | 压水堆 | 奥布省 | 1 310 | 1988-12-14 |
| | 帕吕埃尔核电站 1 号机组 | 压水堆 | 滨海塞纳省 | 1 330 | 1984-06-22 |
| | 帕吕埃尔核电站 2 号机组 | 压水堆 | 滨海塞纳省 | 1 330 | 1984-09-14 |
| | 帕吕埃尔核电站 3 号机组 | 压水堆 | 滨海塞纳省 | 1 330 | 1985-09-30 |
| | 帕吕埃尔核电站 4 号机组 | 压水堆 | 滨海塞纳省 | 1 330 | 1986-04-11 |
| | 潘利核电站 1 号机组 | 压水堆 | 滨海塞纳省 | 1 330 | 1990-05-04 |
| | 潘利核电站 2 号机组 | 压水堆 | 滨海塞纳省 | 1 330 | 1992-02-04 |
| | 圣阿尔班核电站 1 号机组 | 压水堆 | 伊泽尔省 | 1 335 | 1985-08-30 |
| | 圣阿尔班核电站 2 号机组 | 压水堆 | 伊泽尔省 | 1 335 | 1986-07-03 |
| | 圣洛朗核电站 1 号机组 | 压水堆 | 谢尔省 | 915 | 1981-01-21 |
| | 圣洛朗核电站 2 号机组 | 压水堆 | 谢尔省 | 915 | 1981-06-01 |
| | 特里卡斯坦核电站 1 号机组 | 压水堆 | 德龙省 | 915 | 1980-05-31 |
| | 特里卡斯坦核电站 2 号机组 | 压水堆 | 德龙省 | 915 | 1980-08-07 |
| | 特里卡斯坦核电站 3 号机组 | 压水堆 | 德龙省 | 915 | 1981-02-10 |
| | 特里卡斯坦核电站 4 号机组 | 压水堆 | 德龙省 | 915 | 1981-06-12 |
| 在建 | 弗拉芒维尔核电站 3 号机组 | 压水堆 | 拉芒什省 | 1 630 | |

数据来源：IAEA（截至 2023 年 2 月）

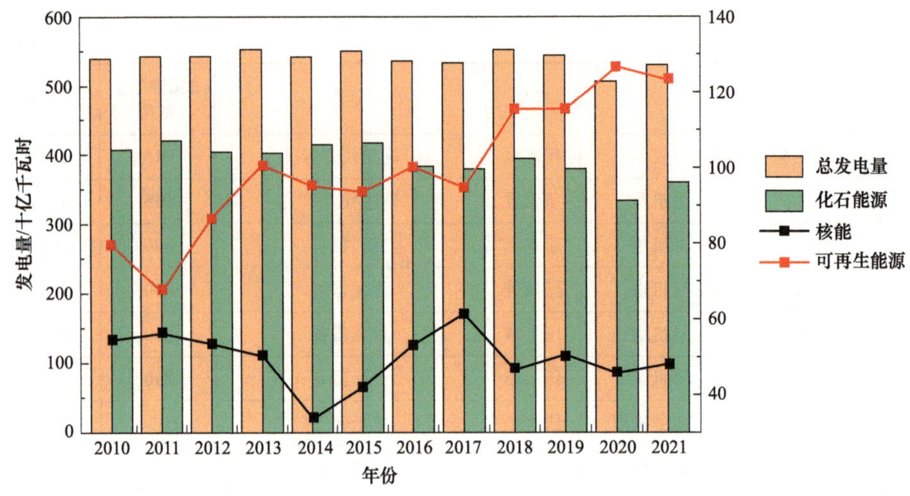


**图 4-2　2010—2021 年法国各能源发电量**

数据来源：IEA

在充分吸收美国核电技术与经验的基础上，法国已经建立起完整且卓有成效的核电工业体系。近年来，法国核能出口正逐渐崛起，并成为法国的一个重要出口领域。

首先，在核能技术方面，法国是全球范围内的核技术国家，从铀矿开采到核燃料生产，从反应堆设计到核电站建设、运营维护，再到乏燃料处理，都有丰富的核技术储备。法国核电站采用了第三代压水堆核电技术（EPR），具有更高的安全性和效率。这种技术在全球范围内备受关注，吸引了许多国家对法国核能技术的兴趣。而且，法国政府一直积极推动核能发电、水力发电等清洁能源的发展，因此法国化石能源虽相对匮乏，但其能源对外依存度低，再者还是发达经济体中人均碳排放量最低的国家。目前，法国除第三代核电技术的开发外，还积极参与第四代核电技术和可控热核聚变能的研究，计划于 2035 年前后完成第四代反应堆的开发。

其次，阿海珐集团的全球影响力。阿海珐集团是法国核能行业的龙头企业，在核能领域拥有完整的供应链，从核燃料生产到核电站建设和维护，以及核废物处理。这种综合供应链使得法国能够为客户提供一揽子的核能解决方案，并确保各个环节的协调和高效运作，其在全球范围内的声誉和影响力为法国核能出口赢得了竞争优势。

最后，国际合作与合同签订。法国积极与其他国家进行核能合作，签署了一系列核能合作协议和出口合同。例如，法国与芬兰签订了核能合作协议，在芬兰奥尔基洛托核电厂址建造一座 EPR（欧洲压水堆）核电站，类似的合作和合同使法国能够进一步扩展核能出口业务。此外，法国的核能在国际上享有良好的声誉，法国还坚持积极参与国际核能合作，与世界多个国家建立了良好的合作伙伴关系，这种深厚的国际声誉和广泛的合作伙伴关系为法国核能的推广和出口提供了有利条件。

### （三）俄罗斯

俄罗斯是世界上拥有最丰富核资源的国家之一，核能发展一直是其能源政策的重要组成部分。俄罗斯的核能发展历程可以追溯到 20 世纪 40 年代。1945 年 8 月 20 日，苏联设立了一个特别委员会，其任务是开展核能研究。该委员会成立两年之际，开始考虑使用核能生产电力。1954 年 6 月 27 日，世界上第一座民用核电站——奥布宁斯克核电站在苏联投入运行，标志着人类核电时代的到来。1991 年，苏联解体后，俄罗斯继承了苏联的核能产业，并在此基础上不断推进技术创新和项目建设。俄罗斯在经历了 70 余年的快速发展后，已是世界上最先进的核能大国之一。俄罗斯全国所有核电站均由俄罗斯国家原子能公司（Rosatom）旗下的俄罗斯核电公司（Rosenergoatom）运营。

到 2023 年 2 月，如表 4-3 所示，俄罗斯有 37 个可运行的反应堆，另有 4 个反应堆正在建设中，它们大部分建在俄罗斯西部，在运行的核电机组总装机容量为 27 727 兆瓦。此外，俄罗斯还是世界上最大的核燃料生产国和出口国之一，拥有全球最先进的核燃料循环技术。但是，如图 4-3 所示，从 2010 年到 2021 年，俄罗斯一直是以化石能源为主，而且从图中还可以发现，在这近十年里，俄罗斯的化石能源一直占据其总发电量约百分之六七十，因此，俄罗斯开始将关注点转移到开发提高核燃料利用率和降低核废物产生的新核燃料技术方面，如钍-铀燃料。在核电出口上，俄罗斯向众多国家出口核电站设备和技术，开发出一系列具有自主知识产权的核电机型，能够满足不同国家、不同电网规模的需求。目前俄罗斯核电技术已经出口中国、印度、伊朗、土耳其、白俄罗斯等多个国家；并积极参与阿尔及利亚、孟加拉国、玻利维亚、印度尼西亚、约旦、哈萨克斯坦、尼日利亚、南非、塔吉克斯坦和乌兹别克斯坦的核电站建设项目。在核电出口方面，俄罗斯政府也给予最大限度的支持，不仅在外交上为核能出口创造良好的政治环境，还为核电出口提供了资金上的优惠。这种举国体制为俄罗斯在国际核能市场上获得了明显的竞争优势。

表 4-3　俄罗斯核电机组

| | 名称 | 堆型 | 位置 | 装机容量/兆瓦 | 并网日期 |
|---|---|---|---|---|---|
| 运行中 | 罗蒙诺索夫号核电站 1 号机组 | 压水堆 | 楚科奇自治区 | 32 | 2019-12-19 |
| | 罗蒙诺索夫号核电站 2 号机组 | 压水堆 | 楚科奇自治区 | 32 | 2019-12-19 |
| | 巴拉科沃核电站 1 号机组 | 压水堆 | 萨拉托夫州 | 950 | 1985-12-28 |
| | 巴拉科沃核电站 2 号机组 | 压水堆 | 萨拉托夫州 | 950 | 1987-10-08 |

续表

| | 名称 | 堆型 | 位置 | 装机容量/兆瓦 | 并网日期 |
|---|---|---|---|---|---|
| 运行中 | 巴拉科沃核电站 3 号机组 | 压水堆 | 萨拉托夫州 | 950 | 1988-12-25 |
| | 巴拉科沃核电站 4 号机组 | 压水堆 | 萨拉托夫州 | 950 | 1993-04-11 |
| | 别洛亚尔斯克核电站 3 号机组 | 快堆 | 斯维尔德洛夫斯克州 | 560 | 1980-04-08 |
| | 别洛亚尔斯克核电站 4 号机组 | 快堆 | 斯维尔德洛夫斯克州 | 820 | 2015-12-10 |
| | 比利宾诺核电站 2 号机组 | 轻水石墨反应堆 | 楚科奇自治区 | 11 | 1974-12-30 |
| | 比利宾诺核电站 3 号机组 | 轻水石墨反应堆 | 楚科奇自治区 | 11 | 1975-12-22 |
| | 比利宾诺核电站 4 号机组 | 轻水石墨反应堆 | 楚科奇自治区 | 11 | 1976-12-27 |
| | 卡利宁核电站 1 号机组 | 压水堆 | 特维尔州 | 950 | 1984-05-09 |
| | 卡利宁核电站 2 号机组 | 压水堆 | 特维尔州 | 950 | 1986-12-03 |
| | 卡利宁核电站 3 号机组 | 压水堆 | 特维尔州 | 950 | 2004-12-16 |
| | 卡利宁核电站 4 号机组 | 压水堆 | 特维尔州 | 950 | 2011-11-24 |
| | 科拉核电站 1 号机组 | 压水堆 | 摩尔曼斯克州 | 411 | 1973-06-29 |
| | 科拉核电站 2 号机组 | 压水堆 | 摩尔曼斯克州 | 411 | 1974-12-09 |
| | 科拉核电站 3 号机组 | 压水堆 | 摩尔曼斯克州 | 411 | 1981-03-24 |
| | 科拉核电站 4 号机组 | 压水堆 | 摩尔曼斯克州 | 411 | 1984-10-11 |
| | 库尔斯克核电站 2 号机组 | 轻水石墨反应堆 | 库尔斯克州 | 925 | 1979-01-28 |
| | 库尔斯克核电站 3 号机组 | 轻水石墨反应堆 | 库尔斯克州 | 925 | 1983-10-17 |
| | 库尔斯克核电站 4 号机组 | 轻水石墨反应堆 | 库尔斯克州 | 925 | 1985-12-02 |
| | 列宁格勒核电站 1 号机组 | 压水堆 | 列宁格勒州 | 1 101 | 2018-03-09 |
| | 列宁格勒核电站 2 号机组 | 压水堆 | 列宁格勒州 | 1 101 | 2020-10-22 |
| | 列宁格勒核电站 3 号机组 | 轻水石墨反应堆 | 列宁格勒州 | 925 | 1979-12-07 |
| | 列宁格勒核电站 4 号机组 | 轻水石墨反应堆 | 列宁格勒州 | 925 | 1981-02-09 |
| | 新沃罗涅日核电站 1 号机组 | 压水堆 | 沃罗涅日州 | 1 100 | 2016-08-05 |
| | 新沃罗涅日核电站 2 号机组 | 压水堆 | 沃罗涅日州 | 1 101 | 2019-05-01 |
| | 新沃罗涅日核电站 3 号机组 | 压水堆 | 沃罗涅日州 | 385 | 1972-12-28 |
| | 新沃罗涅日核电站 4 号机组 | 压水堆 | 沃罗涅日州 | 950 | 1980-05-31 |
| | 罗斯托夫核电站 1 号机组 | 压水堆 | 罗斯托夫州 | 989 | 2001-03-30 |
| | 罗斯托夫核电站 2 号机组 | 压水堆 | 罗斯托夫州 | 950 | 2010-03-18 |
| | 罗斯托夫核电站 3 号机组 | 压水堆 | 罗斯托夫州 | 950 | 2014-12-27 |
| | 罗斯托夫核电站 4 号机组 | 压水堆 | 罗斯托夫州 | 979 | 2018-02-02 |
| | 斯摩棱斯克核电站 1 号机组 | 轻水石墨反应堆 | 斯摩棱斯克州 | 925 | 1982-12-09 |

续表

| | 名称 | 堆型 | 位置 | 装机容量/兆瓦 | 并网日期 |
|---|---|---|---|---|---|
| 运行中 | 斯摩棱斯克核电站 2 号机组 | 轻水石墨反应堆 | 斯摩棱斯克州 | 925 | 1985-05-31 |
| | 斯摩棱斯克核电站 3 号机组 | 轻水石墨反应堆 | 斯摩棱斯克州 | 925 | 1990-01-17 |
| 在建 | 波罗的核电站 | 压水堆 | 加里宁格勒州 | 1 109 | |
| | BREST-OD-300 核电机组 | 快堆 | 托木斯克州 | 300 | |
| | 库尔斯克核电站Ⅱ-1 号机组 | 压水堆 | 库尔斯克州 | 1 200 | |
| | 库尔斯克核电站Ⅱ-2 号机组 | 压水堆 | 库尔斯克州 | 1 200 | |

数据来源：IAEA（截至 2023 年 2 月）

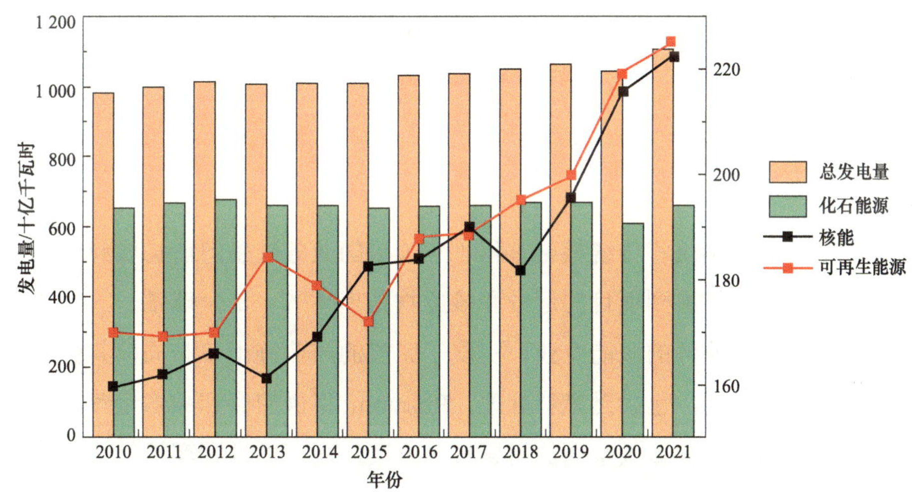


**图 4-3 2010—2021 年俄罗斯各能源发电量**

数据来源：IEA

作为世界上能源出口大国的俄罗斯，一直坚持核电出口战略不动摇。在日本福岛核事故发生后，虽然核危机爆发的风险还在，但是俄罗斯对核能出口的重视程度也并未降低。俄罗斯从未在对外抢占核能市场的过程中放松脚步，并持续地提升核能技术与外交水平。在经过几十年的核技术发展和改进之后，俄罗斯已经建立起一套完整的核工业体系。在 1992 年建立原子能部，负责管理所有的核燃料和设备。经过了几年的发展之后，该部门得到很大改进，还为其他国家提供了部分核设备。2004 年，原子能部更名为国家原子能机构。2007 年，国家原子能机构重组成为国家原子能集团公司（Rosatom），这意味着俄罗斯的核能事业开始走向企业集团化运作模式。

Rosatom 是俄罗斯唯一运行核电站的公用事业公司，在核电装机容量和在运机组数量方面位居世界第二，实力雄厚。该公司是俄罗斯最大的发电公司，兼具政府和企业职能。该公司坚持以核电为龙头带动俄罗斯核工业产业链出口的海外开发战略，通过创新商业模式、提供有吸引力的融资方案，再辅以强有力的政府外交助力，进一步加大了海外开发力度并取得优异成绩。Rosatom 旗下公司不仅为全球 50 多个国家的电力、能源、基础设施和工业提供服务，还拥有世界上最先进的产品及服务。其业务涵盖核电站建设，能源采购、燃料贮存、燃料运输和发电系统的设计与建造领域。在核燃料的使用方面，俄罗斯是世界最大核原料出口国之一，长期主导着民用核能产业，其铀储备和铀矿开采量均位列世界第二。

近十年来，Rosatom 签署了 40 余个海外核电机组订单，市场占有率近 70%，稳居全球第一，在多个国家均有正处于建设实施阶段的项目，在建项目遍布中东、非洲、南美洲等地区，成为无可争议的世界核能行业领导者之一。在国际核电市场竞争越发激烈的大背景下，Rosatom 的优势体现在：以业主国需求为导向，凭借 VVER 第三代核电技术造价较低、提供建设资金等优势，创造性地采用了灵活的商业模式组合。这不仅解决了业主国项目建设资金不足的问题，还在一定程度上分摊了项目建设运营的风险。

此外，Rosatom 不仅将传统核电工程承包项目的业务链条向前扩展到项目的投资和并购环节，还向后扩展到项目的运维和核废物处理环节，是全球唯一一家在核能产业各环节均开展出口业务的核能企业，实现了完整的产业链出口布局，其业务覆盖了核能发电的全生命周期，包括乏燃料处理。Rosatom 将供应商和技术运营商两个角色融合在一起，可以为用户提供全面的问题解决方案，还可以为顾客提供从铀矿开采到核电站建成投运的“一站式”核电服务。Rosatom 另外一个巨大的优势，就是可以提供全程乏燃料后处理，以及核废物处置服务。对于像中东、南美洲等经济增长潜力巨大、电力需求增长快，且基础设施建设相对欠发达的地区，俄罗斯将回收核废物服务纳入合作协议中，可以解决出口目标国对核废物贮存和处理的难题，为其解决后顾之忧。

目前，Rosatom 在全球核电中发挥重要作用，而且不会轻易被取代。首先，Rosatom 是核燃料的主要出口商。2021 年，美国在其核反应堆的动力供应中，有高达 14%的铀是依赖于俄罗斯的供应。欧洲公用事业公司从 Rosatom 购买了近五分之一的核燃料。其次，Rosatom 在世界各地建造了许多核电站，在某些情况下还签订了长期合同，为核电厂提供燃料，甚至运营核电站。最后，VVER 机组是当前世界上最成熟的第三代核电技术，在经济性和安全性方面具有很大优势。与此同时，Rosatom 能为客户提供一整套配套服务，使其在国际核能市场中大受欢迎。在全球核工业中，要寻找新的企业来取代 Rosatom 可能需要花费数年时间，因此，Rosatom 仍然在国际核工业领域处于优势地位。

### （四）加拿大

加拿大政府于 1952 年成立了加拿大原子能研究所（AECL），全面负责国家的核电技术开发。AECL 最初与通用电气和美国原子能委员会合作进行反应堆建设。在 20 世纪 60 年代，加拿大开发了“加拿大氘化铀”重水堆（CANDU）技术。CANDU 使用天然铀作为燃料，氧化氘（重水）作为慢化剂和冷却剂，成为加拿大核能的核心技术。CANDU 堆可在全功率运转时添加燃料，并能够生产医疗同位素，如钴-60，以及大规模发电，该堆的研发开启了加拿大的核能发展之旅。加拿大于 1962 年建成了全球第一个商业运营的 CANDU 堆——AECL 的道格拉斯角核电站。这标志着加拿大成为第一个将 CANDU 技术用于商业电力生产的国家。20 世纪七八十年代，加拿大的核能产业蓬勃发展，大量 CANDU 堆相继建成，并出口到多个国家，包括阿根廷、罗马尼亚。加拿大的核能产业取得了可观的经济效益和国际声誉，重水堆技术也成为继压水堆和沸水堆后，世界上第三大商用反应堆技术。

目前，加拿大拥有 19 座 CANDU 反应堆，如表 4-4 所示，大部分位于安大略省，这些核电机组供应可以满足加拿大约 10%的电力需求。因加拿大的水力资源丰富，所以其国内的可再生能源发电量也十分可观，如图 4-4 所示，占据了该国总发电量的 60%，但是鉴于可再生能源发电的季节性，加拿大的发电量还需要一定量的化石能源，核电和天然气发电就是一个很好的补充。

**表 4-4　加拿大核电机组**

| 名称 | 堆型 | 位置 | 装机容量/兆瓦 | 并网日期 |
|---|---|---|---|---|
| 布鲁斯核电站 3 号机组 | 重水堆 | 安大略省 | 865 | 1977-12-12 |
| 布鲁斯核电站 4 号机组 | 重水堆 | 安大略省 | 868 | 1978-12-21 |
| 布鲁斯核电站 1 号机组 | 重水堆 | 安大略省 | 868 | 1977-01-14 |
| 布鲁斯核电站 2 号机组 | 重水堆 | 安大略省 | 836 | 1976-09-04 |
| 布鲁斯核电站 5 号机组 | 重水堆 | 安大略省 | 872 | 1984-12-01 |
| 布鲁斯核电站 6 号机组 | 重水堆 | 安大略省 | 891 | 1984-06-26 |
| 布鲁斯核电站 7 号机组 | 重水堆 | 安大略省 | 872 | 1986-02-22 |
| 布鲁斯核电站 8 号机组 | 重水堆 | 安大略省 | 872 | 1987-03-07 |
| 达灵顿核电站 1 号机组 | 重水堆 | 安大略省 | 934 | 1990-12-19 |
| 达灵顿核电站 2 号机组 | 重水堆 | 安大略省 | 934 | 1990-01-15 |
| 达灵顿核电站 3 号机组 | 重水堆 | 安大略省 | 934 | 1992-12-07 |
| 达灵顿核电站 4 号机组 | 重水堆 | 安大略省 | 934 | 1993-04-17 |
| 达灵顿核电站 5 号机组 | 重水堆 | 安大略省 | 540 | 1982-12-19 |

续表

| 名称 | 堆型 | 位置 | 装机容量/兆瓦 | 并网日期 |
|---|---|---|---|---|
| 达灵顿核电站 6 号机组 | 重水堆 | 安大略省 | 540 | 1983-11-08 |
| 达灵顿核电站 7 号机组 | 重水堆 | 安大略省 | 540 | 1984-11-17 |
| 达灵顿核电站 8 号机组 | 重水堆 | 安大略省 | 540 | 1986-01-21 |
| 皮克林核电站 1 号机组 | 重水堆 | 安大略省 | 542 | 1971-04-04 |
| 皮克林核电站 4 号机组 | 重水堆 | 安大略省 | 542 | 19730-05-21 |
| 莱普罗角核电站 | 重水堆 | 新不伦瑞克省 | 705 | 1982-09-11 |

数据来源：IAEA（截至 2023 年 2 月）

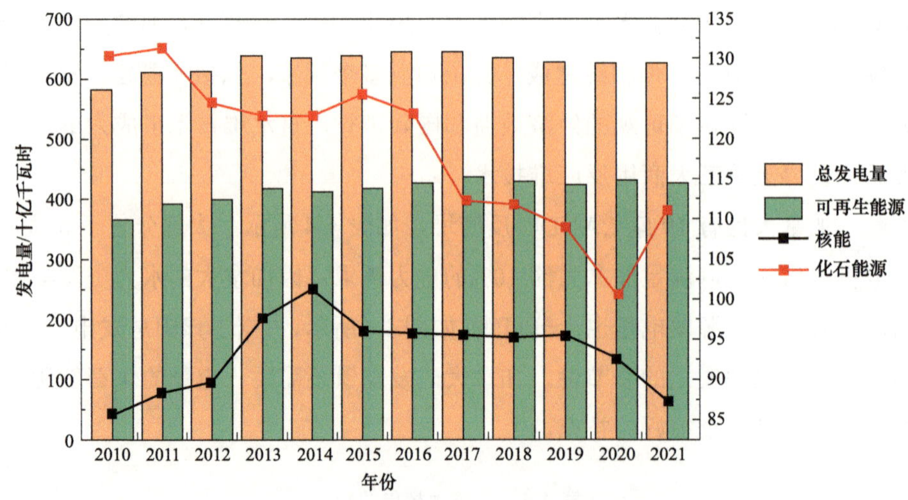


图 4-4　2010—2021 年加拿大各能源发电量

数据来源：IEA

多年来，加拿大一直是核能技术研究领域的引领者，而且世界范围内用于医疗诊断和癌症治疗的放射性同位素很大一部分都是加拿大生产的。CANDU 反应堆特殊的优势以及加拿大在国内批量建造商用重水堆的成功，让世界看到了重水堆技术的成熟和先进，使得加拿大的核电技术快速“走出去”，成为全球六大核电出口国之一。进入 21 世纪，在全球以轻水堆为主流堆型的背景下，重水堆由于对比新的压水堆经济性不够，渐渐失去了竞争力。但作为全球重水堆技术拥有者的坎杜能源仍在积极开阔自己的市场。如，其希望与中国联合开发更加先进的 CANDU 堆型，以及在核燃料的循环利用方面进行合作，与韩国核企在退役领域开展合作。此外，加拿大核能产业也在持续推进现代化和技术化的研发，AECL 进行了多项改进和技术创新，以提高 CANDU 反应堆的效率和安全性，并开始研发下一代核能技术，如小型模块化反应堆（SMR）。

老牌核电国家在核能技术研发和应用方面投入了大量的资源和时间，在核能技术领域已有几十年甚至几个世纪的研发和运营经验，在核反应堆设计、核燃料循环、辐射安全等方面积累了大量的知识、技术和经验，具有技术先发优势。此外，这些国家拥有强大的核电设备制造能力，能够自主设计和制造核反应堆、涡轮发电机组、核燃料等设备，使得他们在核电站建设过程中能够提供高质量的设备和技术支持。但是，随着其他国家核技术的进步和新兴技术的进步，老牌核电强国的技术优势并非永久性的。新兴技术如小型模块化反应堆、第四代反应堆，也在不断发展，并可能对核能行业产生重要影响。因此，老牌核电强国需要继续推进技术创新和研发，以保持竞争力并适应不断变化的东道国需求。

## 4.2.2　新兴核电国家

### （一）日本

日本的传统化石能源相对匮乏，原油、煤炭和天然气严重依赖进口。因此，基于国内能源安全和减少碳排放两方面考虑，日本政府非常重视核能发展。核能作为重要的基荷电力，一方面可以减少能源进口和二氧化碳排放，另一方面发展核电的同时，也能帮助优化能源结构。日本核工业开始于二战之后，二战后日本政府决定大力发展核技术，将核技术和平利用在本国的经济发展中。日本从 1954 年开始开展核能研究，发展本国的核工业。1966 年，日本建成了本国第一座商业核电站，并开始大规模推广核电。到 1985 年，日本已建成核电站 15 座，核电机组 30 多台，总装机容量达 2 300 多万千瓦，居世界第四位。日立、东芝、三菱重工等企业，都在这段时间里，拥有了自己设计和建造轻水堆的能力。到 20 世纪 70 年代末，日本已经具备核电建设和生产的能力，在本国完成布局后，开始进入国际核技术市场。日本本土三家最大的核能企业——日立、东芝和三菱重工分别与美国通用结盟、美国西屋以及法国阿海珐成立合资公司，开发国际市场。

但在 2011 年，日本发生 3 • 11 地震，福岛第一核电站发生放射性物质泄漏，由于社会各方压力，日本关停了大量核电站，核电发电量占比锐减到 2%。近年来，迫于国内能源压力，日本政府开始重新启动核能，但所有反应堆都必须获得监管部门的批准才能重新启动。曾经是核电重国的日本，到目前只有部分核电站复产，2021 年，在运核电机组共发电 612.2 亿千瓦时，占总发电量的 7.2%，但是，如图 4-5 所示，同年，化石能源占日本总发电总量 70%左右。截至 2023 年 2 月，日本可运行反应堆 33 个，如表 4-5 所示，其中有 17 个反应堆已经重启，而剩余的 16 个反应堆正在重启审批过程中，此外还有 2 个反应堆在建设中。但日本现有的核电站与美国和法国一样，大多已接近使用年限，甚至有超过安全使用期的情况。同时，日本大部分的核电站已快到达 40 年的寿期，如果不能延期，将面临退役。

2022 年 8 月底，时任日本首相岸田文雄声称，俄乌冲突改变了世界能源格局，日本不仅要“最大化利用现有闲置核电机组”，还应“开发新一代核电站反应堆”。但是日本福岛核事故导致日本国内民众反对重启核电的声音从未停止，而日本政府将该事故产生的核废水排放至太平洋也引起了国际社会质疑日本的核电政策。日本福岛核事故对该国的核能发展产生了重大影响，使得该国政府和社会对核能的安全性和可持续性提出了更高的要求。在能源转型的背景下，日本将逐步减少对核能的依赖，加大对可再生能源等清洁能源的发展和利用。同时，日本也在探索更加安全和可持续的核能技术与应用。

**表 4-5　日本核电机组**

| | 名称 | 堆型 | 位置 | 装机容量/兆瓦 | 并网日期 |
|---|---|---|---|---|---|
| 运行中 | 玄海核电站 3 号机组 | 压水堆 | 佐贺县 | 1 127 | 1993-06-15 |
| | 玄海核电站 4 号机组 | 压水堆 | 佐贺县 | 1 127 | 1996-11-12 |
| | 伊方核电站 3 号机组 | 压水堆 | 爱媛县 | 846 | 1994-03-29 |
| | 柏崎刈羽核电站 6 号机组 | 沸水堆 | 新潟县 | 1 315 | 1996-01-29 |
| | 柏崎刈羽核电站 7 号机组 | 沸水堆 | 新潟县 | 1 315 | 1996-12-17 |
| | 美浜核电站 3 号机组 | 压水堆 | 福井县 | 780 | 1976-02-19 |
| | 大饭核电站 3 号机组 | 压水堆 | 福井县 | 1 127 | 1991-06-07 |
| | 大饭核电站 4 号机组 | 压水堆 | 福井县 | 1 127 | 1992-06-19 |
| | 小野岛核电站 2 号机组 | 沸水堆 | 宫城县 | 796 | 1994-12-23 |
| | 川内核电站 1 号机组 | 压水堆 | 鹿儿岛县 | 846 | 1983-09-16 |
| | 川内核电站 2 号机组 | 压水堆 | 鹿儿岛县 | 846 | 1985-04-05 |
| | 島根核电站 2 号机组 | 沸水堆 | 石川县 | 789 | 1988-07-11 |
| | 高浜核电站 1 号机组 | 压水堆 | 福井县 | 780 | 1974-03-27 |
| | 高浜核电站 2 号机组 | 压水堆 | 福井县 | 780 | 1975-01-17 |
| | 高浜核电站 3 号机组 | 压水堆 | 福井县 | 830 | 1984-05-09 |
| | 高浜核电站 4 号机组 | 压水堆 | 福井县 | 830 | 1984-11-01 |
| | 常陆核电站 2 号机组 | 沸水堆 | 茨城县 | 1 060 | 1978-03-13 |
| 暂停运 | 浜冈核电站 3 号机组 | 沸水堆 | 静冈县 | 1 056 | 1987-01-20 |
| | 浜冈核电站 4 号机组 | 沸水堆 | 静冈县 | 1 092 | 1993-01-27 |
| | 浜冈核电站 5 号机组 | 沸水堆 | 静冈县 | 1 325 | 2004-04-30 |
| | 东海东洋核电站 1 号机组 | 沸水堆 | 青森县 | 1 067 | 2005-03-09 |

续表

| | 名称 | 堆型 | 位置 | 装机容量/兆瓦 | 并网日期 |
|---|---|---|---|---|---|
| 暂停运 | 柏崎刈羽核电站 1 号机组 | 沸水堆 | 新潟县 | 1 067 | 1985-02-13 |
| | 柏崎刈羽核电站 2 号机组 | 沸水堆 | 新潟县 | 1 067 | 1990-02-08 |
| | 柏崎刈羽核电站 3 号机组 | 沸水堆 | 新潟县 | 1 067 | 1992-12-08 |
| | 柏崎刈羽核电站 4 号机组 | 沸水堆 | 新潟县 | 1 067 | 1993-12-21 |
| | 柏崎刈羽核电站 5 号机组 | 沸水堆 | 新潟县 | 1 067 | 1989-09-12 |
| | 小野岛核电站 3 号机组 | 沸水堆 | 宫城县 | 796 | 2001-05-30 |
| | 志贺核电站 1 号机组 | 沸水堆 | 石川县 | 505 | 1993-01-12 |
| | 志贺核电站 2 号机组 | 沸水堆 | 石川县 | 1 108 | 2005-07-04 |
| | 泊核电站 1 号机组 | 压水堆 | 北海道 | 550 | 1988-12-06 |
| | 泊核电站 2 号机组 | 压水堆 | 北海道 | 550 | 1990-08-27 |
| | 泊核电站 3 号机组 | 压水堆 | 北海道 | 866 | 2009-03-20 |
| | 敦贺核电站 2 号机组 | 压水堆 | 福井县 | 1 108 | 1986-06-19 |
| 在建 | 大间核电站 | 沸水堆 | 青森县 | 1 328 | |
| | 岛根核电站 3 号机组 | 沸水堆 | 岛根县 | 1 325 | |

数据来源：IAEA

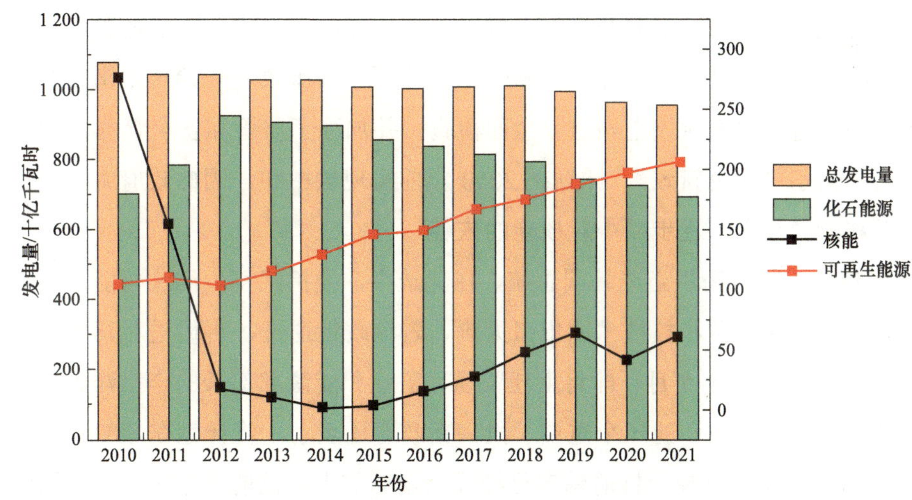


**图 4-5　2010—2021 年日本各能源发电量**

数据来源：IEA（截至 2023 年 2 月）

福岛核事故后，日本经历了“减核”“零核”“启核”的反复。日本核电出口行业陷入一段时间的低迷。然而，最近几年，日本核电企业通过改进技术和提高安全标准，正逐步恢复公众对核能的信心。日本政府也采取了一系列措施来提高核电站的安全性，并加强了监管机构的独立性和权力，这些措施有助于改善国内核电行业的形象，同时也为日本核电企业带来赢得更多国际订单的机会。

2022 年 8 月，时任日本首相岸田文雄在绿色转型执行会议中，要求重新研究核电政策，会上提出了核电重启全国总动员、延长核电机组运行期限、开发和建设新一代创新反应堆、加快核废物处理进程等议题，要求提高审查效率、缩短审查时间、加快推进核电重启。但在核电出口领域，日本核能的发展仍然受到公众的关注和监管机构的审查，因此日本核电企业在推广和应用核技术时需要充分考虑安全、可持续性、社会接受度等因素。

### （二）韩国

韩国的核能发展历程可以追溯到 20 世纪 50 年代。1959 年，韩国政府开始研究核能技术，成立了国家原子能研究所（KAERI），并开始从美国和欧洲国家进口核设备和技术。1970 年，韩国政府开始规划和建设核电站。第一座核电站——青山核电站于 1978 年建成并开始运行，这标志着韩国正式进入核能时代。1980 年，韩国政府加快了核电站的建设速度。在这个时期，韩国政府建立了一系列法规和制度，以确保核电站的安全和运行稳定。1990 年，韩国着手发展自主核能技术，如研发自主核燃料和压水反应堆技术。2000 年，韩国成为全球最大的核电站建设国之一。韩国政府计划建设新的核电站，并通过提高核电站的安全水平、推广可再生能源等方式，实现能源结构的多元化和可持续发展。2011 年，日本福岛核事故发生后，韩国政府开始对本国的核能安全进行审查和改善。政府对核电站进行全面检查，并加强了监管和安全管理。2020 年，韩国政府推出了“绿色新政”，计划在 2050 年前实现碳中和，因此政府将加快推广可再生能源和能效技术，逐步减少对核能的依赖。

2022 年 3 月，尹锡悦当选韩国总统，在竞选中，他拒绝逐步淘汰核能的政策，并承诺使韩国成为核设备和核技术的出口大国，若该政策通过，将促进对其国内和出口核工业的投资。2022 年 5 月，即将上任贸易、工业和能源部部长的李昌洋表示，核电是实现能源安全和碳中和的一个重要手段。新政府还表示，将计划在 2030 年前赢得 10 个新的海外核电站订单。目前韩国已经成为全球前十的核能国家之一。韩国的核能发展主要集中在电力生产领域，2021 年核电占韩国电力总产量的比重达到 28%，但如图 4-6 所示，化石能源占据总发电量的近 60%左右，因此，韩国还需加大对核电领域的研究。截至 2023 年 2 月，韩国拥有 25 个核反应堆，如表 4-6 所示，总装机容量为 24 489 兆瓦，另外，还有 3 个核反应堆在建设中。韩国的核电站分布在全国各地，其中最大的核电站是釜山南部的古里核电站，拥有 6 台核电机组，总装机容量达到 7 489 兆瓦。

在核能技术方面，韩国已经掌握了自主研发的能力，包括压水堆、压水重水堆和沸水堆技术。此外，韩国还在积极发展新一代核能技术，例如综合能源实验堆和高温气冷堆。韩国政府也在积极推进国际合作，与其他国家的核能机构合作开展研究和技术交流，以提高自身的技术水平和安全水平。但是韩国的核能发展面临着一些挑战，例如公众对核能安全的担忧、核废物处理、核电站建设的环境影响等问题。

**表 4-6　韩国核电机组**

| | 名称 | 堆型 | 位置 | 装机容量/兆瓦 | 并网日期 |
|---|---|---|---|---|---|
| 运行中 | 荣光 1 号机组 | 压水堆 | 灵光郡 | 995 | 1986-03-05 |
| | 荣光 2 号机组 | 压水堆 | 灵光郡 | 988 | 1986-11-11 |
| | 荣光 3 号机组 | 压水堆 | 灵光郡 | 986 | 1994-10-30 |
| | 荣光 4 号机组 | 压水堆 | 灵光郡 | 970 | 1995-07-18 |
| | 荣光 5 号机组 | 压水堆 | 灵光郡 | 992 | 2001-12-19 |
| | 荣光 6 号机组 | 压水堆 | 灵光郡 | 993 | 2002-09-16 |
| | 韩蔚 1 号机组 | 压水堆 | 蔚珍郡 | 966 | 1988-04-07 |
| | 韩蔚 2 号机组 | 压水堆 | 蔚珍郡 | 967 | 1989-04-14 |
| | 韩蔚 3 号机组 | 压水堆 | 蔚珍郡 | 997 | 1998-01-06 |
| | 韩蔚 4 号机组 | 压水堆 | 蔚珍郡 | 999 | 1998-12-28 |
| | 韩蔚 5 号机组 | 压水堆 | 蔚珍郡 | 998 | 2003-12-18 |
| | 韩蔚 6 号机组 | 压水堆 | 蔚珍郡 | 997 | 2005-01-07 |
| | 古里 2 号机组 | 压水堆 | 机张郡 | 640 | 1983-04-22 |
| | 古里 3 号机组 | 压水堆 | 机张郡 | 1 011 | 1985-01-22 |
| | 古里 4 号机组 | 压水堆 | 机张郡 | 1 012 | 1985-12-31 |
| | 新蔚 1 号机组 | 压水堆 | 蔚山广域市 | 1 416 | 2016-01-15 |
| | 新蔚 2 号机组 | 压水堆 | 蔚山广域市 | 1 418 | 2019-04-22 |
| | 新韩蔚 1 号机组 | 压水堆 | 蔚珍郡 | 1 414 | 2022-06-09 |
| | 新古里 1 号机组 | 压水堆 | 釜山与蔚山 | 996 | 2010-08-04 |
| | 新古里 2 号机组 | 压水堆 | 釜山与蔚山 | 996 | 2012-01-28 |
| | 新月城 1 号机组 | 压水堆 | 庆州市 | 997 | 2012-01-27 |
| | 新月城 2 号机组 | 压水堆 | 庆州市 | 993 | 2015-02-26 |
| | 月城 2 号机组 | 重水堆 | 庆州市 | 569 | 1997-04-01 |
| | 月城 3 号机组 | 重水堆 | 庆州市 | 605 | 1998-03-25 |
| | 月城 4 号机组 | 重水堆 | 庆州市 | 574 | 1999-05-21 |
| 在建 | 新蔚 3 号机组 | 压水堆 | 蔚山广域市 | 1 340 | |
| | 新蔚 3 号机组 | 压水堆 | 蔚山广域市 | 1 340 | |
| | 新韩蔚 2 号机组 | 压水堆 | 蔚珍郡 | 1 340 | |

数据来源：IAEA（截至 2023 年 2 月）

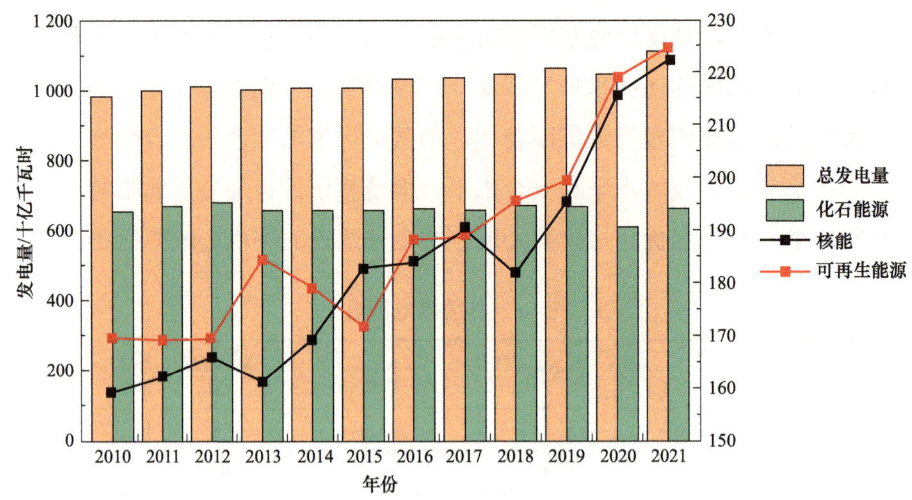


**图 4-6　2010—2021 年韩国各能源发电量**

数据来源：IEA

韩国从 20 世纪 70 年代起，在与法国、加拿大和美国等国家的合作下，核电建设稳步发展，并在合作基础上研发出 APR1400 型第三代核能技术。近十多年来，韩国核能在运行效率和安全性方面均居全球前列，培育出一批卓越的本土企业，如斗山重工。在国际市场的开拓上，韩国政府也在外交和融资上对韩国电力公司（KEPCO）给予了充分的支持。因此，在韩国政府多方支持下，在 2007 年，韩国便成为世界上第三个能自行研发第三代核电技术的国家。KEPCO 向中东、北非以及拉丁美洲积极推广 OPR1000 和 APR1400 技术。韩国正在向海外推销的主力堆型 APR1400 具有先进的设计概念及安全特性，其电功率为 1 450 兆瓦，设计寿命长达 60 年，抗震设计标准达到 0.3g，采用先进的堆芯保护技术和事故缓解措施，安全性能突出。与欧洲压水堆和 AP1000 等先进核电技术相比，APR1400 甚至在某些方面更为出色。韩国核反应堆的平均功率损失仅为 3.6%，平均非计划停堆率远低于 1%，均大幅优于美、法等传统核电强国。

2009 年 12 月，韩国企业联盟凭借成本和团队优势击败了日本的日立制造厂、美国的通用电器和法国的阿海珐集团，与阿拉伯联合酋长国（UAE）签署了一份价值 204 亿美元的合同，在巴卡拉核电站建设 4 台 APR1400 机组，由此成为世界上第 6 个“出口”核电站的国家。这也打破了传统上基本由美国、法国和日本瓜分的国际核电市场格局，标志着韩国核电在国际市场的崛起。

纵观韩国核电技术的整个发展过程，可以发现其核电崛起的奥秘所在。首先是技术自主化。从最初的交钥匙工程到后来的 APR+技术开发，其主线始终是核电技术自主化。韩国正是始终坚持这条信念，才取得成功。其次，韩国政府对核工业的扶持。

韩国核能产业一直以来都得到了国家的正确指导，并给予一系列政策支持。在核电技术引进、消化、吸收和自主化过程中，韩国政府制定了合理的政策，韩国企业一步步掌握了核电技术，走出了一条独特的发展道路。最后，整体出击合力开拓国际市场。韩国核电企业进军世界核电市场的一个优势是其整体性。无论是在国内项目上，还是在国际项目上，这种整体性使韩国企业能够团结一致、协同作战，从而产生最大的凝聚力和战斗力。

新兴核电国家在核能技术领域实力不断增强，核电产业发展迅速。从核能技术发展来看，这些国家都从老牌核电强国的经验和技术中受益，它们通过借鉴和引进先进的核能技术和设备，来加快自身的核能发展进程。但是，它们面临缺乏完整的核能产业链的严峻挑战，需要通过建立核电设备制造、核燃料生产、核废物处理等相关产业，来满足核电站建设和运营的需求。

## 4.3　对我国核能国际合作的借鉴与启示

### 4.3.1　大力推进先进核技术研发

当前，国际核能市场的激烈竞争对核技术提出了更高的要求，主要体现在以下几点。一是更严格的安全标准。提高核电站的安全性能，确保核能发电的安全可靠。二是更智能的应用技术。利用先进的信息技术和自动化技术，提高核电站的运营效率和自动化水平，实现智能化管理。三是更灵活的用户需求。核电不仅是单一的电力供应，还需适应用户需求的多样化。四是提高铀资源利用率以及减少高放核废物。

我国核电技术虽有了长足的进步和显著的提高，但与世界核电强国仍存在一定的差距。为弥补现有差距以及提升中国在国际核能竞争中的地位，中国仍需要加大投入，大力推进先进核技术研发。可以从以下三点入手。一是继续进行第三代核电技术的科技攻关、工程建设和安全运行。加强研发和创新，提高技术水平和核电站的安全性能，确保第三代核电技术的持续发展和应用。二是超前部署第四代核能技术的研发，推动技术创新。第四代核能技术具有更高的安全性、更高的效率和更少的核废物优势，对我国核能的可持续发展至关重要。三是开发核燃料循环技术。通过循环再利用核燃料，实现铀资源最大化利用，减少对有限的铀资源的需求，并减少核废物的数量和危险性。

此外，还需要形成包括研发设计、先进核燃料与新材料制造、关键设备制造技术等在内的自主知识产权。通过加强核电技术的自主创新，减少对国外技术和设备的依赖，提高核电产业的核心竞争力。“华龙一号”示范工程的建设，带动中国核电产业链发展和大量相关技术发展，为核能装备制造与科技自主创新能力的提升提供了强大动力。因此，核电“走出去”不能单纯依赖设计，必须拥有具备自主生产能力的设备供应商。若中国拥有自主生产能力的核电设备供应商，可以带来两方面优势，一是，拥有自主生产能力的设备供应商可以提供具有竞争力的产品和解决方案，从而在国际市场上更好地参与竞争，这意味着能够降低成本、提高质量和缩短交货时间，满足国际客户的需求；二是，拥有自主生产能力的设备供应商可以减少对进口设备的依赖，降低运营风险，提高核电项目的可靠性和稳定性。因为依赖进口设备可能会面临供应链中断、价格波动和政治风险等问题，会遏制中国核能全面发展。中国拥有自主生产能力的设备供应商，这样便能实现质量与经济两手抓，同时为我国核设备制造业提供了发展良机，实现核电大国向核电强国的转变。

### 4.3.2 提升铀资源安全供应保障能力

核能快速发展给核燃料产业带来了前所未有的机遇和挑战，核燃料是核能发展必不可少的基础材料，可以说是核能发展的“粮仓”，其稳定、安全、可靠、高品质的供给，将会对核电上下游产业链起到至关重要的作用。中国作为贫铀国，从产业链安全的角度来看，需做好两件事。一是要重视核燃料供给与需求的均衡。从核能长远发展的角度看，中国核电规模不断增加，国家就必须掌握天然铀的供应保障的主动权，或者为了掌控国际市场和价格，国内天然铀产能必须保持相当的比例。二是要继续积极推进独立自主工作，确保自力更生。加大对国内核燃料能力建设和核燃料元件研发方面投入力度来确保核能发展需要，同时，还要将铀资源牢牢地掌握在自己手里。只有这样，若在未来遭遇别国极端打压时，中国仍能维持稳定的核燃料供给，做到“手中有粮，心中不慌”。但这并不代表中国要排斥和其他国家进行铀资源合作，相反，中国还要重点推进“一带一路”铀资源合作战略的实施，与“一带一路”国家开展优势互补、互利互赢的合作，通过合作推动铀资源的可持续开发和利用，促进国家间的合作和交流，增进友好关系。

提升中国铀资源安全供应保障能力可以从多方面入手。一是核能企业应该通过加强铀燃料的研发和利用技术的改进，提高铀资源的利用效率。例如，开发高效的燃料棒设计和改良燃料元件，优化燃料循环和处理流程等。二是核能企业应该加强国际合作，拓展铀资源供应渠道，降低铀资源的依赖性。同时，核能企业应该积极参与国内铀资源勘探和开采，发掘新的铀资源。三是推动核能与其他能源形式的协同发展，实现资源互补和优化配置。例如，通过与风电、太阳能等可再生能源相结合，实现电力系统的稳定性和可靠性。四是建立核燃料储备体系。建立核燃料储备体系可以有效应对铀资源的短缺和市场价格波动，提高国家的能源安全水平。

此外，还要促进中国核燃料循环产业实现高质量发展。发展核燃料循环产业是中国核能行业的重要战略选择，对实现能源可持续发展和保障国家能源安全具有重要意义。首先，中国应制定科学的产业发展规划，明确发展目标和重点任务，推动核燃料循环产业实现从规模扩大到质量提升的转型升级。其次，中国要完善核燃料回收利用产业链，包括核燃料制造、核燃料使用、核燃料后处理、核废物处置等环节，形成完整的核燃料循环产业链。最后，中国还要推动核燃料市场化发展，建立健全的核燃料市场体系。推动核燃料市场化发展，可以增强核燃料市场供求的灵活性和竞争性，还可以提高核燃料市场的透明度和规范性。另外，加强核安全管理和技术创新，可以促进核能资源的可持续利用和核废物的减量化以及中国核燃料循环产业的高质量发展，用以提高中国核能行业发展的可持续性和保障国家能源安全。

### 4.3.3　完善核能产业链

核能产业是一个庞大的系统工程，产业链涉及设计、设备制造、施工建设和运行管理多个环节，包括上游的核材料、核燃料、核仪器仪表以及核技术应用产业，中游的核电设备制造、核动力装置制造，以及下游的核反应堆以及核电站运行多个环节。中国核能产业链建设起步较晚，但取得了积极进展，目前已基本形成了较为完整的核电产业链。

目前在全球范围内只有美国、中国、俄罗斯、韩国、法国、日本六个国家具备出口第三代轻水堆核电技术和核能全产业链的实力，因此中国核电“走出去”面临其余五国的激烈竞争。且现阶段中国核能产业链不仅面临着产业链条不完整的重大问题，还存在其他薄弱环节亟须改进的情况。如，中国核燃料循环和乏燃料后处理等关键技术与国际先进水平相比差距较大。随着“一带一路”倡议的不断推进，中国的“华龙一号”技术出口已经成为推动国内核能全产业链发展以及提升海外对中国核能关注度的重要因素。在全球核能竞争日益激烈的背景下，中国核能全产业链发展水平和服务的提高，直接影响到中国核能出口的竞争力，进而影响到中国核电产业向“一带一路”方向发展。

俄罗斯拥有世界上最完整的核能产业链，该优势为俄罗斯吸引了大量核电订单，中国想要在今后超越俄罗斯，需从以下方面入手：一是中国应继续坚持核能技术创新发展，加强顶层设计，加快制定核能产业链发展战略规划；在关键技术和高端装备方面，继续坚持自主研发与引进吸收相结合的方针，通过“走出去”与“引进来”相结合，进一步提高我国核能产业链的竞争力。二是加强核电质量标准建设，提高核电产品出口水平，进一步完善核能全产业链出口质量标准体系，加快我国核能行业标准与国际最新质量标准接轨。三是加快核电装备制造，提高生产质量和扩大规模。核能装备制造是中国核能技术走向世界的关键，“一带一路”沿线的大部分国家都存在着工业基础薄弱的问题，所以，中国核电装备制造可以在“一带一路”地区快速建立起规模优势，从而提高整个产业链出口水平，达到既保证质量又提高经济效益的双重目的。四是培育人才队伍。加强核能产业的人才培养和引进，培育一支高素质的技术人才队伍，为核能产业的可持续发展提供人才保障。

完善核能产业链是提高核能竞争力的重要手段，也是实现核能产业可持续发展的必要途径。一方面，它可以实现核能产业的全过程管理，从核燃料生产到核废物处理和回收的全链条管理，降低核能产业对环境的影响，推动核能产业可持续发展。另一方面，它可以实现从技术创新到产品质量的全方位提升目标，进而提高中国核能产业在国际市场中的竞争力。

### 4.3.4 建立政府与企业协同机制

因“一带一路”区域地缘政治风险复杂多样的特点，中国开展国际核能合作势必会面临严峻挑战。而协同机制的引入可以提高中国对地缘政治风险的防范和处置能力，增强中国国际核能合作的稳定性。因此，为推进核能国际合作，中国需要根据国情，建立企业主导与政府推动的协同机制。要建立企业主导与政府推动的协同机制，重点是要加强政府部门的协调、引导、推动和支持作用，有效发挥核能企业的主体作用。

#### （一）加强企业海外投资监管

企业间的竞争要因时、因地而异。在核能国际市场上，需要政府正确引导，使各企业产品联合，立场一致，化解争端。目前中国核电出口已形成三大核电业主基本格局，国家电力投资集团（以下简称“国电投”）在引进、吸收 AP1000 技术的基础上，通过自主创新研发出“国和一号”（CAP1400）。中国广东核电集团（以下简称“中广核”）和中国核工业集团公司（以下简称“中核集团”）分别对现有的第二代核电技术进行改进，在充分吸收国际第三代核电先进技术基础上，自主开发出了第三代核电技术——“华龙一号”；这三大核电集团都具备不同程度的出口能力。此外，中国还有众多大型核电设备制造企业。

为避免三大核电集团在向国际市场进军的过程中，各自的核电技术路线发生内耗，以及核电设备企业间盲目竞争，形成压低利润、以价取胜的恶性循环，中国需要建立一种以政府主导的有效机制，以便统筹安排，避免同室操戈。与此同时，中国政府应一方面加强企业海外投资监管，防止中国企业之间恶性竞争，另一方面做好顶层设计，引导企业协同参与国际竞争。为充分发挥政府角色职能和管理效能，中国政府可以成立一个类似国家核电出口协调委员会这样的协调机构。此外，为了避免国内企业内部竞争而导致的资源浪费，国家必须出台一套针对出口方面的有效机制来统筹协调，同时，相关部门也应制定并实施企业对外投资监管政策，加强各企业内部协调，营造一个公平有序的行业竞争环境。最后，中国相关部门可以在创新和知识产权方面形成国内合力，增强企业间的联合力度，以化解竞争矛盾。

### （二）统筹规划和协调法律法规

在海外核能市场中，政治、法律、文化等因素都会对企业投资和运营产生影响。因此，完善相关法律法规是保护海外核能投资企业自身利益的重要举措。我国要完善相关法律法规，一是要建立海外核电投资监管机制，规范企业海外核电投资的行为和要求，强化对企业的监督和管理，确保企业合法合规经营。二是要建立海外核电投资监管机制，规范企业海外核电投资的行为和要求，强化对企业的监督和管理，确保企业合法合规经营。三是要制定并完善相关配套政策，如投融资支持政策，大力推动核电“走出去”，建立一个以核电出口为主，整个核能产业协同互补的“走出去”合作机制，致力于在国际市场上取得更大的成果，为世界各国提供可靠、高效和安全的中国核能发展方案。四是要建立协调机制，以促进项目进展，加深对核能合同和政府间协议等相关条款的了解，包括项目保障监督的共同理解。五是要建立国际核能项目合作机制，共同承担核能项目的风险和责任。各国可以通过建立合作机制，共同投资、建设和运营核能项目，共享成果和风险。这种合作机制可以有效提高核能项目的安全性和效率，同时也可以加强各国之间的合作和信任。

在企业层面上，许多国家在项目建设过程中会要求进行技术转让，并寻求在核电厂建成后的运行服务和技术培训，其中可能涉及设计层面和技术层面。因此，首先企业需要提前了解目标国的要求。其次，要熟悉掌握所在国的法律法规，特别是与核安全、环境、劳工等方面相关的法律规定。在出口之前要对当地法律法规有足够的了解，否则一旦工程标准与本土标准存在不符，要取得合作的成功将困难重重。最后，随着中国成为国际上愈发重要的核电供应方，企业应当恪守国际规范，同时还应考虑配比其他清洁能源一起进行能源供应，为全球减排作出更大的贡献。

### （三）加强政府部门的支持作用

政府在核能国际合作中发挥着至关重要的作用，通过政策、技术、资金和外交多种支持方式，推动核能产业的发展和核能国际合作的开展。核合作不是仅限于一个领域的合作，而是全方位的合作，包括人才培训、共同研发、建设等，这是一个需要长期互动的过程，从而需要确保两国政府在一段时间内的稳定关系。因此，在核能合作中，企业是核能国际合作中的主体，负责具体的项目实施和运营，积极引入先进技术和管理经验，提高核能项目的效率。政府扮演着支持者的角色，需加强与“一带一路”国家的双边政治外交及政策协调，进一步增强政治互信，为企业构建开放稳定便利的营商环境。

此外，政府还应与企业密切合作，提供必要的支持和协助。首先，政府通过制定相关的政策法规，为核能国际合作提供法律保障和政策支持。例如，制定相关的税收政策、补贴政策、出口信贷政策等，鼓励企业积极参与核能国际合作。其次，政府通过建立技术研发中心、技术交流平台等，为企业提供技术咨询、技术培训、技术标准等方面的支持，从而推动核能技术的创新和进步。政府还可以通过投资基金、贷款、出口信贷等方式，为企业提供资金支持。最后，政府还应该加强对核能企业的政策引导和管理，鼓励企业进行更加有益的合作和创新，以推动中国核能产业的快速发展。

总之，建立政府与核能企业协调机制是非常重要的，这可以确保每个参与方都清楚了解双方的职责和目标，以便更好地实现核能合作目标。在进行核能国际合作中，政府负责制定和执行核能相关的法律法规和标准，确保核能企业遵守规定，达到安全管理要求；为核能企业提供政策指导和支持，监督和评估核能企业的运营情况，确保其符合法规和标准，并及时发现和解决问题；与核能企业进行定期交流和沟通，共享信息并解决相关问题。而核能企业则负责确保核能设施的安全、可靠和高效运营，并遵守政府制定的法规和标准；开展相关技术研究和开发，提高核能设施的安全性和效率；协调与政府部门的合作，及时报告和解决问题，并接受相关部门的监督和评估；积极参与制定和修订相关法规和标准，为核能发展提供积极建议和意见。另外，双方的共识应在多方参与和充分沟通的基础上达成，因在现实中，中国政府和企业会面临与不同的合作地区、政策法规和企业相协调的情况，这要求中国政府和企业制定不同的协调机制。

### 4.3.5　持续深化核能合作

国际核能合作不仅能够满足中国企业的发展需求，还有利于推动全球核能产业的发展。通过技术和经验的输出和输入，中国企业可以与国际核电巨头合作，提升自身技术和管理水平，同时也能够帮助中国形成更加完整的核能产业链体系。此外，参与国际核能合作还可以促进国内企业的转型升级和优化结构。但参与国际市场竞争，企业将面临更加严峻的挑战和竞争，需不断提升自身的技术和管理水平，以及加强与国际市场的合作与交流，这将有助于优化企业的管理结构和产业布局，促进中国核能产业的升级和发展。

在全球核能产业方面。第一，国际核能合作对于推动全球核能技术的发展与应用具有重要意义，同时，有助于增强核能的安全性，减轻环境污染以及缓解气候变化等全球性问题，进而促进全球的可持续发展。第二，核能技术十分复杂，需要大量的科研人才和技术支持。核电站建设和运营的每个环节都需要精密的技术支持，包括核燃料制备、辐射防护、事故应对等方面。这需要国家拥有雄厚的科技实力和专业人才队伍。第三，国际合作可以促进资源和知识共享，提高核能技术的研发和使用效率。各国之间的相互学习和借鉴，可以提高自身核能技术的水平。多国之间共享彼此的资源和知识，有助于促进科研人才交流，进一步推动核能技术发展。而且，多个国家进行知识共享，还可以降低成本，避免不必要的重复投资，从而提高效益。第四，核能国际合作可以促进共同的核安全标准的形成，这可以提高核电站的安全性，降低核事故的风险。同时，核能国际合作还可以促进全球核能的和平利用，降低核武器扩散的风险，维护世界和平与安全。

推动核能国际合作可以从以下几个方面入手。一是积极发展与各国际组织的合作关系，如 IAEA 和 OECD，借助相关组织为中国提供更多的合作机会和资源。二是建立国际核能合作框架，促进各国之间的合作。在核能国际合作框架下，各国可以共同制定标准和规范，加强技术交流和人员培训，推动核能技术的创新和应用，共同应对核能安全、环保等问题。三是积极开展国际核能交流与合作，加强人员交流和学术合作。各国可以通过组织会议、研讨会和实地考察等形式，加强人员交流和学术合作，推动核能技术的创新和发展。这种交流和合作可以加深各国之间的相互了解和信任，为国际核能合作打下良好基础。通过国际核能技术、项目、人才等合作，中国可以更加全面地参与核领域的国际治理，提高中国核工业的国际影响力。

### 4.3.6 筑牢核安全屏障

核安全特指通过必要和充分的监控、保护以及各种事故预防和缓解措施，对核设施、核材料、核活动和放射性物质进行管理，防止由于任何人为、技术、自然灾害等原因造成事故，并减轻核事故带来的严重后果，并最大限度地减少电离辐射对环境和人员的危害。核反应堆内的核燃料在核裂变过程中会产生大量放射性物质，虽然各国对核反应堆内的设计和运行都采取了严格的安全措施，但在事故或故障情况下，可能会导致放射性物质的释放，造成严重的污染和辐射风险。核安全问题一直贯穿着核能利用的始终，安全是核工业的生命线。核能发展过程中曾发生两起特大核事故——1986年苏联切尔诺贝利核事故以及 2011 年日本福岛核事故。在日本福岛核事故之后，国际社会对核能的危险性更为敏感，一些国家政府在事故发生后也紧急叫停了新的核电项目，德国、日本等国甚至计划削减或关闭核电产业。

重视核安全建设和管理是非常必要的，一旦发生核事故，将给民众带来巨大的恐慌，并使民众对核能发展产生怀疑，迫使国家核能政策发生改变；事故达到一定严重程度时，还会引起国际社会对该国核能的重新审视，给本国核能合作带来极大的负面影响。因此，国家要采取全面且有效的措施来保证核能的安全，避免核事故的发生，并最小化任何损害发生的可能性。以下是一些建立核安全屏障的措施。第一，制定和执行与核安全相关的法规和标准，确保核能安全符合国际标准。第二，建立和加强核安全机构和体系，确保核安全工作的科学性、规范性和有效性。第三，加强核设施的设计和建设阶段的安全审查，确保核设施建设符合安全标准，并尽可能地减少潜在的安全隐患。第四，加强核设施的运行和维护管理，确保设施的安全性、稳定性和可靠性。第五，由于核事故的发生事关全球安全和环境保护，各国应加强合作来共同应对核安全挑战。核安全建设和管理需要各国共同努力，国际合作是确保全球核安全的关键。各国分享的最佳实践和经验，可以促进国家之间相互借鉴和交流，共同推动全球核安全标准的提高。国家只有通过对各方面的综合努力和严格要求，才能最大程度地确保核能的安全利用。

## 4.4 本章小结

本章首先对中国核能合作历程进行了回顾，之后梳理了美国、法国、俄罗斯和加拿大四个老牌核电强国以及日本与韩国两个核能新兴国家目前核电发展情况，并介绍了其国际核能合作的比较优势，最后通过总结与分析，为中国核能国际合作提供借鉴和启示，从而有助于提升中国核能在国际核能市场上的地位。

目前国际核能市场上，中国和日本正努力推动核能产业发展，发挥自身技术优势，积极参与国际核能合作；俄罗斯、韩国核电产业蓬勃发展，已在多个国家取得核能合作订单；美国、法国和加拿大核电建设出口订单减少，逐渐失去其技术先发优势。从核技术发展角度，日本和韩国两个新兴核电国家与中国类似。首先，从更发达的国家引进先进核技术，快速吸收消化并实现国产化；其次，找到新技术的应用场景，将国产化的新技术大规模运用，产生效益，自我造血；最后，在运用过程中不断积累经验，形成自主研发下一代技术的能力，并开始出口。但到目前为止，中国与老牌核电国家核技术仍然存在差距，需要大力推进先进核能技术研发，以及完善核能产业链，从而实现技术赶超，加快向核电强国转变。面对日益激烈的核能国际市场，中国首先需要做好能源保障，预防铀资源瓶颈以及坚持核安全观，筑牢核安全屏障；其次，建立政府与企业协同机制，“一齐出海”增强核能竞争力；最后，持续深化核能国际合作，鼓励国际合作、助力核电“走出去”。

# 第 5 章 “一带一路”框架下核能国际合作机理分析

“‘一花独放不是春，百花齐放春满园。’人类社会要持续进步，各国就应该坚持要开放不要封闭，要合作不要对抗，要共赢不要独占。”共建“一带一路”，秉持开放、包容、均衡的区域合作精神，为中国核能国际合作提供了一个良好的契机。在国际局势复杂多变、新冠病毒疫情叠加、能源转型与能源安全跌宕交织的百年未有之大变局下，中国积极响应联合国推动清洁能源发展和电力互联互通的绿色发展理念，推动可再生能源国际合作，将核能国际合作作为其重要组成部分。2021 年，中巴核电项目——巴基斯坦卡拉奇核电 2 号机组（K2）成功验收，标志着中国自主第三代核电技术“华龙一号”开始走出国门。然而，中国作为核电出口的“后起之秀”，中国核能企业与外方政府进行核能合作谈判尚缺实战经验，中国核能企业要走向国际还面临着许多的风险与挑战。如何降低中国与共建“一带一路”国家进行核能国际合作的投资风险，排除合作障碍，成为当前进一步推动“一带一路”核能国际合作的关键问题，也是本章进行客观分析，提出相应政策建议的重要突破口。

本章首先通过理论分析“一带一路”国际核能合作中的机理问题，然后通过构建中方核能企业与外方政府在不完全信息下的静态合作博弈模型来阐述中国与东道国国际核能合作的路径及风险大小，进而分析影响“一带一路”国际核能合作的因素，从而有针对性地提出对策和建议。

# 5.1 “一带一路”国际核能合作机理——理论分析

机理是指事物或现象发生的原因和过程，包括其中的因果关系和内在机制。在研究中，机理分析是指对一个系统、现象或事件进行深入剖析，揭示其内部的运行原理和相互作用规律。机理分析旨在理解和解释为什么事物会发生，以及其背后的根本原因和运行机制。机理分析的目标是理解各个组成部分之间的相互作用、反馈机制以及引起特定现象或效应的因素。通过机理分析，可以深入了解事物的内在运行机制，揭示其关键因素和作用路径，从而为问题的解决和决策提供理论依据和指导。

自 2013 年中国提出“一带一路”倡议以来，这一全球性的发展战略已经成为世界各国关注的焦点。其旨在促进共建国家之间的经济合作、基础设施建设、贸易便利化和人文交流，为参与国带来了广阔的合作机遇。在“一带一路”倡议中，能源合作被视为推动经济增长和可持续发展的关键领域之一。核能作为清洁、高效、可持续的能源形式，具有巨大的发展潜力和广泛的应用前景。在全球能源转型的背景下，核能合作成为各个国家实现能源供应安全、减少碳排放和推动可持续发展的重要方式。中国作为核能技术和设备都领先的国家，更加积极推动与“一带一路”共建国家的核能合作，以期共同推动核能的发展和应用。

本节的研究目的在于深入分析“一带一路”国际核能合作的机理，揭示其背后的动因和内在关联，以便更好地指导实际合作中的决策和策略制定。首先，通过对“一带一路”核能国际合作的机理分析，可以帮助理解核能合作的动态和发展趋势。通过深入探讨不同因素在核能合作中的作用和影响，有助于预测未来合作的发展方向，可以提前规划和布局。其次，机理分析可以为合作各方提供更全面的认识和理解，促进双方的沟通与合作，了解各方的需求、利益和优势，有助于搭建合作平台和建立合作机制，实现互利共赢。此外，机理分析也能够为政策制定和规划提供科学依据。因此，通过深入分析合作机制和运行规律，可以为制定合作政策、法规和标准提供参考，为合作的顺利进行提供保障。最后，机理分析对于解决合作中的问题和挑战具有指导意义。了解机理和因果关系，可以国家帮助识别潜在的风险和障碍，提前采取相应的措施和策略。

具体而言，本节通过理论分析来说明“一带一路”核能国际合作中的机理问题，主要从能源安全、经济发展、科技创新、政治合作、环境保护等角度进行分析，以深入理解“一带一路”国际核能合作的运作方式和效应。

### 5.1.1 经济发展角度

经济因素在“一带一路”核能国际合作中起着重要的推动作用。下面从促进区域经济发展、提供能源资源支持和推动产业升级与合作三个方面展开分析。

“一带一路”共建国家众多，其中很多国家属于发展中国家或新兴经济体，核能合作可以为这些国家提供发展能源、建设基础设施和促进经济增长的重要机会。通过共同开展核能项目，可以带动其相关产业链的发展，促进当地经济的增长和就业机会的增加。同时，核能合作还可以促进贸易和投资的活动，加强“一带一路”共建国家之间的经济联系。核能技术和设备的进口和出口，以及相关服务的提供，将推动“一带一路”共建国家的经济互利合作，促进资源的优化配置和价值链的协同发展。

“一带一路”共建国家在能源资源方面具有丰富的优势，包括石油、天然气和铀。通过核能合作，可以实现能源资源的有效开发和利用，满足各国的能源需求。同时，“一带一路”共建国家可以通过核能合作获得稳定可靠的能源供应，降低能源进口的依赖程度，提升能源安全水平。

核能合作不仅包含能源领域的合作，还涉及相关产业链的发展。通过引进核能技术和设备，可以推动当地产业的升级和转型。例如，核电站建设需要大量的工程和制造业参与，这将带动相关产业的发展，提升当地的产业水平和产业竞争力。此外，核能合作还可以促进“一带一路”共建国家之间的产业合作和技术交流。不同国家在核能领域具有不同的技术和经验，通过核能合作可以实现技术共享和技术创新，提高整体技术水平，推动核能产业的合作与发展。

综上所述，经济因素在“一带一路”核能国际合作中起着重要的推动作用。通过核能合作可以促进“一带一路”共建国家的区域经济发展，同时，核能合作也为“一带一路”共建国家提供能源资源支持，可以推动“一带一路”共建国家的产业升级与转型，基于此原因，促使了“一带一路”共建国家积极参与核能国际合作。

### 5.1.2 能源安全角度

能源安全是“一带一路”共建国家是否进行核能国际合作的重要考虑因素。下面从多元化能源供应、风险分散与共同应对以及提升能源安全保障能力三个方面进行分析。

“一带一路”共建国家的能源需求量巨大，但能源资源的供应存在着一定的风险和不确定性。通过核能国际合作，各国可以实现能源供应的多元化，降低对单一能源的依赖，提高能源供应的稳定性和可靠性，核能作为一种清洁、高效的能源形式，具有较高的能源密度和持续性，通过发展核能产业，“一带一路”共建国家可以在能源供应中引入核能的优势，实现能源结构的多样化和平衡，减少对传统能源的依赖。

能源安全面临着多种风险，如供应中断、价格波动、地缘政治冲突。“一带一路”核能国际合作通过分散风险和共同应对，提高了能源安全的保障能力。通过建设多个核能项目和引入多个合作伙伴，能源供应的风险可以得到分散和缓解。即使出现某一项目或国家的问题，其他合作伙伴仍能提供稳定的能源供应，降低单一能源来源所带来的风险。此外，“一带一路”共建国家可以通过共同应对能源安全挑战，加强合作与协调。通过信息共享、技术交流、风险评估等合作机制，各国能够共同应对能源安全问题，提升整体的应对能力和抗风险能力。

“一带一路”共建国家的核能国际合作有助于提升“一带一路”共建国家的能源安全保障能力。核能合作可以促进技术交流和创新，提升“一带一路”共建国家在核能领域的自主研发和制造能力。通过引进先进的核能技术和设备，“一带一路”共建国家能够提高核能产业的整体水平，减少对进口核能技术和设备的依赖。此外，核能合作还可以促进人才培养和交流。通过开展合作项目、培训计划和学术交流，“一带一路”共建国家可以培养和吸引更多的核能专业人才，提升人力资源的能力和素质。这将有助于加强“一带一路”共建国家在核能领域的自主研发和管理能力，从而提高能源安全的保障能力。此外，“一带一路”共建国家的核能国际合作还可以推动相关基础设施建设和能源交通网络的发展，提升能源供应和输送的效率和可靠性。为更好地进行核能国际合作，“一带一路”共建国家通过建设和改善核能设施、核电站和能源交通通道，可以提升其能源的输送能力和能源供应的可靠性，进而加强能源安全的保障能力。

综上所述，能源安全是“一带一路”共建国家进行核能国际合作的重要考虑因素。通过多元化能源供应、风险分散与共同应对以及提升能源安全保障能力，可以有效应对能源安全挑战，实现国家的可持续发展和经济繁荣。

### 5.1.3 科技创新角度

“一带一路”共建国家的核能国际合作为参与国家提供了共同研发和技术转移的机会。通过合作研究项目和进行技术交流，各国可以共同探索核能领域的前沿科学问题，并促进技术创新和知识共享。国家间的合作研发可以促进核能技术的协同发展，提高核能技术的水平和竞争力。同时，技术转移可以加速技术传播和吸收，使参与国家能够快速掌握和应用先进的核能技术，提升自身的技术能力和竞争优势。

“一带一路”共建国家进行核能国际合作也为参与国家提供了人才培养和合作交流的机会。通过合作项目和交流计划，各国可以共同培养核能领域的专业人才，提升人力资源的能力和素质。合作交流可以促进各国之间的人员互访和经验分享，加强学术交流和合作研究。这将有助于各国共同提高核能领域的科学研究水平和技术实力，推动核能技术的创新和进步。

“一带一路”共建国家进行核能国际合作对于推动核能技术的进步具有重要意义。国家间的合作项目和合作研究可以促进核能技术的创新和发展，推动国家核能新技术的应用和商业化进程。“一带一路”共建国家通过合作共享资源、共同攻克技术难题，可以加速各国的核能技术的进步，突破各国的核能技术瓶颈，提高核能利用的有效性、安全性和可持续性。同时，核能合作还可以促进不同国家在核能技术领域的合作与竞争，激发各国技术创新的活力，推动核能技术在全球的发展。

科技创新是“一带一路”共建国家进行核能国际合作的重要推动力。通过共同研发与技术转移、人才培养与合作交流及促进核能技术进步，可以推动核能领域的科学发展和技术创新，促进核能技术的应用和推广，为参与国家实现可持续发展和经济繁荣提供技术支持。

### 5.1.4 环境保护角度

“一带一路”共建国家通过进行核能国际合作，可以推动低碳与清洁能源的转型。核能作为清洁能源的重要组成部分，在减少碳排放和应对气候变化方面具有重要作用。通过合作发展核能技术和建设核能项目，参与国可以逐步减少对传统化石燃料的依赖，实现能源结构的转型和碳排放的降低。低碳与清洁能源转型有助于改善空气质量、减少环境污染，并为可持续发展提供可靠的能源供应。

“一带一路”共建国家的核能国际合作也强调节能减排和环境友好两个要求。通过引入先进的核能技术和设备，参与国可以提高能源利用效率，实现能源的节约和减排。核能发电相对于传统燃煤发电，具有较少的碳排放和空气污染物排放的优点，对环境影响较小。同时，核能合作的开展还要进行环境监测和管理，落实环境保护措施，可以确保核能项目在运营过程中的环境安全，减少对周边环境的负面影响。

“一带一路”共建国家的核能国际合作可以促进各国达成积极应对全球气候变化挑战的共识。随着全球气候变暖的加剧，减少温室气体排放成为国际社会的共同责任。核能作为零碳排放的能源形式，可以为参与国家提供可靠的低碳能源供应，降低温室气体的排放。通过核能国际合作推动核能技术的研发和应用，参与国家可以更加积极应对气候变化挑战，为实现全球的可持续发展目标作出贡献。

综上所述，环境保护是“一带一路”共建国家选择核能国际合作的重要目标之一。通过推进低碳与清洁能源转型、节能减排与环境友好以及共同应对气候变化挑战的目标实现，参与国可以推动环境保护和可持续发展的进程。核能作为清洁、可靠的能源形式，在实现经济可持续发展、提升能源安全和保护环境方面具有独特的优势和作用。“一带一路”共建国家的核能国际合作通过实施科技创新、资源共享和合作交流等措施，为这些目标的实现提供了机会和平台。

## 5.2 “一带一路”核能国际合作机理——模型推导

通过建立适当的数学模型，可以系统地分析和解释合作机理，并提供精确和准确的结果。模型推导可以帮助厘清各参与方之间的相互作用和关系，揭示其背后的逻辑和动态过程。此外，模型推导还可以提供预测和评估的能力，帮助国家预测合作的结果和效果，评估不同策略和政策对合作机制的影响。通过模型推导的分析，可以深入了解“一带一路”核能国际合作的本质和内在机理，为决策者提供科学依据，指导合作的实施和发展，最大程度地实现各方的利益和共赢。本章主要通过博弈模型推导，分析中国与“一带一路”共建国家开展核能合作可能存在的风险问题。

### 5.2.1 模型选择

结合第 2 章对博弈模型的对比介绍，本章主要用了其中的不完全信息静态博弈模型。

首先，不完全信息静态博弈模型能够更好地模拟实际合作中的信息不对称情况。在国际核能合作中，各国之间存在着不同的信息获取能力和信息披露程度，这导致信息不对称的问题。通过运用不完全信息静态博弈模型，中国核能企业可以更准确地描述各方在决策过程中所面临的不完全信息和不确定性的情况，从而帮助其更好地理解和分析核能合作中的风险。其次，不完全信息静态博弈模型能够考虑各方的策略选择和博弈行为。在核能合作中，各参与方的决策和行动会相互影响，彼此之间存在着一定的博弈关系。通过建立不完全信息静态博弈模型，中国核能企业可以分析各方之间的策略选择、博弈行为及相互之间的影响关系。这有助于中国核能企业决策者识别出潜在的合作风险和利益冲突，并为其提供制定有效策略和应对措施的参考依据。最后，不完全信息静态博弈模型可以进行均衡分析，帮助中国核能企业揭示要与之合作的对象的稳定状态，并预知可能得到的合作结果。通过分析模型中的均衡点，中国核能企业可以了解各方之间的合作机制和合作结果，这有助于其识别潜在的风险和不利因素，有利于其积极探索合作的潜在机会和优势。同时，通过模型分析，中国核能企业可以对不同策略和政策进行评估，以寻求最佳的合作方案和风险管理策略。

相对于其他博弈模型，不完全信息静态博弈模型具有以下优势。

第一，相比于完全信息静态博弈模型，不完全信息静态博弈模型能更好地模拟实际合作中的信息不对称情况。在核能合作中，各国之间存在着信息获取能力和信息披露程度的差异，信息不对称是不可忽视的现实。不完全信息静态博弈模型能够更准确地刻画各方在决策过程中所面临的不完全信息和不确定性，更符合实际情况。

第二，相比于动态博弈模型，不完全信息静态博弈模型分析过程更加简化且具备更高的可操作性。动态博弈模型需要考虑时间序列上的决策和行动，具有更高的复杂性和计算成本。而不完全信息静态博弈模型则将分析重点放在静态的决策矩阵上，更便于对核能合作中的关键决策进行评估和分析。

第三，相对于其他博弈模型，不完全信息静态博弈模型能够较好地反映参与方之间的策略选择和博弈行为。它能够帮助中国核能企业识别合作中的潜在风险和利益冲突，并为中国核能企业决策者提供决策依据和战略规划。

总之，选择不完全信息静态博弈模型进行中国与“一带一路”共建国家的核能合作风险分析，具有明显的优势。它能更好地模拟信息不对称情况，具备较高的操作性和简化性，能够分析参与方的策略选择和博弈行为。

### 5.2.2 假设提出

在国际核能合作开发过程中，博弈双方静态博弈过程如下：双方同时采取行动，在博弈结果不确定的情况下，假定参与方为基于自身期望最大化地选择利己行为的理性“经济人”，由此得到贝叶斯纳什均衡。为便于分析，给出如下假设。

假设 1：中方核能企业与国际核能合作项目所在国的政府之间是彼此独立的，且不存在合谋的灰色行为。

假设 2：中方核能企业在投标国际核能合作项目的过程中，其公关意识、识别能力和沟通程度对项目的顺利建设起着至关重要的作用。用 $e=(e_H,e_L)$ 表示是否发生风险行为，假设目前国际核能合作可能存在的合作风险包括经济风险、政治风险、法律风险和社会风险。

假设 3：参与博弈的中方核能企业和外方政府都是寻求自身利益最大化的理性“经

济人”。

假设 4：若外方政府在开展国际核能合作项目过程中毁约，中方核能企业面临风险损失 $L$，政府需支付罚金 $F$。

假设 5：中方核能企业在国际核能合作过程中，不存在毁约行为和不守信行为，合约一旦签订即所签条约满足中方核能企业的意愿。

假设 6：中方核能企业与项目所在国政府签订合同考虑需要外方政府是否进行监管，如果进行监管，则需要花费费用为 $C_f$；不进行监管则不需要花费任何费用。外方政府对核能合作企业进行监管也存在成果和失效的可能。若监管成功，外放政府获得额外收益 $R_f$ 和成本 $C_f$，且 $R_f > C_f$；若监管不成功，无额外收益，但仍需支付履约成本 $C_f$。

假设 7：中方核能企业和外方政府均为风险中性，项目的外部效益用政府部门的收益来表示。假设外部收益 $B_{eH}=0$，当外部收益为 0 时，合作风险行为所导致政府损失大于额外收益。

### 5.2.3 风险博弈行为分析

当中方核能企业同外方政府进行国际核能合作项目时，东道国政府有可能中途违约，失信于中方核能企业，从而出现合作风险的行为。因此，中国核能企业对合作风险的识别能力、公关意识、沟通程度都会在一定程度上影响到合作风险的发生。中方核能企业策略为 $e=\{e|e_H,e_L\}$，$e_H$ 表示中方核能企业公关能力强，不发生合作风险，公关成本 $C_H$。$e_L$ 表示中方核能企业公关能力弱，会发生合作风险，公关成本 $C_L$，假设 $C_L=0$。

建设期项目带来的社会总效益 $B$ 包括中方核能企业潜在收益 $B_C$ 和外部经济收益 $B_0$，建设期总效益=中方核能企业效益+项目外部经济效益，即 $B=B_C+B_0$。$B_C$ 来源于政府或社会对项目服务或产品的购买。$B_0$ 项目为社会公众带来的效用 $(B_e)$ 与政府防范项目公司道德风险成本之差。受中方公关影响 $e\in(e_H,e_L)$。若不发生风险 $e=e_H$ 时：发生的概率为 $P_{Eh}$；若发生风险 $e=e_L$ 时：发生的概率为 $1-P_{Eh}$，外部经济效益受损为 $l_C$。因此建设期的国际核能合作项目的效益为 $B_{eL}=B_{eH}-l$。

若国际核能合作发生风险，还需考虑外方政府是否守信和是否对项目建设进行了监管。若国际核能合作发生了风险，外方政府同时进行了政府监管，但仍然会发生不可避免的损失 $l_0$，建设期内的社会总效益 $B_{eL}=B_{eH}-l_0$，外方政府的履约成本为 $C$；若国际核能合作发生了风险，但外方政府未对合作项目进行监管（即毁约），则不能获得

额外的收益 $R_f$，并处以罚金 $F$，罚金 $F$ 归中方核能企业所有。

中方核能企业的策略选择有：（1）中方核能企业拥有很强的公关意识和识别能力且积极与外方政府沟通，由此可避免国际核能合作风险；（2）中方核能企业公关能力较弱，与外方政府沟通不畅，无法避免国际核能合作风险。外方政府的策略选择有：（1）外方政府对国际核能合作的行为进行监管，且监管成功；（2）外方政府对国际核能合作的行为进行监管，但监管失败；（3）外方政府对国际核能合作的行为不进行监管。中方核能企业和外方政府的博弈策略如表 5-1 所示。

**表 5-1　项目所在地政府与中方核能企业的博弈模型**

| 外方政府<br>中方企业<br>中方企业 | 低公关遇风险 ($P_e$) | | 高公关无风险<br>$(1-P_e)$ |
|---|---|---|---|
| 监管 ($P_G$) | 成功 ($\theta$) | $(R_f-C_f,-l_0)$ | $(R_f-C_f,-C_H)$ |
| | 不成功 $(1-\theta)$ | $(-C_f-F,-l_1+F)$ | $(-C_f,-C_H)$ |
| 不监管 $(1-P_G)$ | | $(-F,-l_1+F)$ | $(-F,F-C_H)$ |

（1）当国际核能合作发生合作风险，外方政府对合作项目进行了监管并成功。此时，中方核能企业的收益为 $-l_0$，外方政府的收益为 $R_f-C_f$，项目总收益为 $R_f-C_f-l_0$。

（2）当国际核能合作发生合作风险，外方政府对合作项目进行了监管但并未成功。外方政府有监管的成本和罚金，罚金归中方所有。此时，中方核能企业的收益为 $-l_1+F$，外方政府的收益为 $-C_f-F$，项目总收益为 $-C_f-l_1$。

（3）当国际核能合作发生合作风险，外方政府对合作项目未进行监管。外方不监管则无监管成本，但由于发生了风险，需要支付罚金。此时，中方核能企业的收益为 $-l_1+F$，外方政府的收益为 $-F$，项目总收益为 $-l_1$。

（4）当国际核能合作未发生合作风险，外方政府对合作项目进行了监管并成功。外方需要支付监管成本但会获得额外收益，中方核能企业的收益为 $-C_H$，外方政府的收益为 $R_f-C_f$，项目总收益为 $R_f-C_f-C_H$。

（5）当国际核能合作未发生合作风险，外方政府对合作项目进行了监管但并未成功。外方政府需要支付监管成本。中方核能企业的收益为 $-C_G$，外方政府的收益为 $-C_f$，项目总收益为 $-C_f-C_H$。

（6）当国际核能合作未发生合作风险，外方政府对合作项目未进行监管。外方政府的罚金需要赔付给中方核能企业。中方核能企业的收益为 $F-C_H$，外方政府的收益为 $-C_f$，项目总收益为 $-C_H$。

## 5.2.4 模型的构建

假设国际核能合作发生风险，即中方核能企业公关能力较弱的概率为 $P_e$；国际核能合作未发生风险，即中方核能企业公关能力强的概率为 $(1-P_e)$。外方政府对国际核能合作进行监管的概率为 $P_G$；不监管的概率为 $(1-P_G)$。外方政府对国际核能合作进行监管的概率为 $\theta$；失败的概率为 $(1-\theta)$。根据前提假设，已知 $l_0 > R_f > C_f$，当外方政府进行项目监管时会获得收益 $\pi_G$；不监管的收益 $\pi_{NG}$。中方核能企业低公关遇风险的收益为 $\pi_C$；高公关无风险的收益为 $\pi_{NC}$。

$$\begin{aligned}\pi_G &= P_e[\theta(R_f - C_f) + (1-\theta)(-C_f - F)] + (1-P_e)[\theta(R_f - C_f) + (1-\theta)(-C_f)] \\ &= P_e F(\theta - 1) + \theta R_f - C_f\end{aligned}$$

$$\pi_{NG} = P_e \bullet (-F) + (1-P_e)(-F) = -F$$

$$\begin{aligned}\pi_C &= P_G[\theta(-l_0) + (1-\theta)(-l + F)] + (1-P_G)(-l + F) \\ &= P_G \theta(l - l_0 - F) + (F - l)\end{aligned}$$

$$\begin{aligned}\pi_{NC} &= P_G[\theta(-C_H) + (1-\theta)(-C_H)] + (1-P_G)[F - (-C_H)] \\ &= (1-P_G)F - C_H\end{aligned}$$

外方政府期望收益：

$$E_{(G)} = P_G \bullet \pi_G + (1-P_G)\pi_{NG}$$

中方核能企业政府：

$$E_{(C)} = P_e \bullet \pi_C + (1-P_e)\pi_{NC}$$

$$\begin{aligned}E_{(G)} &= [P_G \bullet P_e F(\theta - 1) + P_G \bullet \theta \bullet R_f - P_G \bullet C_f] + (1-P_G)(-F) \\ &= P_G(\theta R_f - C_f) - P_G P_e F(1-\theta) - F(1-P_G)\end{aligned}$$

$$\begin{aligned}E_{(C)} &= P_e[P_G \bullet \theta(l - l_0 - F) + (F - 1)] + (1-P_e)[(1-P_G)F - C_H] \\ &= P_e P_G \theta(l - l_0 - F) + P_e(F - l) + (1-P_e)(1-P_G)F - C_H(1-P_e)\end{aligned}$$

## 5.2.5 博弈模型的均衡解

已知中方核能企业和外方政府的收益和期望，现分析博弈双方的最优策略。若中方企业遭受风险 $P_e$ 为已知，求 $E_{(G)}$ 对 $P_{(G)}$ 的偏导数，当 $\dfrac{\partial E(G)}{\partial P(G)} = 0$ 时，可计算出中方核能企业在进行国际核能合作时遭受风险的最优概率为 $P_e^* = \dfrac{\theta R_f - C_f + F}{F(1-\theta)}$，当 $P_e = P_e^*$ 时，外方政府可以任意选择是否对国际核能合作项目进行监管；当 $P_e > P_e^*$ 时，外方政府的最优策略是对国际核能合作进行监管；当 $P_e < P_e^*$ 时，外方政府的最优策略是对国际核能合作不进行监管。

若外方政府对国际核能合作项目监管的概率 $P_G$ 已知，求 $E_{(C)}$ 对 $P_e$ 的偏导数，当 $\dfrac{\partial E_{(C)}}{P_e} = 0$ 时，可计算出外方政府在进行国际核能合作时进行监管的最优解为 $P_G^* = \dfrac{L - C_H}{\theta(L - L_0 - F) + F} = \dfrac{L - C_H}{\theta(L - L_0) + F(1-\theta)}$。当 $P_G = P_G^*$ 时，中方核能企业面临合作风险时可随意选择是否进行公关；当 $P_G > P_G^*$ 时，中方核能企业面临合作风险会主动进行公关，从而避免合作风险；当 $P_G < P_G^*$ 时，中方核能企业认为发生合作风险的概率较小，选择不进行公关，则有可能会发生合作风险。

由国际核能合作的双方博弈均衡可知，最优概率 $P_e^*$ 和 $P_G^*$ 均与外方政府监管成功的概率 $\theta$ 有关，从均衡解（$P_e^*, P_G^*$）的表达式可知，其大小都与外方政府监管成功的概率 $\theta$ 有直接的关系，求 $P_e^*, P_G^*$ 对 $\theta$ 的导数恒小于 0 可知，$\theta \to 0$ 时，中方核能企业进行国际核能合作发生风险的可能性越小，政府进行监管的可能性越大。

由于 $P_e \in (0,1)$、$P_G \in (0,1)$ 和 $\theta \in (0,1)$，得出 $P_e^*$，$P_G^*$ 关于 $\theta$ 的取值范围如下：

$$
\begin{cases}
P_e^* = 1,\ P_G^* = \dfrac{L - C_H}{\theta(L - L_0) + F(1-\theta)} & \left(0 \leqslant \theta \leqslant \dfrac{L - C_H - F}{L - L_0 - F}\right) \\[2ex]
P_e^* = \dfrac{\theta R_f - C_f + F}{F(1-\theta)}, P_G^* = 1 & \left(\dfrac{L - C_H - F}{L - L_0 - F} \leqslant \theta \leqslant \dfrac{C_f + F}{R_f + F}\right) \\[2ex]
P_e^* = \dfrac{\theta R_f - C_f + F}{F(1-\theta)} & \text{其他}
\end{cases}
$$

### 5.2.6 博弈模型结果分析及启示

#### （一）分析

根据模型的结果可知，中方核能企业面临的风险概率和外方政府监管的概率与外方政府监管成功的概率成反比关系。当外方政府监管成功的概率越大时，中方企业面临的风险概率相对较低。这是因为外方政府的监管能力和意愿在一定程度上决定了中方核能企业所面临的风险水平。如果外方政府能够有效监管核能合作项目并降低事故风险，中方企业在合作中的风险将减少。同时，外方政府监管的意愿也受到其所面临的罚金程度的影响。中方核能企业面临的风险概率和外方政府监管的概率与外方政府所受罚金成反比关系。如果外方政府所面临的罚金较高，即对监管不力或发生事故时所承担的惩罚力度较大，外方政府更有动力加强监管，从而降低中方企业面临的风险。此外，政府监督的有效性也会对国际核能合作产生影响。有效监督意味着监管成功的概率较高，能够减少合作中发生风险的概率。如果政府能够提供高效的监督和监管措施，确保核能合作项目的安全运行，中方核能企业将更加有信心并愿意与外方政府进行合作。

### （二）启示

通过构建“一带一路”共建国家的国际核能合作的不完全信息静态博弈模型，分析可知博弈期望收益、监管成本、毁约罚金、公关成本，中方核能企业的公关能力和外方政府的监管情况对整个中外核能合作项目具有很大的影响。因此，为稳定和扩大中方与“一带一路”共建国家的国际核能合作，分别从政府和企业层面提出以下建议。

在政府层面。

第一，健全“一带一路”共建国家的核能合作体系，完善相关法律体系建设。在国际核能合作领域，制定双边或多边合作条约，完善相关法律体系建设，提高项目合作违约成本，助力整个项目的长期运行。因为国际核能合作具有周期长、投入大的特点，通过国家层面设立相关国际能源合作基金，可以保证中国核能企业的资金正常流通。

第二，重视与“一带一路”共建国家或地区的文化交流，构建信息交流平台增强文化认同感。正所谓，“海纳百川，有容乃大”。在核能合作领域，中国要不断加强两国的文化交流，尊重文化差异。同时，中国政府可以建立一个有效的文化交流平台，通过文化和科技的交流，加深国家之间相互理解，拉近彼此国家和人民之间的距离，增进人民的友谊。

第三，坚持与合作国开展在能源基础上的全方位合作，实现互利共赢。中国在与“一带一路”共建国家进行核能合作的过程中，要尽可能展开其他领域的合作。比如，积极投资合作国的基础设施建设，加强两国的商品流通和金融互通；积极实现中方企业本地化，为当地提供尽可能多的就业岗位；努力实现互利共赢，增强互信。

在企业层面。

第一，加强国际合作相关人才培养机制，提高国际合作风险的公关能力。通过以上博弈分析可以得出，中方企业的公关能力对整个合作项目的风险发生起着决定性作用。由此，建议中方企业在进行国际合作时，重视本企业人才的培养，尤其是懂国际合作公关的人才，提高企业的国际风险应对能力。

第二，关注业主国政策，增加博弈胜率。近年来，为了应对本国的能源安全，各国都为发展核能产业相继出台了不少政策措施。比如菲律宾近期为了逐步淘汰燃煤电厂，重新将核电纳入本国的能源结构。沙特、阿联酋、卡塔尔等中东富油国为满足日益增长的电力需求，将制定发展核电的计划，积极推动核电在本国的发展。在全球重启核电之际，中方企业可以凭借技术优势和平台优势，把握核能合作新机遇。

第三，做好国际核能合作风险识别、预警及事后补救工作，最大程度降低损失。结合“一带一路”共建国家的政治经济国情、地缘政治格局、宗教文化和能源机构，通过事件比对或者机器学习等方法，识别核能国际合作过程中的风险，并做好预警工作。对于更可能发生的风险，中国需要提前做好相应的保障措施，力求尽可能地减少合作风险产生的损失。

第四，“练好自身本领”，确保核运行安全。这意味着中国应加大核能人才培养和技术研发的力度。中国可以通过设立专业培训计划、引进国内外优秀人才，提高核能从业人员的专业素养和技能水平。同时，中国可以加大对核能技术研发方面的投入，建立研发团队，开展前沿技术研究，推动核能领域的技术创新。此外，中国还应注重核能安全管理和质量控制。中国应建立健全安全管理体系，制定详细的操作规程和应急预案，还要加强对核能设施和运行过程的监控和检查，积极参与国际核能合作和项目实施，提高中方企业在国际核能市场中的竞争力和影响力。

## 5.3 本章小结

本章首先通过理论分析中国与“一带一路”共建国家的国际核能合作中存在的机理问题，然后通过构建中方核能企业与外方政府在不完全信息下的静态合作博弈模型来阐述中国与东道国国际核能合作的路径及风险大小，进而分析影响“一带一路”共建国家国际核能合作的因素，从而有针对性地提出对策和建议。

具体而言，本章第一节通过理论分析来说明“一带一路”共建国家国际核能合作中存在的机理问题，主要从能源安全、经济发展、科技创新、政治合作和环境保护角度进行分析，深入理解“一带一路”共建国家国际核能合作的运作方式和效应。

为了科学验证合作中的机理问题，本章运用了博弈论的方法，构建了中方核能企业与外方政府之间的不完全信息静态博弈模型。通过博弈均衡结果的分析，发现中方核能企业的公关能力和外方政府的监管效率直接影响着国际核能合作风险的发生。当外方政府的监管效率低于某一水平时，国际核能合作项目必然会发生合作风险。而当外方政府的监管效率高于该水平时，国际核能合作项目则以一定概率发生合作风险。为了应对这些风险，建议健全“一带一路”核能合作体系，完善相关法律体系建设。同时，加强与“一带一路”共建国家或地区的文化交流，提高国际合作相关人才培养机制，以增强国际合作风险的公关能力。此外，中方应密切关注合作方政府政策，做好国际核能合作风险识别、预警及事后补救工作等方面的工作。最后，中方更应自觉致力于先进核技术研发，积极开展国际核能合作和项目实施，增加国际影响力。

# 第 6 章 “一带一路”框架下中国核能国际合作风险研究

能源合作是共建“一带一路”倡议的重要组成部分，其合作范围逐渐从传统能源合作扩展至清洁能源领域。核能作为供电稳定且清洁的能源，在“一带一路”能源合作中的特殊地位日益凸显。与此同时，新冠病毒疫情全球化、俄乌冲突等不确定性因素，给各国能源安全带来了新的挑战。为应对全球气候变化挑战和保障本国的能源安全，核能受到越来越多国家的关注。在此背景下，推动共建“一带一路”国际核能合作发展，加强能源基础设施互联互通，对促进新时代的能源高质量发展、构建能源命运共同体具有重要意义，也将为高质量共建“一带一路”注入强大动力。然而，“一带一路”共建国家经济发展水平参差不齐、政治风险突发、民族文化多元、投资环境复杂等问题严重阻碍着国际能源合作的顺利进行。如何及时识别潜在风险、并针对性地制定策略来缓释风险，成为许多中国核能企业普遍关心的一个问题。

在上一章中，通过采用博弈论的分析方法，深入研究了“一带一路”国际核能合作风险的机理问题，从理论层面揭示了其中最原始、最本质的规律。然而，核能国际合作是一个错综复杂的系统问题，仍需要在实证层面对其进行更为详尽的分析和评估。因此，本章将聚焦于实证研究的视角，通过调研和大规模的数据收集与分析，对“一带一路”国际核能合作的风险进行深入探讨，以期能够更准确地理解和验证前文理论模型中得出的结论，从而更好地了解核能国际合作的风险特征，为相关决策提供更为科学、准确的依据和参考。

# 6.1 风险分析

在“一带一路”倡议提出的同年，中国核电“走出去”上升为国家层面的重要战略。凭借“一带一路”的广阔平台以及中国在核能领域相关技术的突破，中国陆续与共建国家在核燃料循环、核技术开发和核反应堆建造等领域进行合作，并取得令人瞩目的成果。随着越来越多的非洲和南美洲国家加入“一带一路”大家庭中，中国国际核能合作迎来了前所未有的历史机遇。然而，各种风险和挑战也相伴而来。中国核能企业在国际核能合作中面临着“合作前合作伙伴选择难”“合作过程东道国违约”以及“投资后效益低”等问题。如何尽可能规避这些问题，成为当前亟待解决的重要课题。

## 6.1.1 国际核能合作中的政治风险

政治风险是指东道国的政治环境变化可能对中国核能企业造成不利影响的潜在风险，其主要表现有：政策变动风险、歧视性干预风险、恐怖袭击风险、国有化风险和战争动乱风险。根据以往国际项目合作经验，合作项目的顺利与否跟东道国的投资环境与投资政策密切相关。而“一带一路”部分共建国家在政局稳定、政策连续性方面存在不良记录。如利比亚内战和叙利亚战争给一些中国企业带来了巨大的经济损失。中国跟阿根廷进行项目开发过程中，经历了阿根廷政权的更迭，这对项目进展造成了严重阻碍。同样，俄罗斯同保加利亚贝列内核电建设项目也历经波折，该项目自 2006 年俄罗斯原子能技术出口公司获得建设权后，便受到政府换届和欧盟与俄罗斯政治关系等因素的影响，导致新上台的保加利亚政府于 2010 年 6 月冻结该项目，并最终在 2012 年 3 月决定停止建设。当前，埃塞俄比亚、尼日利亚、刚果民主共和国和委内瑞拉等经济体政局动荡事件频发，极易引发核能合作政治风险，需予以密切关注。

此外，战争和恐怖袭击给核能合作项目带来的影响也不容小觑。俄乌冲突引发欧洲能源危机，欧美在制裁俄罗斯能源出口的同时抬高全球能源价格，能源成为制裁和反制裁的武器，增加了能源出口国的违约风险，哈萨克斯坦和委内瑞拉对我国能源供应违约就是一个典型例证。更为严重的是，战争和恐怖袭击可能导致核设施被破坏或发生核泄漏等严重后果。因此，核能合作需提防战乱等突发事件对核设施破坏造成核泄漏的风险。正如习近平所言，世界正处于百年未有之大变局，全球治理体系变革加速，国际力量对比也发生了重大变化。在此背景下，中国与“一带一路”国家核能国际合作面临着日益复杂的地缘政治和意识形态差异的挑战。

### 6.1.2 国际核能合作中的经济风险

经济风险主要是指东道国经济基础变化可能给中国核能企业带来的投资风险。“一带一路”核能合作需要庞大的资金支持，东道国的经济实力是确保合作顺利进行的基石。同时，核电投资建设作为复杂的大型项目对海港、航空、公路、电力、固定电话等领域配套基础设施的要求极高。然而，“一带一路”成员国中的大多数国家经济发展水平落后，基础设施欠佳，这就需要其他国家加大对“一带一路”建设的投资力度。根据世界银行估算，到 2030 年，“一带一路”各国需要投入的基建资金将会高达 6 499 亿美元。值得注意的是，“一带一路”投融资机制的作用并不仅限于基础建设领域，它涉及了更广泛的领域，涵盖了政府引导的发展融资以及私人投资。

自从“一带一路”倡议实施以来，中国资金（主要由主权银行提供的贷款）已成为“一带一路”区域内重大基础设施项目的主要融资渠道。相对而言，国际金融组织在这方面的贡献则比较少。尽管“一带一路”沿线的多边金融组织，如世界银行、欧洲复兴银行和亚洲开发银行，均致力于为国际和地区范围内经济发展服务，但“一带一路”共建国家的基建贷款仅是其众多业务范围的一部分。虽然亚洲开发银行和世界银行将计划加大对亚洲地区的信贷支持力度，但贷款增长幅度预计均不会超过百亿美元，与“一带一路”共建国家数以万亿美元计的融资需求相比，实在是杯水车薪。

当前，中国参与“一带一路”建设的资金亟需多元化，但尚未建立起提供贷款、发展援助股权和债券融资多层次的资金支持体系，意味着“一带一路”的资金支持体系尚待完善。虽然我国的商业银行、政策银行和开发性银行已成为“一带一路”地区基础设施建设的重要金融支柱，然而，在面对那些具有潜在风险的发展中国家，银行往往持谨慎态度，放款意愿较低，且放款期限一般都短于项目的建造期限。此外，“一带一路”基础建设项目具有公共物品属性、投资规模大、周期长、回报率低，这使得股权和债券融资相对匮乏，民间资本对此类投资积极性不高。特别是在近年全球经济不景气，以及疫情带来的冲击下，经济风险对核能国际合作的影响也愈加显著。

### 6.1.3 国际核能合作中的营商环境风险

世界银行将“营商环境”定义为企业在创办、经营、投资贸易、纳税、关闭和执行合约方面，需要遵守国内法律法规所需的成本、时间等条件因素。“一带一路”签约国大多为发展中国家和欠发达国家，这些国家的经济发展起步相对较晚，法律制度体系普遍存在不完善和不科学的情况，从而无法提供一个良好的营商环境。因此，中国在与“一带一路”参与国及地区进行核能领域合作时，在法律依据、合作体制、运行机制、程序规范、争端解决机构等方面面临诸多挑战。除此之外，“一带一路”签约国的政权性质与中国存在较大差异，甚至在一些非洲偏远、落后地区，传统的酋长制度仍然存在，尽管其影响力已经极大地被削弱，但在跨境合作的某些关键环节中，这些制度仍可能成为合作效率的制约因素。

## 6.1.4 国际核能合作中的国际竞争风险

在进入国际核能产业市场的过程中，中国面临的国际竞争风险主要源于老牌核能强国的挤占，这种竞争态势可能对中国的核能市场进程产生不利影响。截至 2022 年底，在“一带一路”国家中，中国仅与中亚地区寥寥几个国家开展了铀矿勘探开发利用合作，在海外铀矿开发与运营方面仍处于起步阶段。在核能技术出口方面，中国作为世界核电出口市场中的“后起之秀”，尽管掌握了绿色高效的第三代地浸采铀技术，并拥有独立自主知识产权第三代和第四代核电技术，同时也在探索和突破“智能化 + 地浸采铀”的第四代地浸技术，展现出不容小觑的国际实力。然而，与核能强国相比，中国在市场营销推广、境外合作开发能力以及国际化矿业综合人才方面，仍有较大的提升空间与差距。特别是在核电国际出口方面，中国目前仅有巴基斯坦核电项目作为成功案例，在与韩国、法国、俄罗斯等核能强国的市场竞争中仍面临不小的压力。

## 6.1.5 国际核能合作中的投资选择风险

在当前全球碳排放日益严峻的背景下，化石能源的消耗无疑是当前主要的碳排放源头。选择核能作为能源供给手段之一，是保障国家的能源安全和实现能源绿色转型的重要途径，因此东道国的能源转型需求情况对中国核能国际合作项目的投资选择具有重大影响。在全球“降碳”的时代大背景下，各国也制定了相应的“降碳”计划，为实现各自的“降碳”目标，核能凭借其发电稳定、清洁无污染等特点已被多数国家选择为本国的过渡性替代能源。而“一带一路”共建大多国家以使用化石能源为主，面临着严峻的能源转型压力，这为中国核能“走出去”提供了宝贵的机遇。然而，由于这些国家能源结构的异质性，中方企业在目标投资对象选择上面临着决策困难。

## 6.2 评价方法选择

风险评价方法日趋多样化，从常规风险评价方法（层次分析法、灰色理论、模糊理论和集对分析法）逐渐演变为更为精确的复合评价模型、神经网络等数据挖掘技术。这些方法有其自身的优点，但都只能停留在静态分析的层面。本书所采用的动态因子分析法起源于 1978 年，最初由 Coppi 和 Zannella 提出，后由 Coppi 和 Corazziari 进一步完善。该方法结合了主成分分析得到的截面分析结果和线性回归模型得到的时间序列分析结果，从而综合考虑了样本、变量和时间三个维度[①]。目前，这一技术已被广泛用于环境和生物药学领域，但在风险评价领域的应用还不多见。

相比其他风险评价方法，动态因子分析方法能够更全面地考虑各种因素对风险的影响，使评价结果更加准确和可靠。中国与“一带一路”国家的核能国际合作面临多种风险，如政治风险、经济风险、技术风险。这些风险因素相互关联、相互影响，传统的静态评估方法往往难以全面捕捉和分析这种复杂的动态关系。而动态因子分析方法采用多维度的数据指标和模型，能够很好地反映出不同因素对风险的影响程度，并更为准确地判断风险的潜在发展趋势，从而能够提前采取相应的风险管理和控制措施。此外，动态因子分析方法通过建立动态因子模型，可以识别出主要影响因素和关键驱动因子，揭示出不同因素之间的相互作用和影响路径。这有助于评估者深入了解风险形成和发展的内在规律，为制定有效的风险应对策略提供科学依据。

基于此，本书采用的是动态因子分析法来对核能国际合作风险进行评估。

参考 Federici 和 Mazzitelli 的经验，假设给定数组：

$$X(I,J,T)=\{x_{ijt}\} \quad (i=1,2,\cdots,I;j=1,2,\cdots,J;t=1,2,\cdots,T) \tag{6-1}$$

式（6-1）中：$I$ 指评价对象；$J$ 指评价指标；$T$ 指评价时期；$i$ 表示不同样本；$j$ 表示不同指标；$t$ 表示不同时期。

为了便于分析，$x_{ijt}$ 是对方差分析中的均值、总体变量的均值、静态影响、动态影响、互动影响的分解，即：

$$x_{ijt}=\overline{x}_{.j.}+(\overline{x}_{xj.}-\overline{x}_{.j.})+(\overline{x}_{.jt}-\overline{x}_{.j.})+(x_{ijt}-\overline{x}_{ij.}-\overline{x}_{.jt}+\overline{x}_{.j.}) \tag{6-2}$$

式（6-2）中：$\overline{x}_{.j.}$ 代表单个变量的总体平均值；$(\overline{x}_{xj.}-\overline{x}_{.j.})$ 反映了随时间变化的各样本静态结构带来的影响；$(\overline{x}_{.jt}-\overline{x}_{.j.})$ 反映了平均动态效应；$(x_{ijt}-\overline{x}_{ij.}-\overline{x}_{.jt}+\overline{x}_{.j.})$ 反映了

① 胡日东，李颖．我国房地产业发展的综合评价——基于动态因子分析法［J］．经济地理，2011，31（11）：1862－1866＋1873.

动态差异带来的影响，即单个样本与时间的交互影响。

从本质上讲，动态因子分析是基于线性回归模型和主成分分析模型。式（6-2）则为动态因子分析法的原始模型，其将总变异具体分解为以下两个部分：

$$S = S_I^* + S_T^* + S_{IT} = (S_I^* + S_{IT}) + S_T^* = S_T + S_T^* \tag{6-3}$$

式（6-3）中：$S_I^*$ 是通过主成分分析得到的每个样本的静态结构矩阵；$S_T$ 代表了利用主成分分析得到的各时期的平均离差矩阵；$S_T^*$ 代表了通过线性回归模型得到的不同时期的变异；$S_{IT}$ 是单个样本的动态差异矩阵，是样本和时间交互作用的方差和协方差矩阵，反映了由所有样本总体平均水平变化和单个样本变化所导致的动态差异。

同时残差必须满足以下条件：

$$cov(e_{jt}, e_{j't'}) = \begin{cases} w_j & j = j'; t = t' \\ 0 & others \end{cases} \tag{6-4}$$

上述模型解释了在主成分影响下变量 $j$ 之间的关系，该方法的具体计算步骤如下。

（1）对数据进行无量纲化处理

开展标准化工作是为了统一评价指数的性质，消除各方面的影响。

$$X_{ijt} = (x_{ijt} - avg(x.j,)) / sd(x.j.) \tag{6-5}$$

式（6-5）中，$avg(x.j,)$ 是指第 $j$ 个指数的平均值，$sd(x.j.)$ 是指第 $j$ 个指数的标准误差。

（2）静态结构差异和数据的动态变化

用不同年份的方差矩阵 $S(t)$ 来求解平均方差矩阵 $S_T$，以反映数据的静态结构差异和动态变化的影响。

$$S_T = \frac{1}{T}\sum_{t=1}^{T} S(t) \tag{6-6}$$

（3）特征值与特征向量，方差贡献率与累计方差贡献率

根据动态因子分析的步骤，计算出平均方差—协方差矩阵 $S$ 的特征值 $T$，以及与特征值对应的特征向量。根据特征值和特征向量的结果，计算共同因子的方差贡献率，并确定累积方差贡献率。

（4）提取公因子，并建立原始因子载荷矩阵

根据计算出的累计贡献率和模型的主成分，确定核能国家合作风险评价指数的共同因子数，并建立原始因子载荷矩阵。

（5）计算静态得分

从上述计算结果中可以得到每个样本的静态得分矩阵，计算出样本的每个主成分的静态得分。

$$c_{ih} = (\overline{z}_i - \overline{z}_{.})' \cdot a_h \tag{6-7}$$

（6）计算动态得分

与静态分数的计算类似，每个样本的动态分数矩阵也被计算出来。样本的动态得分是根据提取的主成分和相应的方差贡献率来计算的。

$$c_{iht} = (z_{it} - \overline{z}_{.t})' \cdot a_h \tag{6-8}$$

（7）计算综合得分

根据静态和动态得分，计算出样本的平均综合得分矩阵 $E$。

$$E = \frac{1}{T} \sum c_{iht} \tag{6-9}$$

# 6.3　指标构建与样本选择

## 6.3.1　指标体系构建

核能国际合作涉及不同国家和不同行业，对核能合作相关风险评价不仅要考虑影响核能合作风险的主要因素，还要考虑影响核能合作能否长期持续发展的能力及潜力。在特定情境下，还需考虑由于特殊时间或者特殊地域导致的不确定性风险，比如战乱、文化差异等。自“一带一路”倡议被提出以来，中国与全球 100 多个国家或地区签订了合作协议备忘录，涵盖了各个发展阶段的国家（发达国家、发展中国家、最不发达国家），这些国家在经济文化水平和资源禀赋上极具差异。因此，本书在借鉴学者们对政治和经济风险已有的研究成果基础上，结合中国核能国际合作面临的具体风险问题，增加了营商环境、对华关系和能源结构等因素，构建中国与共建“一带一路”核能国际合作风险评价指标体系。该体系包含 5 个一级指标和 19 个二级指标。

在国家风险的因素中，经济风险的影响具有持续性和长期性，一国的宏观经济状况往往成为跨境投资合作的基础和关键考量因素。特别是在“一带一路”核能合作中，大型工程项目往往需要庞大的资金支持，这使得东道国的宏观经济运行状况显得尤为重要。根据已有文献及实际情况，选取人均 GDP、第三产业比重、贸易开放度和人均财富来反映经济风险。其次，政治风险主要测度“一带一路”国家因发生政治失序事件和外部不稳定因素导致该国政治局势动荡或社会秩序混乱，而给中国与共建国家核能合作带来损失的可能性及严重程度，将从政治风险等级、内战、跨境冲突、政府效能、政治军事五个层面来考察合作的政治风险。此外，参与“一带一路”能源合作的国家众多，分属不同的法律体系和营商环境，所以“一带一路”核能合作面临法律完善程度、营商便利程度、获取信用便利度、解决破产能力等法律风险。因此，本书选取法律完善程度、营商便利度、获取信用指数、解决破产指数四个指标来反映营商环境风险因子。同时，“一带一路”核能合作领域广、技术复杂、周期长、政治敏感，海外项目合作会受到政治互信、外交风险等影响，所以选取对华投资倾向、对华出口倾向和双边外交密切程度三个指标来衡量对华关系风险。最后本书增加可再生能源比重、化石燃料消耗比重和煤石油天然气发电比率三个指标反映能源结构风险因子。具体指标说明及数据来源详见表 6-1。

**表 6-1 中国与“一带一路”国家核能国际合作风险指标体系**

<table>
<tr><th>一级指标</th><th>二级指标</th><th>三级指标</th><th>指标说明</th><th>指标来源</th></tr>
<tr><td rowspan="21">国际核能合作风险</td><td rowspan="4">经济风险</td><td>人均 GDP</td><td>整体经济发展水平核心指标/USD</td><td rowspan="3">世界银行 WDI</td></tr>
<tr><td>第三产业比重</td><td>现代经济发展程度的主要标志/%</td></tr>
<tr><td>贸易开放程度</td><td>衡量一国国民经济对外贸易的依赖程度的重要指标/%</td></tr>
<tr><td>人均财富</td><td>衡量人民生活水平的核心指标/USD</td><td>WID</td></tr>
<tr><td rowspan="6">政治风险</td><td>政府效能</td><td>政府制定和执行政策的效率以及承诺的可信程度/－2.5～2.5</td><td>世界银行 WGI</td></tr>
<tr><td>跨境冲突</td><td>与别国发生冲突风险/0～4</td><td rowspan="4">ICRG</td></tr>
<tr><td>政治风险等级</td><td>政府稳定程度高低/0～100</td></tr>
<tr><td>内战</td><td>衡量内部冲突风险/0～4</td></tr>
<tr><td>政治军事</td><td>衡量军队参与政治的程度/0～6</td></tr>
<tr><td>法治</td><td>衡量人们对代理人的信任和对社会制度的遵守程度/－2.5～2.5</td><td>世界银行 WGI</td></tr>
<tr><td rowspan="3">营商环境风险</td><td>营商便利程度</td><td>综合反映一国营商环境水平/0～100</td><td rowspan="3">世界银行 BD</td></tr>
<tr><td>获取信用</td><td>利益冲突下投资者受到保护的程度</td></tr>
<tr><td>解决破产</td><td>有破产法律框架的充分性和完整性</td></tr>
<tr><td rowspan="3">对华关系风险</td><td>对华出口</td><td>该年对华出口总额/USD</td><td rowspan="2">IBRD&中国国家统计局</td></tr>
<tr><td>对华投资</td><td>该年对华直接投资总额/USD</td></tr>
<tr><td>外交往来</td><td>两国部级及以上领导人外交频次/次</td><td>中国外交重要活动记事</td></tr>
<tr><td rowspan="3">能源结构风险</td><td>可再生能源消费比重</td><td>衡量能源结构优化程度/%</td><td rowspan="3">IBRD&IEA 数据库</td></tr>
<tr><td>化石燃料消耗比重</td><td>衡量能源结构优化程度/%</td></tr>
<tr><td>煤石油天然气发电比率</td><td>衡量能源结构优化程度/%</td></tr>
</table>

注：WDI 来自世界银行国家发展指标数据库，ICRG 来自美国国家风险国际指南评估机构数据库，WID 来自世界不平等数据库，WGI 来自世界银行全球治理指标数据库，BD 来自世界银行《营商环境报告》，IEA 来自国际能源署数据库。

### 6.3.2 样本选择与数据来源

为对“一带一路”国际核能合作风险展开测度，选取截至 2023 年 6 月已同中国签订共建“一带一路”合作文件的国家作为研究对象，根据数据可得性，剔除阿富汗等战乱国家数据样本，最终选择 101 个国家作为样本。另外，考虑到疫情期间各国数据的可获得性和可靠性，以 2013 年“一带一路”倡议首次提出作为重要时间节点，将研究的年份起讫时间定为 2006—2020 年，最终得到 1 515 份样本数据。样本的选取区域划分如表 6-2 所示。数据主要来源于世界银行国家发展指标数据库、世界银行全球治理指标数据库、美国国家风险国际指南评估机构数据库、世界银行《营商环境报告》、世界不平等数据库、国际能源署数据库、《中国外交重要活动纪事》和中国国家统计局数据库。

表 6-2 研究样本地区分布

| 区域 | 主要国家 |
|---|---|
| 东亚及东南亚 | 韩国、新加坡、马来西亚、文莱、印度尼西亚、泰国、菲律宾、新西兰、越南、缅甸、蒙古国 |
| 中亚地区 | 哈萨克斯坦、吉尔吉斯斯坦、塔吉克斯坦、乌兹别克斯坦、土库曼斯坦 |
| 南亚地区 | 孟加拉国、巴基斯坦、斯里兰卡 |
| 东欧地区 | 意大利、奥地利、卢森堡、俄罗斯、捷克、匈牙利、保加利亚、葡萄牙、波兰、乌克兰、立陶宛、克罗地亚、斯洛文尼亚、斯洛伐克、白俄罗斯、马耳他、希腊、摩尔多瓦、黑山、塞尔维亚、爱沙尼亚、拉脱维亚 |
| 中东及北非 | 沙特阿拉伯、阿联酋、黎巴嫩、阿尔及利亚、伊朗、塞浦路斯、伊拉克、也门、叙利亚、利比亚、卡塔尔、科威特、摩洛哥、阿尔巴尼亚、阿塞拜疆、亚美尼亚、阿曼、突尼斯 |
| 加勒比海及拉丁美洲地区 | 巴拿马、乌拉圭、阿根廷、智利、秘鲁、玻利维亚、多米尼加、委内瑞拉、牙买加、哥斯达黎加、厄瓜多尔、萨尔瓦多、特立尼达和多巴哥 |
| 撒哈拉以南地区 | 南非、尼日利亚、纳米比亚、赞比亚、津巴布韦、肯尼亚、埃塞俄比亚、苏丹、安哥拉、喀麦隆、坦桑尼亚、加纳、博茨瓦纳、科特迪瓦、刚果（布）、加蓬、莫桑比克、多哥、尼日尔、塞内加尔 |

## 6.4 结果与分析

### 6.4.1 计算结果

根据动态因子分析方法基本思想，使用 STATA16 软件作为分析工具，计算“一带一路”核能合作风险。首先计算样本的方差—协方差矩阵，其次计算主成分的特征值、特征向量、方差贡献率和累计方差贡献率。最后通过计算结果确定样本的共同因子，并通过方差最大法进行因子旋转，结果如表 6-3 所示。

**表 6-3 特征值、方差贡献率和累计方差贡献率**

| 公因子 | *F*1 | *F*2 | *F*3 | *F*4 | *F*5 |
|---|---|---|---|---|---|
| 特征值 | 6.964 9 | 2.548 5 | 2.248 0 | 1.969 1 | 1.478 5 |
| 方差贡献率 | 0.366 6 | 0.134 1 | 0.118 3 | 0.103 6 | 0.077 8 |
| 累计方差贡献率 | 0.366 6 | 0.500 7 | 0.619 0 | 0.722 7 | 0.800 5 |

根据表 6-3，按照累计方差贡献率大于 80%和特征值大于 1 的原则，最终提取 5 个公因子，累计方差贡献率为 80.05%，即包含原始数据 80.05%的信息，每个因子的方差贡献率都在 7.7%以上。然而，不能仅从表 6-3 中公共因子的特征值、方差贡献率和累计方差贡献率得出公共因子所包含的具体含义，需要进一步算出这些因子的载荷矩阵（见表 6-4）来做进一步分析。

**表 6-4 因子载荷矩阵**

| 指标 | *F*1 | *F*2 | *F*3 | *F*4 | *F*5 |
|---|---|---|---|---|---|
| 人均 GDP | 0.444 3 | −0.017 3 | 0.022 6 | 0.053 3 | −0.007 0 |
| 第三产业比重 | 0.505 2 | −0.116 6 | −0.035 4 | −0.039 0 | −0.088 2 |
| 贸易开放度 | 0.435 5 | 0.015 3 | −0.075 4 | −0.034 1 | 0.005 6 |
| 人均财富 | 0.434 8 | −0.039 6 | 0.026 2 | 0.047 9 | 0.059 4 |
| 内战 | −0.086 6 | −0.019 0 | 0.542 1 | 0.007 8 | 0.055 2 |
| 跨境冲突 | 0.001 2 | −0.165 3 | 0.550 4 | −0.072 2 | −0.001 1 |
| 政府效能 | 0.177 9 | 0.331 6 | 0.041 4 | 0.018 9 | −0.010 2 |
| 政治风险等级 | 0.052 6 | 0.024 9 | 0.488 0 | 0.013 8 | 0.024 3 |
| 政治军事 | −0.011 5 | 0.190 0 | 0.380 8 | 0.042 8 | −0.090 7 |
| 法治 | 0.203 7 | 0.309 7 | 0.053 2 | −0.039 7 | −0.054 3 |
| 解决破产 | −0.024 1 | 0.449 2 | −0.077 9 | −0.009 3 | 0.086 3 |
| 营商便利度 | −0.005 9 | 0.470 1 | −0.028 0 | 0.043 7 | 0.048 8 |
| 获取信用 | −0.192 6 | 0.528 3 | −0.050 2 | −0.062 0 | −0.022 4 |
| 对华出口 | −0.067 6 | 0.050 1 | 0.010 1 | 0.031 3 | 0.618 4 |
| 对华投资 | 0.213 7 | −0.065 8 | −0.012 8 | −0.063 4 | 0.497 1 |
| 外交往来 | −0.075 3 | 0.037 6 | 0.037 2 | 0.004 6 | 0.577 7 |
| 可再生能源消费比重 | −0.016 3 | −0.053 7 | 0.036 9 | −0.568 1 | 0.025 7 |
| 化石燃料消费比重 | −0.001 1 | 0.003 7 | −0.027 6 | 0.593 0 | −0.004 1 |
| 煤石油天然气发电比例 | −0.013 3 | −0.122 7 | 0.028 7 | 0.547 2 | 0.037 4 |

人均 GDP、第三产业比重、贸易开放度、人均财富在第一个公共因子上有较高载荷，其中方差贡献率为 36.66%，反映了经济对国际核能合作的影响，$F1$ 被命名为经济风险因子；政府效能、法治、解决破产、营商便利度、获取信用在第二个公因子上具有较高载荷，其中方差贡献率为 13.41%，反映了政府办事效率和企业经营环境的情况，$F2$ 被命名为营商环境因子；内战、跨境冲突、政治风险等级、政治军事在第三个公共因子上具有较高载荷，其中方差贡献率为 11.83%，反映了政治稳定情况，$F3$ 被命名为政治风险因子；对华出口、对华投资、外交往来在第四个公共因子上有较高载荷，反映了“一带一路”签约国对中国的亲和情况，$F4$ 被命名为对华关系因子；可再生能源消费比重、化石燃料消费比重、煤石油天然气发电比例在第五个公共因子上具有较高载荷，反映了能源结构的优劣情况，$F5$ 被命名为能源结构因子。最终将各共同因子的方差贡献率作为加权平均计算的权重，得到中国与“一带一路”国家核能国际合作风险的综合评价模型为：

$$X = 0.366\,6 \times F1 + 0.134\,1 \times F2 + 0.118\,3 \times F3 + 0.103\,7 \times F4 + 0.077\,8 \times F5$$

## 6.4.2 核能国际合作风险静态结果分析

如上所述，根据动态因子分析法，计算出提取的平均静态得分和排名，见表 6-5。进一步绘制排名前 20 名和后 20 名“一带一路”国家核能国际合作风险静态得分柱状图，如图 6-1 所示。

**表 6-5 中国与“一带一路”国家核能国际合作风险静态分数及排名**

| 国家 | $F1$ | 排名 | $F2$ | 排名 | $F3$ | 排名 | $F4$ | 排名 | $F5$ | 排名 |
|---|---|---|---|---|---|---|---|---|---|---|
| 韩国 | 2.16 | 10 | 3.49 | 4 | 0.6 | 41 | 1.12 | 31 | 8.91 | 1 |
| 新加坡 | 8.76 | 2 | 4.07 | 2 | 1.71 | 13 | 1.38 | 24 | 6.43 | 2 |
| 俄罗斯 | −0.97 | 69 | 0.63 | 41 | −0.57 | 72 | 1.33 | 27 | 3.81 | 3 |
| 马来西亚 | 0.51 | 25 | 2.6 | 9 | 1.34 | 23 | 1.58 | 16 | 2.57 | 4 |
| 泰国 | −0.14 | 37 | 1.65 | 20 | −0.9 | 78 | 0.5 | 49 | 2.49 | 5 |
| 印度尼西亚 | −1.22 | 79 | 0.01 | 54 | −0.08 | 54 | 0.54 | 47 | 1.95 | 6 |
| 越南 | −1.65 | 97 | 0.01 | 55 | 0.65 | 40 | 0.1 | 56 | 1.75 | 7 |
| 沙特阿拉伯 | 0.63 | 22 | 1.47 | 22 | 0.37 | 47 | 1.98 | 5 | 1.24 | 8 |
| 哈萨克斯坦 | −0.76 | 58 | 0.4 | 45 | 1.48 | 19 | 1.65 | 13 | 1.22 | 9 |
| 意大利 | 1.15 | 19 | 1.93 | 16 | 1.83 | 9 | 0.96 | 39 | 1.14 | 10 |
| 菲律宾 | −0.76 | 59 | −0.52 | 62 | −0.08 | 55 | −0.37 | 71 | 1.05 | 11 |

续表

| 国家 | *F*1 | 排名 | *F*2 | 排名 | *F*3 | 排名 | *F*4 | 排名 | *F*5 | 排名 |
|---|---|---|---|---|---|---|---|---|---|---|
| 阿联酋 | 2.61 | 8 | 1.86 | 18 | 1.53 | 17 | 2.12 | 2 | 1.05 | 12 |
| 巴基斯坦 | −1.47 | 93 | −1.45 | 77 | −2.42 | 95 | −0.52 | 72 | 0.95 | 13 |
| 南非 | −0.71 | 57 | 1.31 | 24 | 1.18 | 29 | 1.41 | 23 | 0.91 | 14 |
| 缅甸 | −1.63 | 96 | −3.46 | 98 | −1.85 | 89 | −2.19 | 88 | 0.45 | 15 |
| 智利 | 0.31 | 28 | 2.09 | 15 | 1.24 | 27 | 0.05 | 57 | 0.42 | 16 |
| 伊朗 | −1.34 | 87 | −0.44 | 60 | −0.31 | 60 | 1.8 | 9 | 0.2 | 17 |
| 蒙古国 | −0.29 | 42 | 0.02 | 53 | 1.17 | 30 | 1.55 | 17 | 0.2 | 18 |
| 土耳其 | −0.65 | 53 | 0.48 | 44 | −1.54 | 87 | 0.88 | 40 | 0.16 | 19 |
| 孟加拉国 | −1.41 | 91 | −2.21 | 89 | −1.48 | 85 | 0.6 | 46 | 0.08 | 20 |
| 安哥拉 | −0.94 | 67 | −3.69 | 99 | −0.58 | 73 | −1.76 | 84 | 0.07 | 21 |
| 埃及 | −1.06 | 72 | −0.79 | 64 | −1.03 | 81 | 1.32 | 28 | 0.03 | 22 |
| 新西兰 | 2.06 | 12 | 4.85 | 1 | 2.17 | 4 | −0.76 | 75 | 0 | 23 |
| 波兰 | 0.19 | 31 | 2.64 | 8 | 1.71 | 14 | 1.37 | 25 | −0.03 | 24 |
| 斯里兰卡 | −0.83 | 62 | −0.44 | 61 | 0.03 | 53 | −1.36 | 78 | −0.05 | 25 |
| 秘鲁 | −1.14 | 76 | 0.91 | 34 | 0.5 | 42 | −0.29 | 67 | −0.07 | 26 |
| 委内瑞拉 | −1.42 | 92 | −3.2 | 97 | −2.51 | 96 | 0.12 | 55 | −0.07 | 27 |
| 文莱 | 2.8 | 7 | 1.2 | 27 | 1.88 | 7 | 2.06 | 4 | −0.08 | 28 |
| 伊拉克 | −1.3 | 83 | −3.95 | 100 | −3.18 | 99 | 1.47 | 20 | −0.09 | 29 |
| 白俄罗斯 | −0.21 | 39 | −0.86 | 65 | −0.14 | 58 | 1.49 | 19 | −0.12 | 30 |
| 阿尔及利亚 | −0.93 | 66 | −1.45 | 78 | −0.49 | 68 | 1.81 | 8 | −0.13 | 31 |
| 苏丹 | −1.87 | 101 | −2.97 | 96 | −2.94 | 98 | −2.5 | 91 | −0.14 | 32 |
| 尼日利亚 | −1.48 | 94 | −1.89 | 85 | −2.1 | 93 | 0.38 | 51 | −0.15 | 33 |
| 阿根廷 | −0.97 | 70 | 0.18 | 48 | 0.7 | 38 | 1.02 | 36 | −0.15 | 34 |
| 厄瓜多尔 | −1.28 | 81 | −1.26 | 73 | −0.93 | 79 | 0.15 | 54 | −0.19 | 35 |
| 叙利亚 | −1.36 | 88 | −2.61 | 93 | −2.26 | 94 | 1.8 | 10 | −0.19 | 36 |
| 乌兹别克斯坦 | −1.23 | 80 | −1.17 | 70 | 1.41 | 22 | 1.35 | 26 | −0.2 | 37 |
| 肯尼亚 | −1.36 | 89 | −0.09 | 57 | −0.89 | 77 | −3.33 | 97 | −0.22 | 38 |
| 葡萄牙 | 1.56 | 14 | 3.06 | 5 | 1.27 | 25 | 0.37 | 52 | −0.24 | 39 |
| 塔吉克斯坦 | −1.21 | 78 | −1.86 | 84 | 1.14 | 31 | −2.39 | 90 | −0.25 | 40 |
| 匈牙利 | 1.35 | 16 | 2.13 | 13 | 1.74 | 11 | 0 | 62 | −0.27 | 41 |

续表

| 国家 | F1 | 排名 | F2 | 排名 | F3 | 排名 | F4 | 排名 | F5 | 排名 |
|---|---|---|---|---|---|---|---|---|---|---|
| 捷克 | 1.54 | 15 | 2.86 | 7 | 1.86 | 8 | 0.69 | 43 | −0.27 | 42 |
| 奥地利 | 3.03 | 4 | 3.73 | 3 | 2.7 | 2 | −0.36 | 70 | −0.3 | 43 |
| 卡塔尔 | 2.92 | 5 | 0.7 | 39 | 1.06 | 34 | 2.21 | 1 | −0.3 | 44 |
| 希腊 | 0.66 | 21 | 0.99 | 32 | 1.46 | 21 | 1.04 | 33 | −0.32 | 45 |
| 刚果（布） | −0.69 | 56 | −2.43 | 90 | −1.5 | 86 | −2.08 | 87 | −0.32 | 46 |
| 科威特 | 2.3 | 9 | 0.26 | 47 | 1.26 | 26 | 2.07 | 3 | −0.33 | 47 |
| 埃塞俄比亚 | −1.11 | 74 | −2.04 | 87 | −2.51 | 97 | −4.11 | 101 | −0.34 | 48 |
| 吉尔吉斯斯坦 | −0.58 | 50 | 0.13 | 50 | 0.22 | 52 | −0.98 | 76 | −0.36 | 49 |
| 多哥 | −1.07 | 73 | −2.14 | 88 | −1.21 | 82 | −3.15 | 95 | −0.36 | 50 |
| 坦桑尼亚 | −1.29 | 82 | −1.01 | 68 | 0.37 | 48 | −2.84 | 94 | −0.37 | 51 |
| 阿曼 | 0.54 | 24 | 0.78 | 37 | 1.08 | 32 | 1.97 | 6 | −0.39 | 52 |
| 斯洛伐克 | 1.32 | 17 | 2.21 | 12 | −7.74 | 101 | −0.33 | 68 | −0.39 | 53 |
| 莫桑比克 | −0.63 | 51 | −1.49 | 79 | 0.45 | 44 | −3.63 | 98 | −0.4 | 54 |
| 塞内加尔 | −0.85 | 63 | −1.24 | 71 | −1.31 | 83 | 0.71 | 42 | −0.43 | 55 |
| 赞比亚 | −1.14 | 75 | 0.11 | 51 | 0.9 | 36 | −3.8 | 99 | −0.46 | 56 |
| 斯洛文尼亚 | 2.08 | 11 | 2.12 | 14 | 1.6 | 16 | 0.01 | 59 | −0.46 | 57 |
| 津巴布韦 | −1.71 | 98 | −2.49 | 92 | −0.74 | 76 | −2.75 | 92 | −0.47 | 58 |
| 玻利维亚 | −0.98 | 71 | −1.26 | 72 | −0.17 | 59 | 0.51 | 48 | −0.47 | 59 |
| 保加利亚 | 0.28 | 29 | 1.74 | 19 | 0.44 | 45 | 0.42 | 50 | −0.48 | 60 |
| 加纳 | −0.56 | 49 | −0.28 | 59 | −0.09 | 57 | −1.94 | 86 | −0.51 | 61 |
| 塞拉利昂 | −1.31 | 84 | −2.44 | 91 | −0.08 | 56 | −0.17 | 65 | −0.51 | 62 |
| 阿塞拜疆 | −0.63 | 52 | 0.06 | 52 | −0.48 | 67 | 1.59 | 15 | −0.52 | 63 |
| 科特迪瓦 | −1.33 | 86 | −1.57 | 81 | −1.89 | 90 | −0.27 | 66 | −0.52 | 64 |
| 喀麦隆 | −1.41 | 90 | −1.82 | 83 | −0.37 | 64 | −2.82 | 93 | −0.52 | 65 |
| 乌干达 | −1.17 | 77 | −0.99 | 67 | −1.92 | 91 | −3.25 | 96 | −0.53 | 66 |
| 乌拉圭 | 0.09 | 33 | 1.09 | 29 | 0.69 | 39 | −1.54 | 82 | −0.53 | 67 |
| 尼日尔 | −1.33 | 85 | −1.95 | 86 | −0.97 | 80 | 0.61 | 45 | −0.55 | 68 |
| 卢森堡 | 12.33 | 1 | 1.42 | 23 | 2.89 | 1 | 1 | 38 | −0.55 | 69 |
| 突尼斯 | −0.19 | 38 | 0.59 | 42 | 0.37 | 49 | 1.22 | 29 | −0.56 | 70 |
| 利比里亚 | −1.77 | 100 | −2.71 | 94 | −0.7 | 75 | 1.44 | 21 | −0.57 | 71 |

续表

| 国家 | F1 | 排名 | F2 | 排名 | F3 | 排名 | F4 | 排名 | F5 | 排名 |
|---|---|---|---|---|---|---|---|---|---|---|
| 纳米比亚 | −0.22 | 41 | 0.8 | 36 | 2.12 | 5 | 0 | 60 | −0.58 | 72 |
| 乌克兰 | −0.68 | 55 | −0.22 | 58 | −0.35 | 62 | 0.34 | 53 | −0.59 | 73 |
| 加蓬 | −0.67 | 54 | −1.53 | 80 | −0.36 | 63 | −0.12 | 64 | −0.6 | 74 |
| 利比亚 | −0.55 | 48 | −4.22 | 101 | −0.54 | 71 | 1.61 | 14 | −0.6 | 75 |
| 塞尔维亚 | −0.47 | 46 | 0.95 | 33 | −0.61 | 74 | 0.86 | 41 | −0.61 | 76 |
| 也门 | −1.5 | 95 | −2.8 | 95 | −1.8 | 88 | 1.66 | 12 | −0.62 | 77 |
| 萨尔瓦多 | −0.91 | 65 | 0.14 | 49 | 0.4 | 46 | −1.45 | 80 | −0.64 | 78 |
| 巴拿马 | 0.35 | 27 | 0.87 | 35 | 1.28 | 24 | −0.35 | 69 | −0.64 | 79 |
| 摩洛哥 | −0.32 | 43 | −0.09 | 56 | −0.41 | 65 | 1.02 | 37 | −0.65 | 80 |
| 哥斯达黎加 | 0.03 | 34 | 1.06 | 31 | 1.07 | 33 | −2.34 | 89 | −0.65 | 81 |
| 尼加拉瓜 | −0.78 | 60 | −0.9 | 66 | −0.34 | 61 | −1.46 | 81 | −0.67 | 82 |
| 马里 | −0.95 | 68 | −1.63 | 82 | −1.44 | 84 | −1.77 | 85 | −0.67 | 83 |
| 马拉维 | −1.72 | 99 | −1.36 | 74 | 0.29 | 50 | −3.86 | 100 | −0.68 | 84 |
| 克罗地亚 | 0.56 | 23 | 1.51 | 21 | 0.89 | 37 | 0.01 | 58 | −0.68 | 85 |
| 多米尼加 | −0.85 | 64 | −0.75 | 63 | 0.5 | 43 | 1.03 | 35 | −0.68 | 86 |
| 立陶宛 | 1.26 | 18 | 2.3 | 11 | 1.48 | 18 | 0 | 61 | −0.68 | 87 |
| 黑山 | 0.24 | 30 | 1.2 | 26 | −7.32 | 100 | −0.68 | 74 | −0.69 | 88 |
| 苏里南 | 0.12 | 32 | −1.41 | 76 | −0.49 | 69 | −1.31 | 77 | −0.69 | 89 |
| 亚美尼亚 | −0.48 | 47 | 0.75 | 38 | −0.51 | 70 | −0.07 | 63 | −0.7 | 90 |
| 阿尔巴尼亚 | −0.21 | 40 | 1.27 | 25 | 0.94 | 35 | −1.36 | 79 | −0.74 | 91 |
| 摩尔多瓦 | −0.41 | 44 | 0.36 | 46 | −0.48 | 66 | 1.04 | 34 | −0.74 | 92 |
| 牙买加 | −0.02 | 36 | 1.09 | 30 | 1.82 | 10 | 1.12 | 30 | −0.75 | 93 |
| 黎巴嫩 | 0.36 | 26 | −1.16 | 69 | −2.08 | 92 | 1.42 | 22 | −0.79 | 94 |
| 拉脱维亚 | 1.13 | 20 | 2.55 | 10 | 1.47 | 20 | −0.66 | 73 | −0.8 | 95 |
| 圭亚那 | −0.46 | 45 | −1.39 | 75 | 0.28 | 51 | 1.05 | 32 | −0.81 | 96 |
| 特立尼达和多巴哥 | −0.83 | 61 | 0.64 | 40 | 1.72 | 12 | 1.85 | 7 | −0.84 | 97 |
| 爱沙尼亚 | 2.05 | 13 | 2.92 | 6 | 1.71 | 15 | −1.68 | 83 | −0.86 | 98 |
| 博茨瓦纳 | −0.02 | 35 | 1.1 | 28 | 1.91 | 6 | 0.68 | 44 | −0.88 | 99 |
| 塞浦路斯 | 2.89 | 6 | 1.89 | 17 | 1.23 | 28 | 1.54 | 18 | −0.88 | 100 |
| 马耳他 | 3.27 | 3 | 0.49 | 43 | 2.59 | 3 | 1.67 | 11 | −0.95 | 101 |

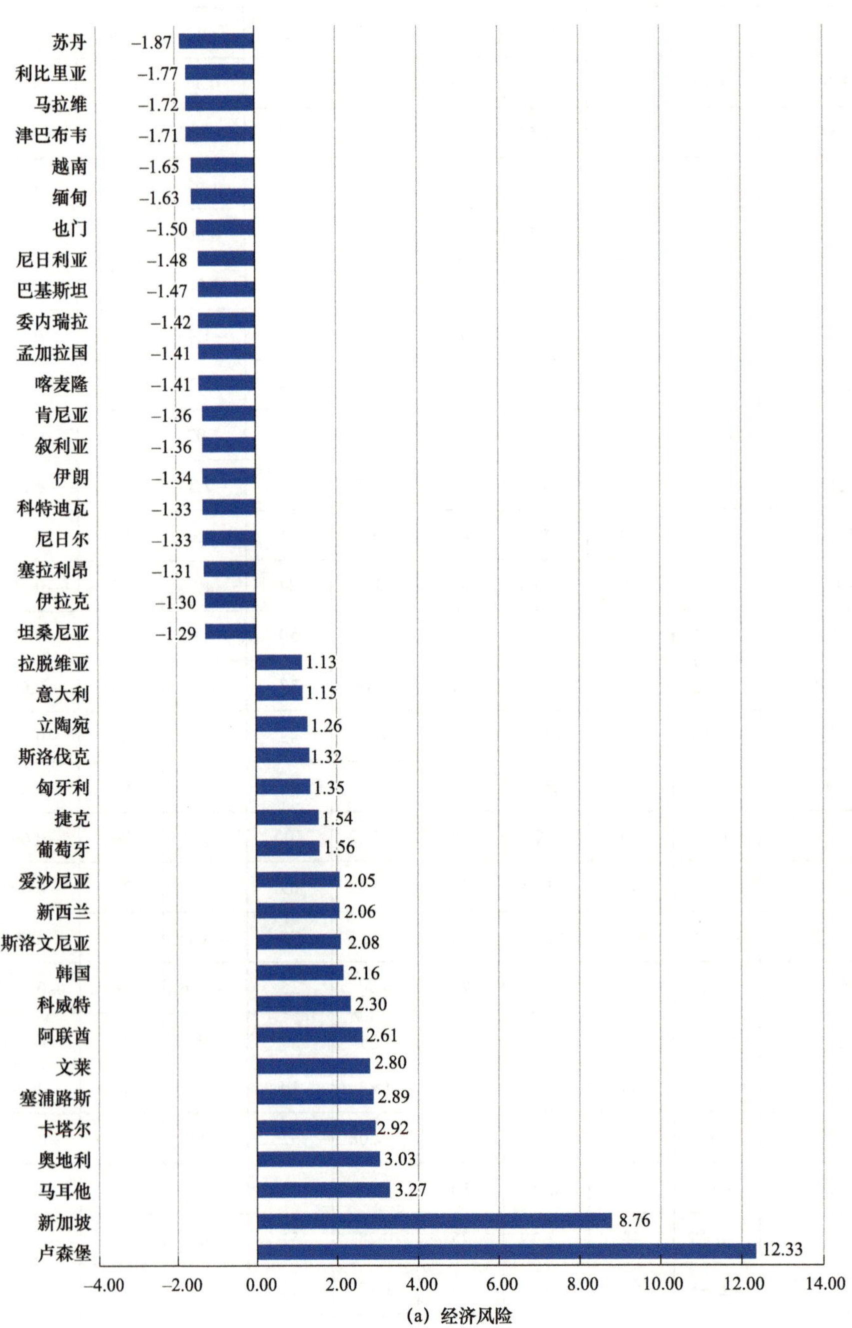


图 6-1 “一带一路”国家核能国际合作风险静态得分柱状图

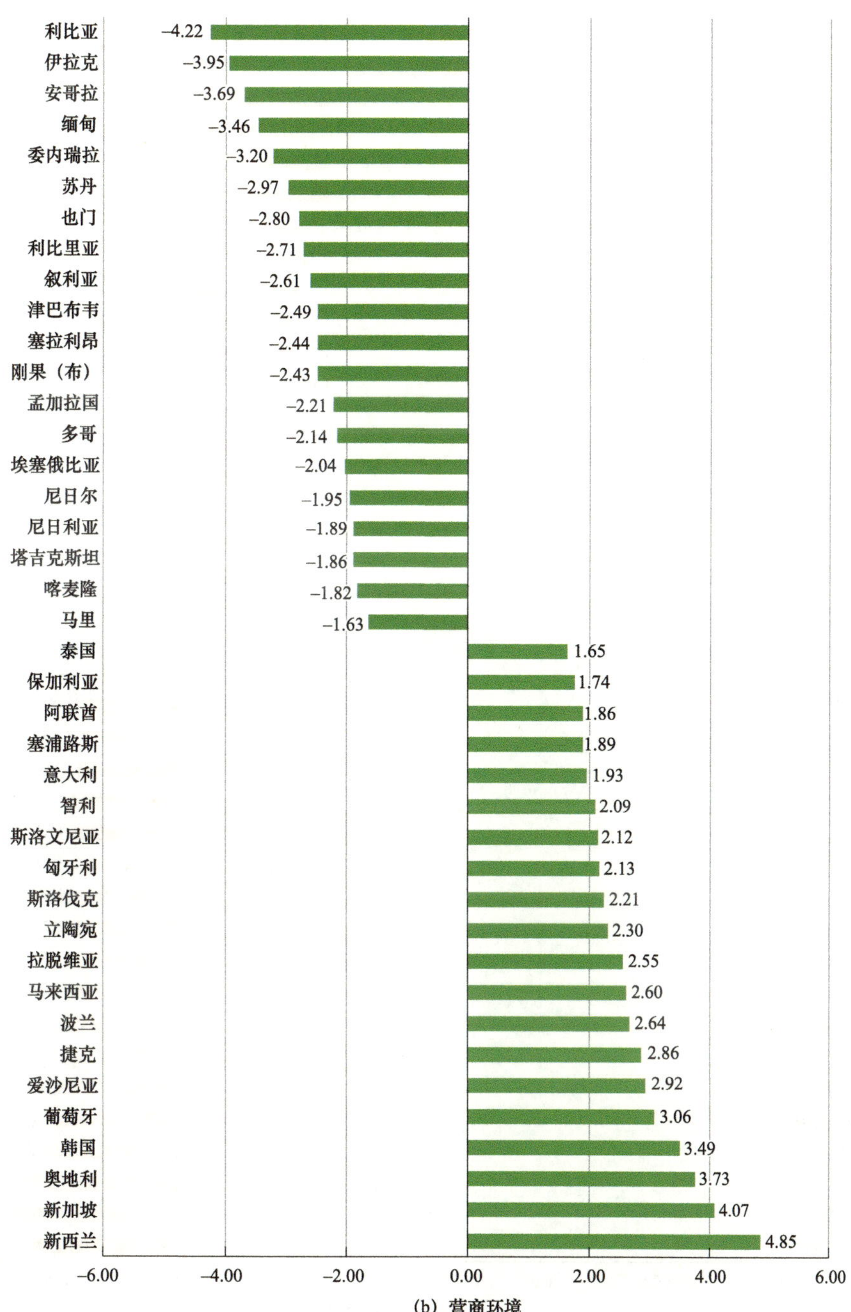


（b）营商环境

**图 6-1 “一带一路”国家核能国际合作风险静态得分柱状图（续）**

图 6-1 “一带一路”国家核能国际合作风险静态得分柱状图（续）

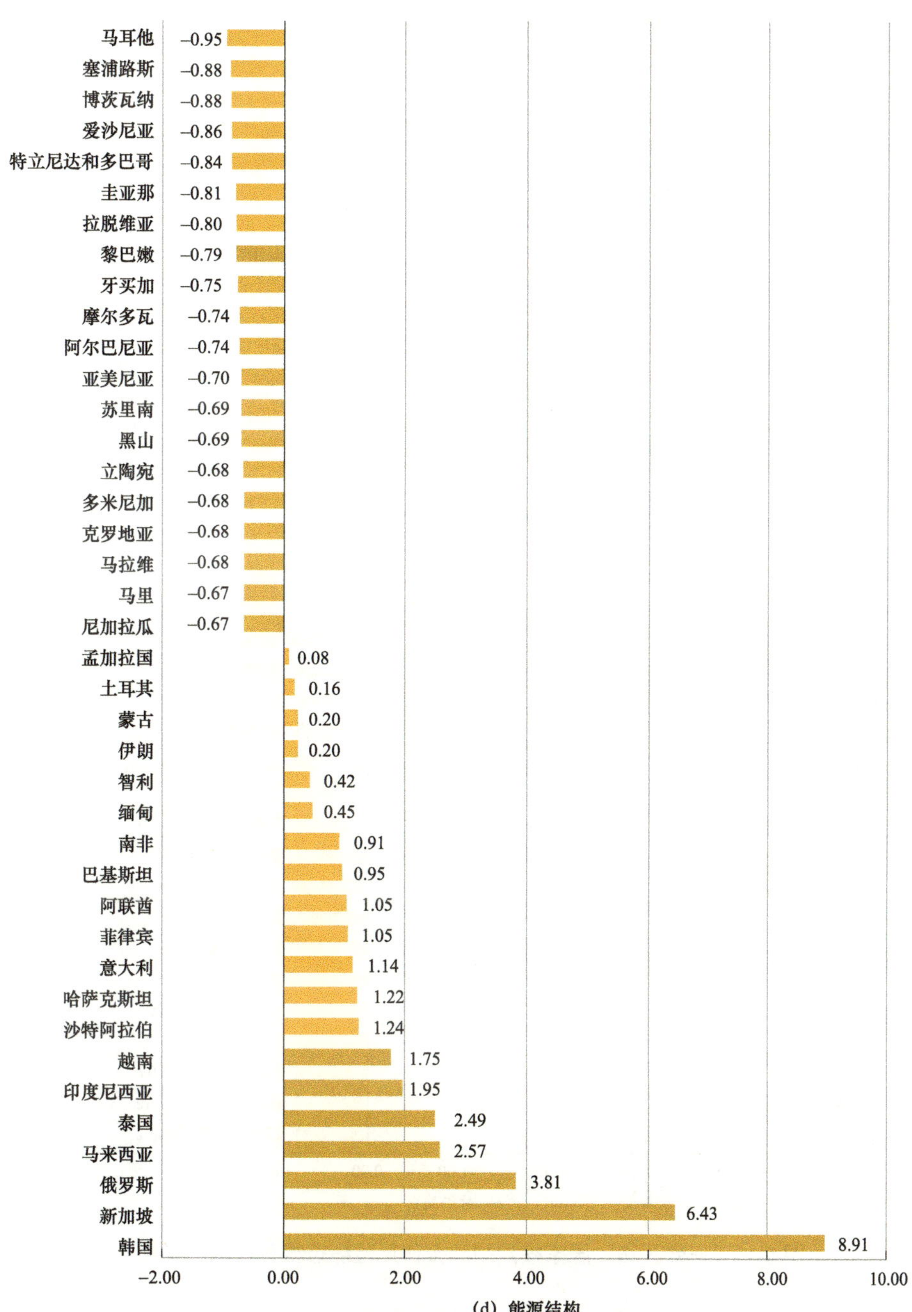


图 6-1 “一带一路”国家核能国际合作风险静态得分柱状图（续）

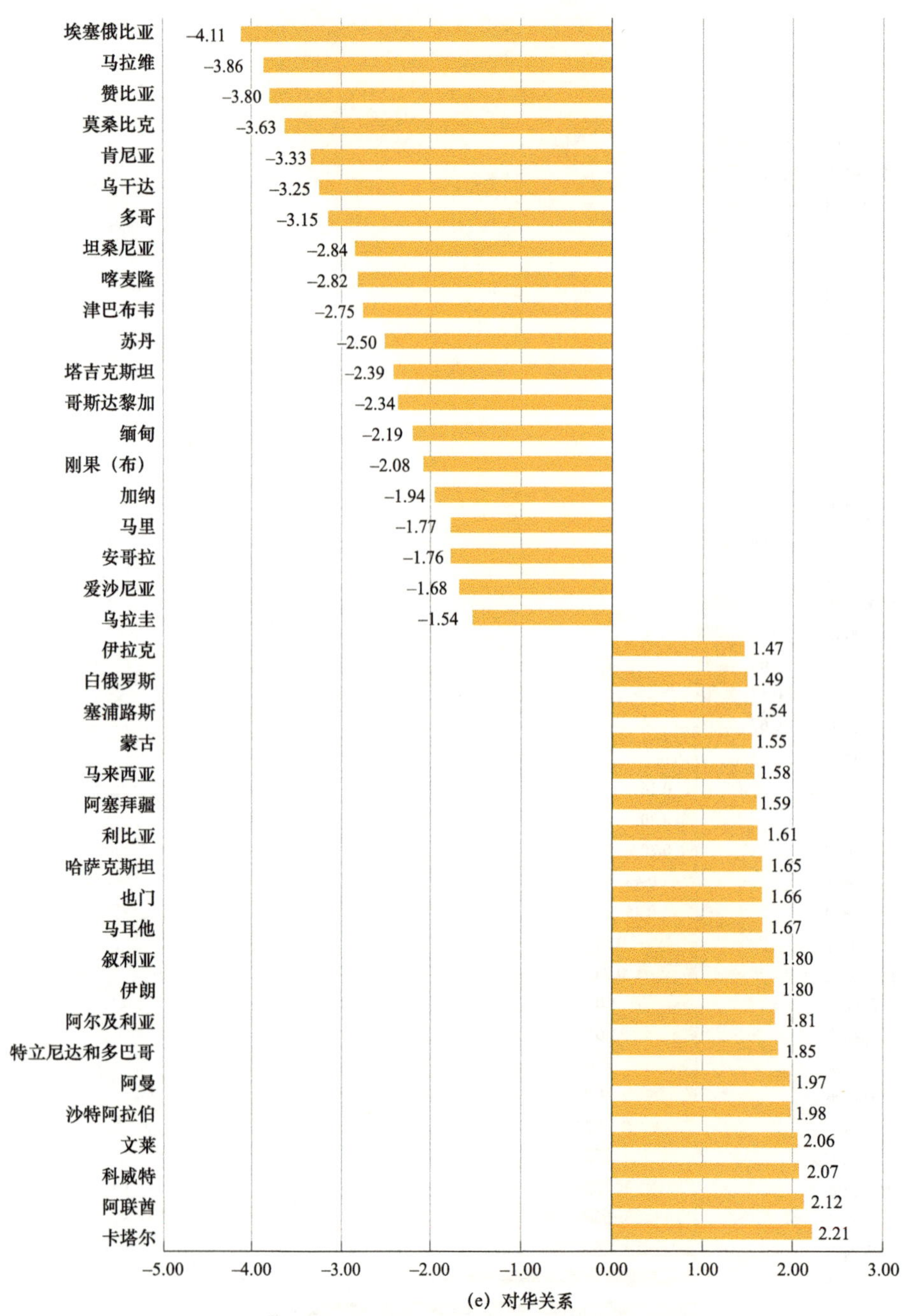


图 6-1 “一带一路”国家核能国际合作风险静态得分柱状图（续）

经济风险方面（见图 6-2）。第一个公共因子的结果显示，卢森堡的得分最低，其次是新加坡、马耳他、奥地利、卡塔尔、塞浦路斯、文莱、阿联酋、科威特，有 20 个国家的得分高于 1，说明它们在核能合作经济实力方面具有明显优势，经济风险较低。从地理位置来看，西亚地区（除阿拉伯半岛）、中非地区、拉丁美洲北部地区和南亚东南亚地区（除韩国、新加坡）的经济风险水平远低于东欧、阿拉伯半岛、新加坡和韩国。这一方面是由于该地区历史上长时间被殖民经历、内外部频繁发生战争以及自身资源禀赋较差；另一方面，东欧的工业化进程较早、阿拉伯半岛拥有丰富的油气资源、新加坡拥有马六甲海峡的天然通道以及韩国拥有的现代高端制造业，让其在经济基础方面有了更好的发展。总体来看，“一带一路”国家的整体经济实力普遍较小，引进高成本的核能产业对其项目资金支付能力的挑战较大。

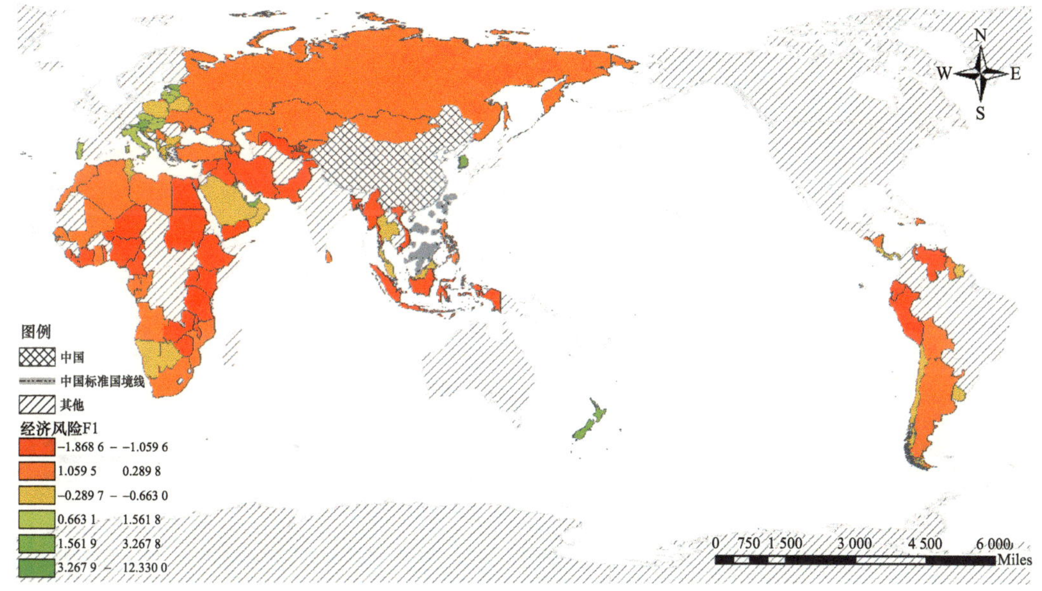


**图 6-2 经济风险**

注：该图基于自然资源部标准地图服务网站下载的审图号为 GS（2016）1667 号的标准地图制作，底图无修改。

营商环境风险方面（见图 6-3）。第二个公因子的排名显示，与“一带一路”中的其他国家相比，拉丁美洲北部、北非、中非和西亚（除阿拉伯半岛）的营商环境水平明显较低。主要原因为这些地区往往海岸线较少、深居内陆，并且常年战乱且国内经济结构单一，使得营商环境表现比较靠后，如刚果（布）、利比亚、安哥拉和委内瑞拉。营商环境反映了其整体法治水平、获取信用便利程度和企业解决破产处理水平，影响中方核能企业与东道国进行项目合作顺利程度。而东欧、中亚、阿拉伯半岛、东南亚、南非和南美以南地区的营商环境风险相对较低，中方核能企业可尽量关注这些地区。

政治风险方面（见图 6-4）。第三个公共因子显示中非、北非及中东地区（除阿拉伯半岛）、南亚和东欧东部地区的政治风险较高，这主要是该地区间频繁发生政治军事冲突导致，如中东及北非地区资源争夺紧张，中非部落冲突频繁。从国别来看，斯洛伐克、黑山、伊拉克、苏丹和埃塞俄比亚的得分排名靠后，政治风险较高，中国国际核能合作中的反应堆选址应尽量避开这些战乱地区，减少人为损坏的风险。举例来说，2022 年 9 月，俄乌冲突使得乌克兰扎波罗热核电站险些被点燃，这是史上第一次核电站被卷入战争的情况，凸显了战争对核电站的潜在威胁。因此，在进行核能合作时，必须给予这些风险因素充分的重视和考量。

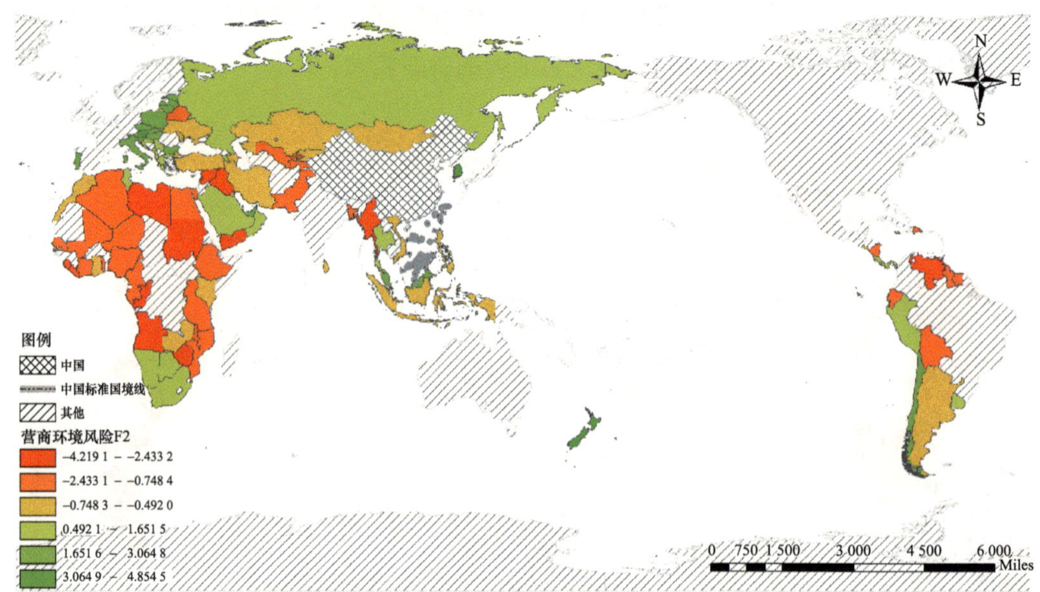


**图 6-3　营商环境风险**

注：该图基于自然资源部标准地图服务网站下载的审图号为 GS（2016）1667 号的标准地图制作，底图无修改。

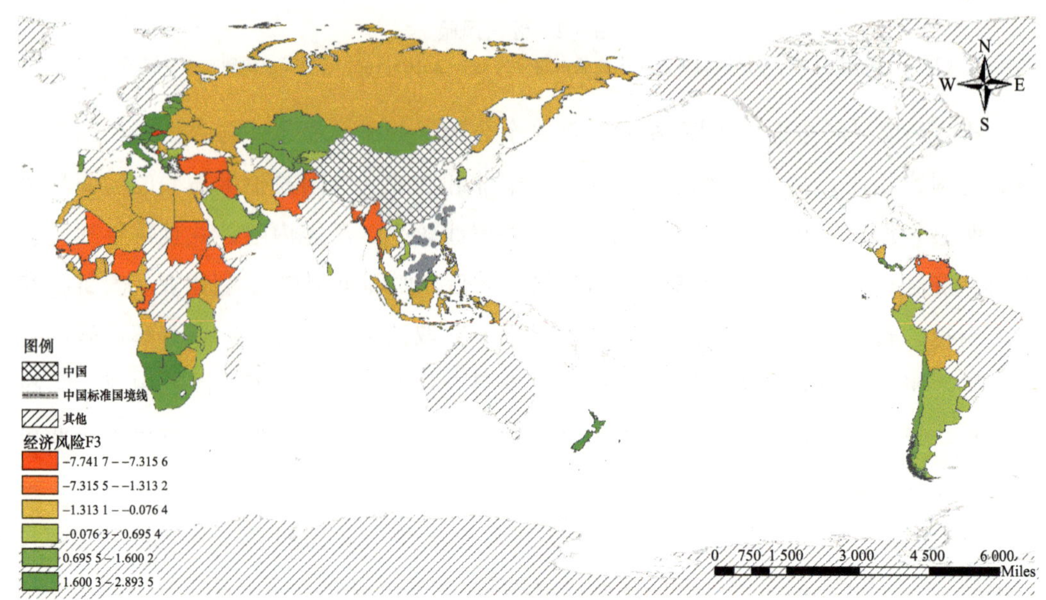


**图 6-4　政治风险**

注：该图基于自然资源部标准地图服务网站下载的审图号为 GS（2016）1667 号的标准地图制作，底图无修改。

能源结构方面（见图 6-5）。第四个公共因子显示，除赤道附近的热带国家或地区外，其他国家的能源消费中对清洁能源的使用占比较小。一方面，这可能是由于赤道附近的雨林地区水能和太阳能较为丰富，加上最近几年非洲光伏发电的装机容量的普及，该区域大部分采用水电、光电等清洁能源为主。另一方面，由于该地区曾经长年被列强殖民，国家发展历史较晚，工业化程度较低，对能源的需求较低，使用非化石能源即可满足当地的能源需求。但是，随着时代的发展，该地区也慢慢加快本土的工业化进程，能源的需求压力也逐步增大，中高纬国家或地区具有化石能源丰富以及国家发展起步较早，对煤、石油、天然气等能源消费较高。如中东地区、俄罗斯、中亚、东南亚和阿根廷，凭借本土丰富的油气资源发电来满足本国需求，南非作为非洲煤矿资源最丰富的国家，本国的煤电比例也常年达到惊人的 80%及以上。而对于发展水平较高的东欧国家和西欧发达国家，能源则以从周边国家进口为主。近 5 年，中东欧地区能源进口百分比上升约 8 个百分点，2019 年能源进口超过 40%。其中，油气作为主要的一次能源品种，大约 80%以上依赖进口。在全球“降碳”和“非洲工业化”大背景下，“一带一路”国家面临着前所未有的能源转型压力和能源供需矛盾。

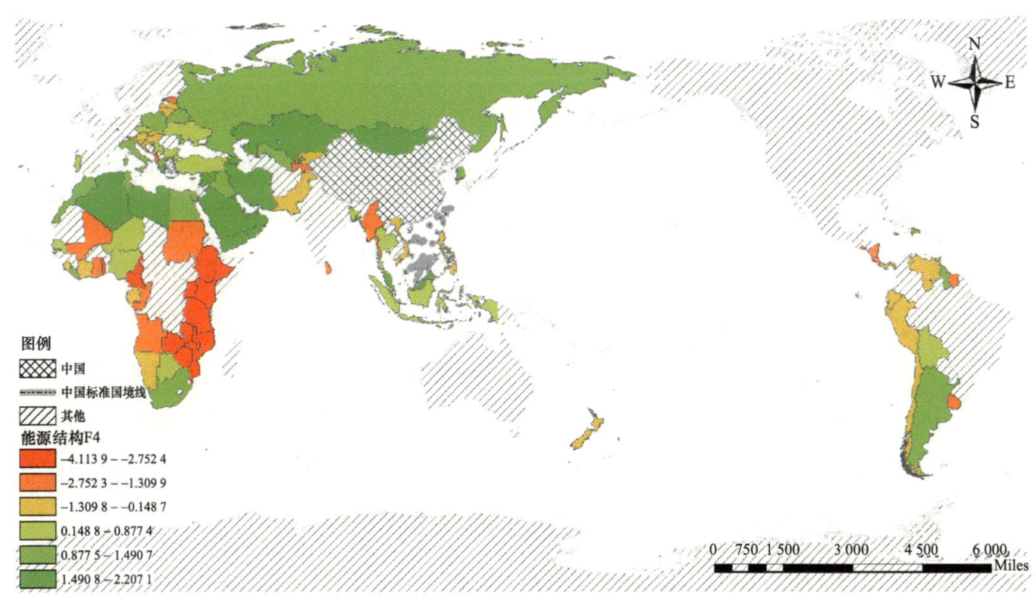


**图 6-5 能源结构**

注：该图基于自然资源部标准地图服务网站下载的审图号为 GS（2016）1667 号的标准地图制作，底图无修改。

对华关系方面（见图 6-6）。大部分亚洲国家在第五个公共因子上的得分较高，如俄罗斯、韩国、越南、巴基斯坦和沙特阿拉伯得分较高并且多数为中国的邻国，说明它们与中国的来往密切程度较高，有可靠的合作基础和丰富的合作经验，对开展核能此类的大型合作项目更为有利。《双边投资保护协定》、《税收协定》等协约的签订在保护双方投资者的权益的同时也提高了双方的合作效率。

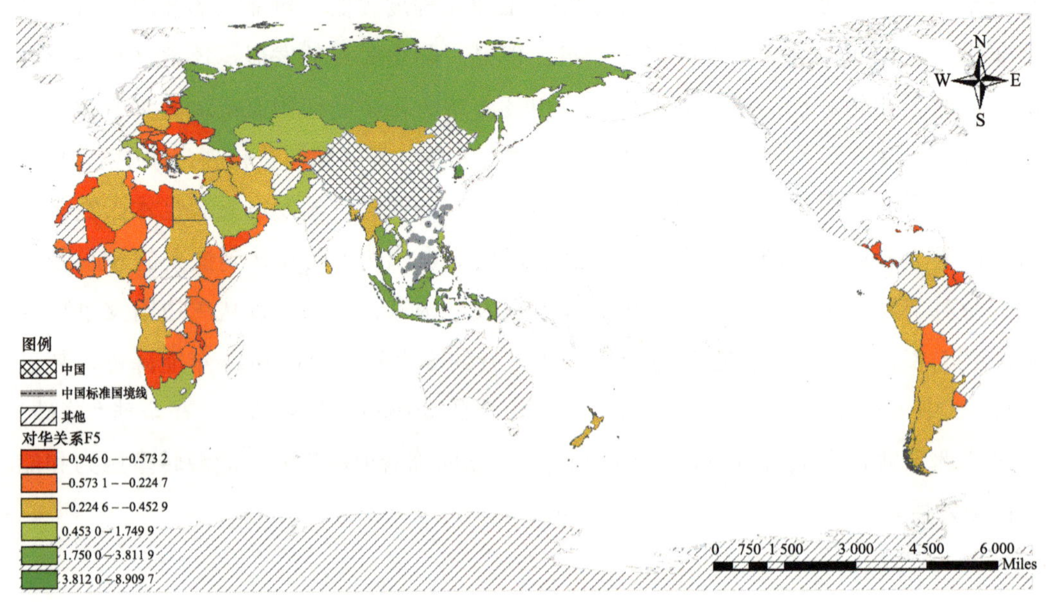


图 6-6　对华关系

注：该图基于自然资源部标准地图服务网站下载的审图号为 GS（2016）1667 号的标准地图制作，底图无修改。

结合中国与“一带一路”国家核能国际合作风险静态得分及其空间分布可以看出，“一带一路”核能国际合作的空间分布是不平衡的。公共因子 1 的空间分布（见图 6-2）显示，经济风险较低的地区主要聚集在东欧和阿拉伯半岛，新加坡和韩国呈点状分布。公共因子 2 得分的空间分布（见图 6-3）表明，中非、中东（除阿拉伯半岛）、南亚地区的营商环境风险较高，不利于商业合作。公共因子 3 得分的空间分布（见图 6-4）显示，中非、西亚（非阿拉伯半岛）和南亚的政治风险较高。公共因子 4 的空间分布（见图 6-5）显示，低纬度地区国家的能源清洁化程度要高于高纬度地区，且呈明显的带状分布。公共因子 5 得分的空间分布（见图 6-6）显示，亚洲（尤其是中国的邻国）的对华密切程度较高，差异较大且空间分布集中。

### 6.4.3　动态结果分析

采用动态因子分析法计算“一带一路”核能国际合作风险的动态分值（见表 6-6）。为了加强比较，了解各国的合作风险水平变化，本书进一步勾勒出 2006

年至 2020 年的各国合作风险的变化折线图。具体地，以平均综合得分 0 和 –1 为临界值，将风险划分为 1、2、3 三个等级，分别代表风险较低、中风险和高风险。并以此将 101 个“一带一路”国家分为三类，分别为平均综合得分大于 0 的 40 个国家、平均综合得分范围在 0 到 –1 的 36 个国家和平均综合得分在 –1 以下的 25 个国家。通过拆分研究样本，结合风险动态得分及其区域分布，可以更好地研究其动态变动规律的特殊性。“一带一路”核能国际合作风险动态得分具有多种波动程度和变动趋势。波动程度呈现平稳、较大和极大三种类型；变动趋势呈现上升、下降和振荡三种情况。时间和空间上的分析都表明，“一带一路”核能国际合作风险具有一定的规律性。

单从风险较低的 40 个国家的核能国际合作风险动态得分情况来看，除卢森堡、新加坡和韩国在研究年份略有波动外，各国在研究年份间综合得分变动都较为平稳（见图 6-7）。这主要是因为这 3 个发达国家的经济体量大且金融服务业占比较大，极易受到全球金融市场波动的影响。

单从综合风险等级中等的 36 个国家的核能国际合作动态得分情况来看（见图 6-8），各国在研究年份间综合得分变动都较为平稳。除亚美尼亚、哈萨克斯坦、塞尔维亚、奥地利、斯洛伐克、摩尔多瓦、摩洛哥、泰国、白俄罗斯、突尼斯、白俄罗斯、阿根廷、阿塞拜疆和黎巴嫩 14 个国家的动态得分在研究年份间有过低于 0 外，其他国家的得分一直都在 0 以上，表明核能国际合作风险低于全球平均水平，有利于开展项目合作。值得注意的是，其中黎巴嫩最近 10 年的动态得分都低于 0，且有缓慢下降趋势，表明该国最近 10 年的国际核能合作风险在慢慢变大。

单从综合风险等级较高的 25 个国家的核能国际合作动态得分情况来看（见图 6-9），各国在各年份间的动态得分波动较大，且绝大部分年份小于 0，低于全部“一带一路”国家的平均水平。其中，中亚的乌兹别克斯坦，南亚的斯里兰卡，东南亚的缅甸、越南、印度尼西亚和菲律宾，非洲的多哥、津巴布韦、科特迪瓦和塞内加尔，拉丁美洲的圭亚那和秘鲁，以及西亚的伊拉克 13 个国家在整个研究年份间的动态得分呈现出波动上升的趋势，表明相关风险的波动在变小。而利比里亚、委内瑞拉、也门、叙利亚、利比亚、喀麦隆和阿尔及利亚 7 国的动态得分在最近几年有明显下降趋势。巴基斯坦、埃及、苏丹、马拉维、塔吉克斯坦呈 U 形波动变化，前期虽有下降，但最近年份在慢慢上升，表明近期风险正在变小。

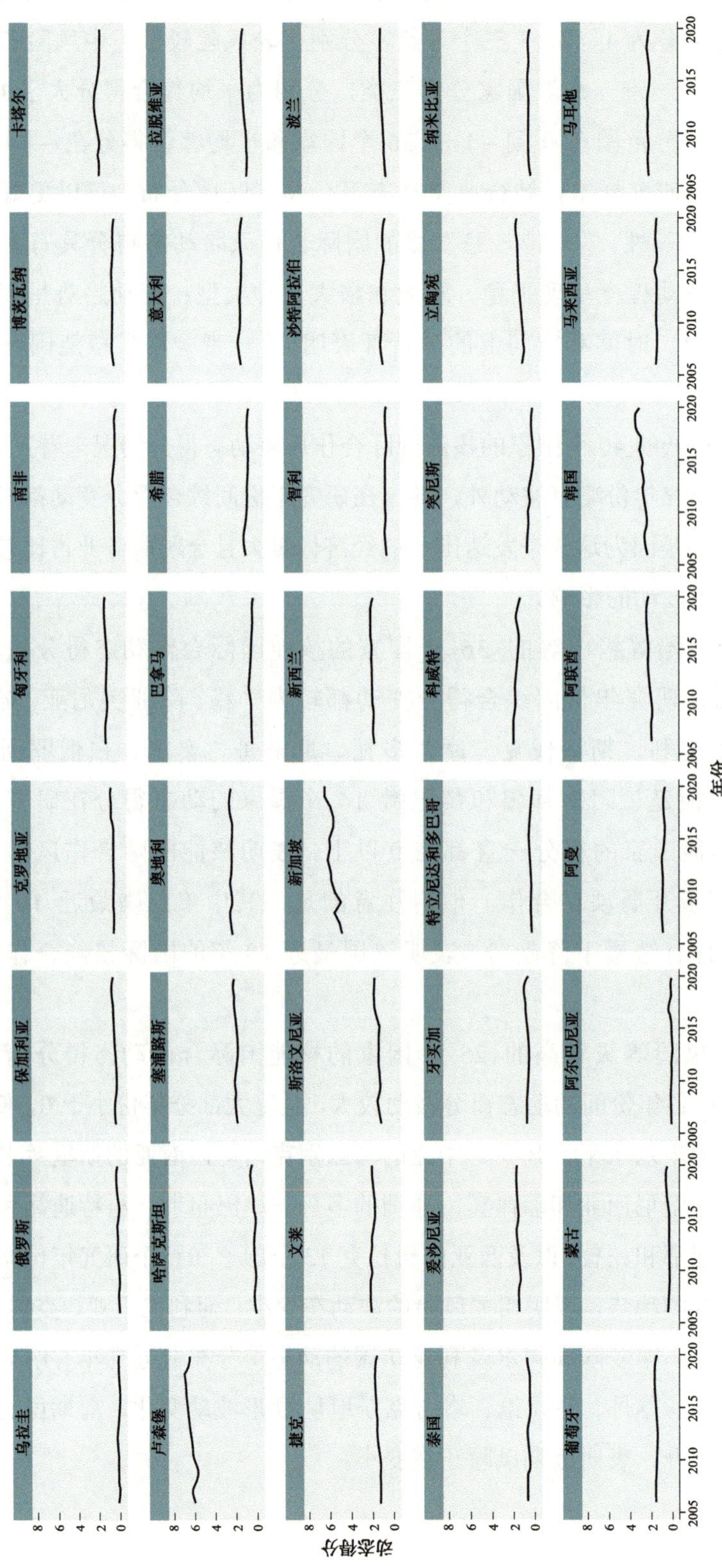


图 6-7　2006—2020 年中国与“一带一路”国家核能国际合作风险动态变化（低风险国家）

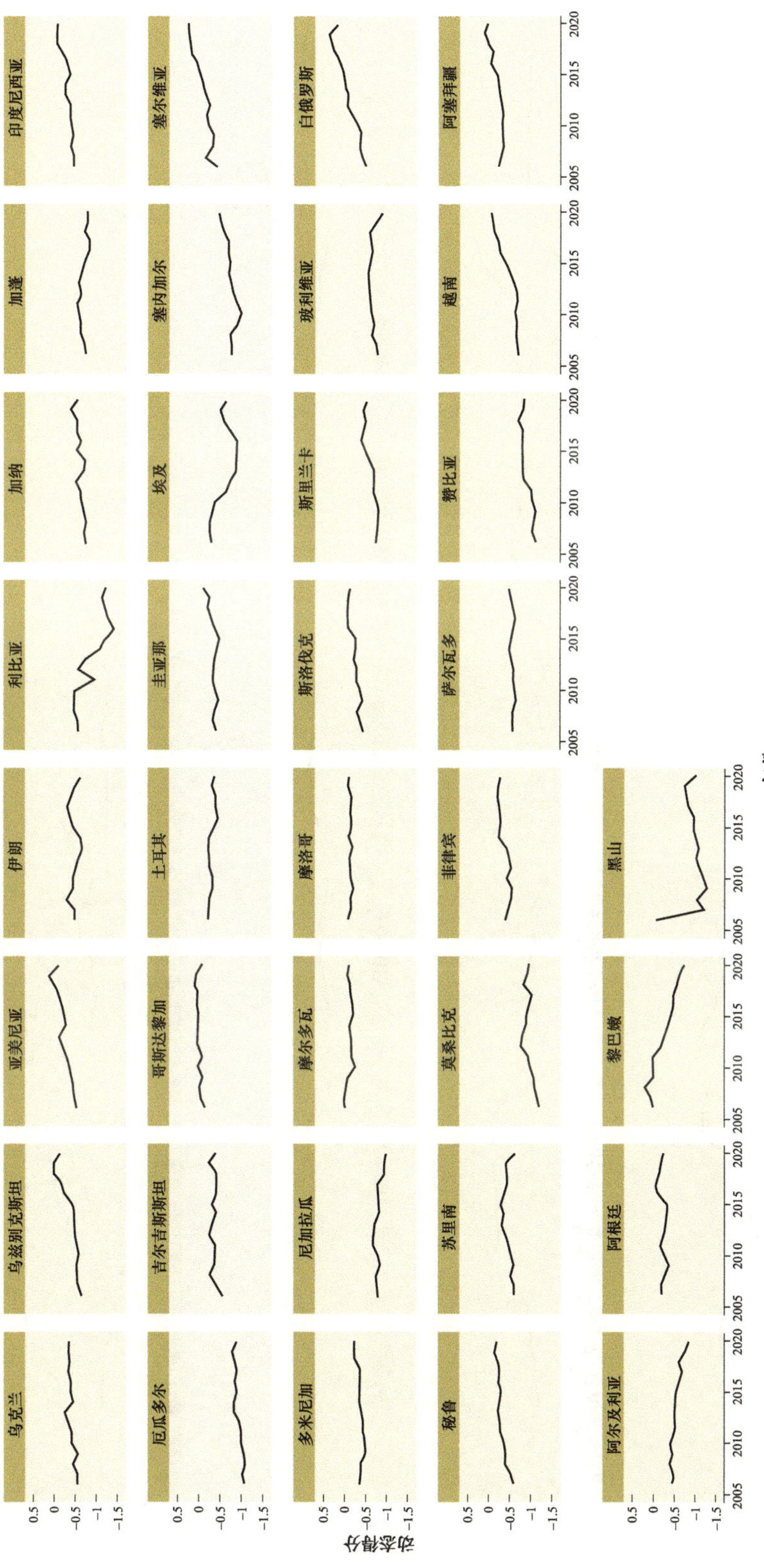


图 6-8 2006—2020 年中国与“一带一路”国家核能国际合作风险动态变化（中等风险国家）

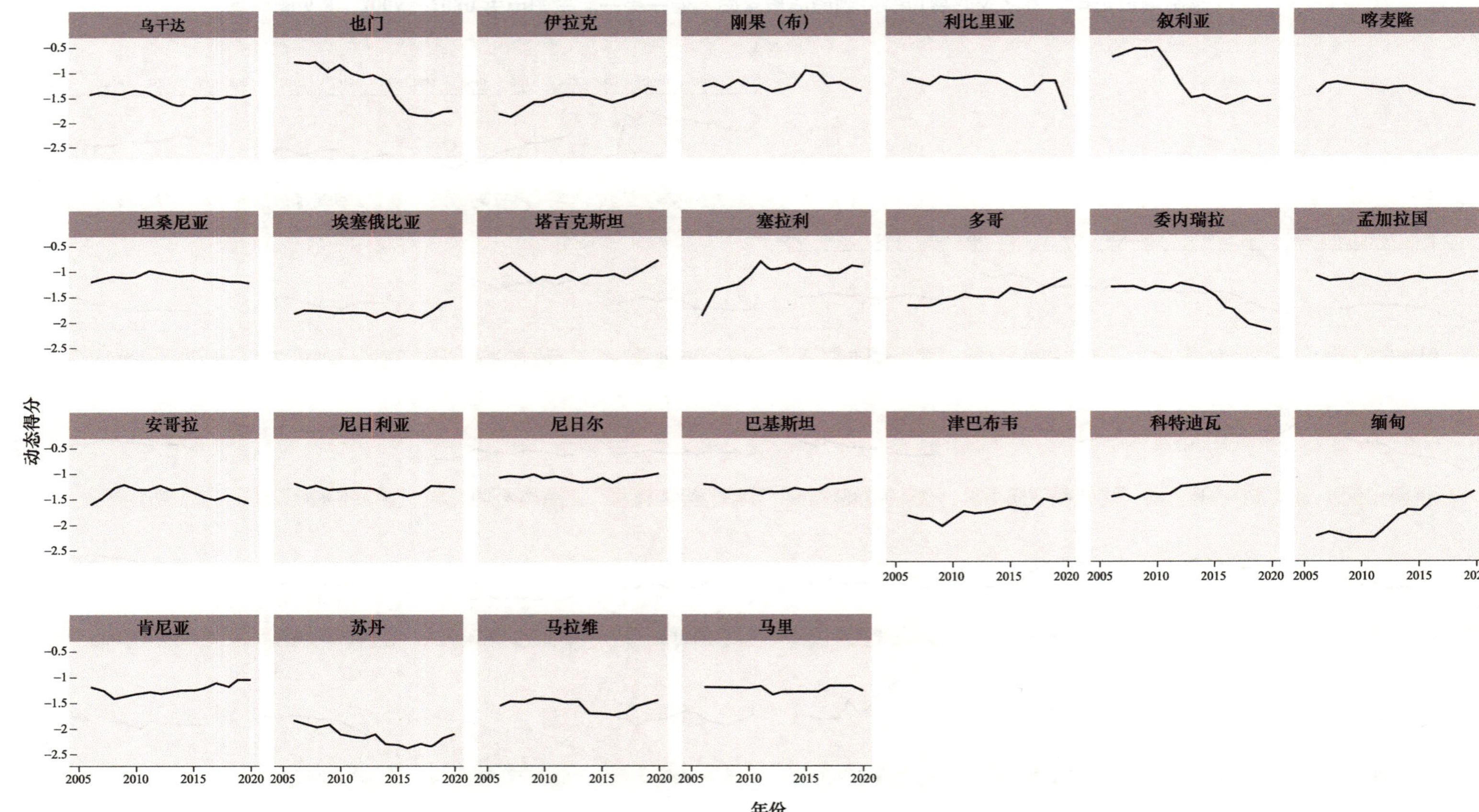


图 6-9　2006—2020 年中国与“一带一路”国家核能国际合作风险动态变化（高风险国家）

表 6-6 2006—2020 年中国与“一带一路”国家核能国际合作风险动态得分（完整版见附录）

| 年份<br>国家 | 2006 | 2007 | 2008 | 2009 | 2010 | 2011 | 2012 | 2013 | 2014 | 2015 | 2016 | 2017 | 2018 | 2019 | 2020 | 综合得分 | 排名 |
|---|---|---|---|---|---|---|---|---|---|---|---|---|---|---|---|---|---|
| 卢森堡 | 5.91 | 6.22 | 6.05 | 5.67 | 6.09 | 6.30 | 6.24 | 6.42 | 6.56 | 6.67 | 6.83 | 6.73 | 6.92 | 6.67 | 6.56 | 6.39 | 1 |
| 新加坡 | 4.84 | 5.07 | 5.54 | 4.95 | 5.56 | 5.84 | 5.94 | 6.19 | 5.97 | 6.05 | 5.73 | 5.68 | 5.94 | 6.44 | 6.53 | 5.75 | 2 |
| 韩国 | 2.16 | 2.36 | 2.39 | 2.17 | 2.35 | 2.45 | 2.58 | 2.63 | 2.80 | 2.74 | 2.96 | 2.87 | 3.25 | 3.38 | 3.01 | 2.67 | 3 |
| 奥地利 | 2.25 | 2.35 | 2.39 | 2.22 | 2.36 | 2.37 | 2.28 | 2.33 | 2.36 | 2.23 | 2.22 | 2.32 | 2.49 | 2.51 | 2.42 | 2.34 | 4 |
| 阿联酋 | 1.88 | 1.93 | 1.97 | 1.75 | 1.78 | 1.98 | 2.10 | 2.21 | 2.29 | 2.28 | 2.26 | 2.27 | 2.36 | 2.38 | 2.19 | 2.11 | 5 |
| 塞浦路斯 | 1.73 | 1.86 | 2.05 | 1.90 | 1.96 | 1.92 | 1.75 | 1.74 | 1.79 | 1.84 | 1.94 | 2.09 | 2.09 | 2.21 | 2.15 | 1.94 | 6 |
| 马耳他 | 2.00 | 2.13 | 2.17 | 2.06 | 2.12 | 2.07 | 2.02 | 2.16 | 2.06 | 1.99 | 2.04 | 2.09 | 2.19 | 2.13 | 2.07 | 2.09 | 7 |
| 文莱 | 2.05 | 2.16 | 2.14 | 2.17 | 2.06 | 2.21 | 2.06 | 2.05 | 1.93 | 1.79 | 1.76 | 1.86 | 1.97 | 2.04 | 2.04 | 2.02 | 8 |
| 新西兰 | 1.78 | 1.89 | 1.85 | 1.83 | 1.94 | 1.94 | 1.98 | 2.00 | 2.10 | 2.03 | 2.10 | 2.10 | 2.09 | 2.09 | 1.96 | 1.98 | 9 |
| 斯洛文尼亚 | 1.22 | 1.34 | 1.46 | 1.35 | 1.37 | 1.44 | 1.40 | 1.36 | 1.39 | 1.33 | 1.63 | 1.79 | 1.80 | 1.87 | 1.80 | 1.50 | 10 |
| 卡塔尔 | 1.83 | 1.75 | 1.94 | 1.66 | 1.74 | 1.97 | 2.18 | 2.23 | 2.15 | 1.90 | 1.78 | 1.73 | 1.76 | 1.74 | 1.71 | 1.87 | 11 |
| 乌干达 | −1.42 | −1.37 | −1.42 | −1.41 | −1.34 | −1.38 | −1.50 | −1.60 | −1.64 | −1.49 | −1.48 | −1.51 | −1.47 | −1.47 | −1.43 | −1.46 | 91 |
| 马拉维 | −1.56 | −1.46 | −1.47 | −1.41 | −1.42 | −1.44 | −1.49 | −1.50 | −1.67 | −1.71 | −1.74 | −1.70 | −1.55 | −1.50 | −1.44 | −1.54 | 92 |
| 津巴布韦 | −1.79 | −1.85 | −1.87 | −2.00 | −1.85 | −1.72 | −1.75 | −1.73 | −1.68 | −1.62 | −1.67 | −1.68 | −1.48 | −1.53 | −1.47 | −1.71 | 93 |
| 安哥拉 | −1.57 | −1.44 | −1.24 | −1.16 | −1.28 | −1.29 | −1.21 | −1.28 | −1.25 | −1.33 | −1.44 | −1.48 | −1.40 | −1.47 | −1.54 | −1.36 | 94 |
| 叙利亚 | −0.73 | −0.66 | −0.58 | −0.57 | −0.54 | −0.85 | −1.23 | −1.52 | −1.49 | −1.56 | −1.68 | −1.60 | −1.53 | −1.60 | −1.58 | −1.18 | 95 |
| 埃塞俄比亚 | −1.81 | −1.76 | −1.77 | −1.80 | −1.81 | −1.79 | −1.82 | −1.88 | −1.80 | −1.87 | −1.85 | −1.90 | −1.78 | −1.62 | −1.58 | −1.79 | 96 |
| 喀麦隆 | −1.45 | −1.25 | −1.24 | −1.27 | −1.30 | −1.33 | −1.35 | −1.31 | −1.32 | −1.42 | −1.51 | −1.56 | −1.65 | −1.67 | −1.72 | −1.42 | 97 |
| 也门 | −0.79 | −0.81 | −0.78 | −0.98 | −0.84 | −1.00 | −1.09 | −1.05 | −1.14 | −1.54 | −1.80 | −1.84 | −1.85 | −1.77 | −1.76 | −1.27 | 98 |
| 利比里亚 | −1.14 | −1.20 | −1.27 | −1.12 | −1.15 | −1.12 | −1.10 | −1.12 | −1.14 | −1.25 | −1.36 | −1.39 | −1.19 | −1.20 | −1.77 | −1.24 | 99 |
| 苏丹 | −1.84 | −1.88 | −1.94 | −1.92 | −2.08 | −2.14 | −2.17 | −2.12 | −2.29 | −2.30 | −2.37 | −2.29 | −2.32 | −2.16 | −2.07 | −2.13 | 100 |
| 委内瑞拉 | −1.31 | −1.33 | −1.33 | −1.38 | −1.32 | −1.34 | −1.25 | −1.31 | −1.34 | −1.49 | −1.71 | −1.85 | −2.02 | −2.10 | −2.16 | −1.55 | 101 |

结合核能国际合作风险的动态得分发现，卢森堡的综合得分在最近研究年份是最高的，其次是新加坡和韩国。仔细观察发现，这三个国家的风险动态得分变化情况极为相似，呈现缓慢波动上升的特点。也门、利比里亚、委内瑞拉和苏丹的综合得分在最近研究年份中是最低的。就近几年而言，也门、利比里亚和委内瑞拉在最近几年的综合得分有持续下降趋势，推测未来还会继续下降，表明合作风险越来越高。此外，还发现综合得分较高地区的动态得分变化较平稳，综合得分较低地区的动态得分波动反而更大。

## 6.4.4 综合得分分析

利用核能国际合作风险综合评价模型得到综合得分和排名如图 6-10 所示，空间分布结构如图 6-11 所示。

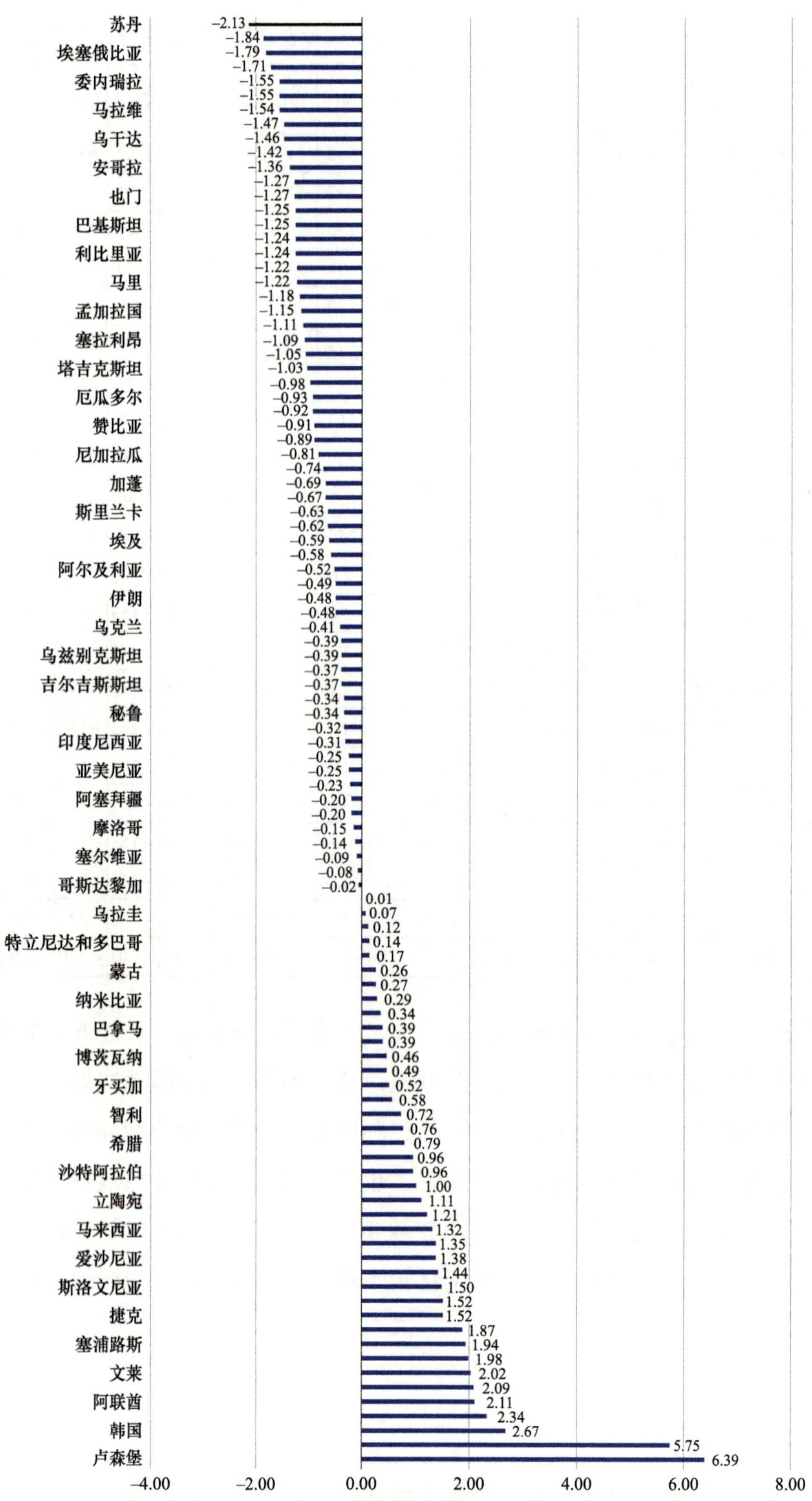


**图 6-10 “一带一路”核能国际合作风险得分整体情况**

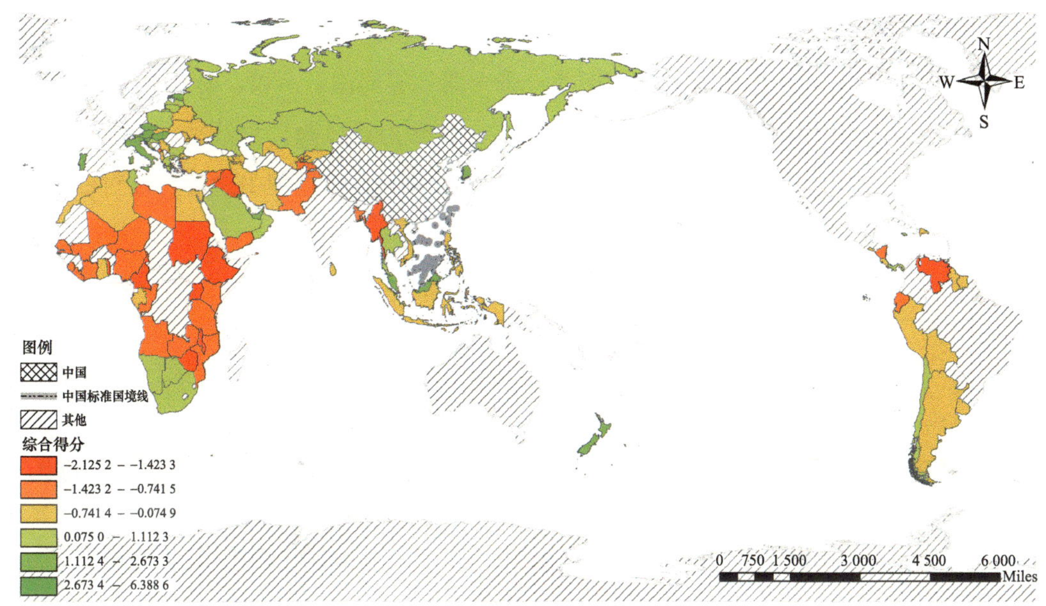


**图 6-11 “一带一路”核能国际合作风险空间分布图**

注：该图基于自然资源部标准地图服务网站下载的审图号为 GS（2016）1667 号的标准地图制作，底图无修改。

从分布结构来看，欧洲的大部分国家、阿拉伯半岛五国（沙特阿拉伯、科威特、卡塔尔、阿联酋和阿曼）、南非三国（纳米比亚、博茨瓦纳和南非）、东南亚地区（除缅甸）、中亚地区（除塔吉克斯坦）、俄蒙地区和拉美地区（除委内瑞拉、尼加拉瓜和厄瓜多尔）具有较低的核能合作风险。可以发现，这些国家或较早进行了工业化，或拥有丰富的油矿资源，或拥有广阔的海岸线可以进行港口贸易，在地图上呈现出显著的点状集聚效应。而大部分中非和北非国家的合作风险较大，主要原因是这些地区大部分国家是以第一产业为主的农业国，恶劣的气候条件、崎岖的高原山地地形和频繁的部落冲突，使得这些地区政治极不稳定且该地区基础设施极为薄弱，导致与其合作的风险远高于其他地区，如中非的刚果（布）和乌干达。个别地，动乱频繁的委内瑞拉、伊拉克和缅甸的核能国际合作风险也较高。总的来说，“一带一路”签约国中，各个地区的核能国际合作风险水平及其分布是不同的、不均衡的。

如果说石油是工业的血液，那么铀矿则是核能产业的血液，铀资源合作是“一带一路”核能合作不可缺少的部分。根据 IAEA 统计数据显示，在全球范围内已探明的铀资源十分丰富，同时世界已探明铀资源储量还在进一步增长，铀矿资源潜力依然巨大。在铀资源的分布上，全球 50 多个国家发现铀矿床，但分布相对集中，主要分布在哈萨克斯坦、俄罗斯、澳大利亚、加拿大等地。中国也有比较丰富的铀资源储量，但中国大部分铀资源属于非常规铀，品位较低，埋藏深，开发成本昂贵，所以产能一直很低，因而对进口铀的依赖程度较高。

天然铀是中国进口铀主要品种，从图 6-12 可以发现，中国主要进口国是哈萨克斯坦、吉尔吉斯斯坦、纳米比亚和俄罗斯“一带一路”签约国。所以，研究“一带一路”核能合作风险对核燃料安全供应具有重要意义。结合上述风险评价结果，中亚除哈萨克斯坦地区的核能合作风险均偏高，建议在后续的铀矿合作过程中进行有针对性的风险预警及补救措施，以保障核燃料供应安全。

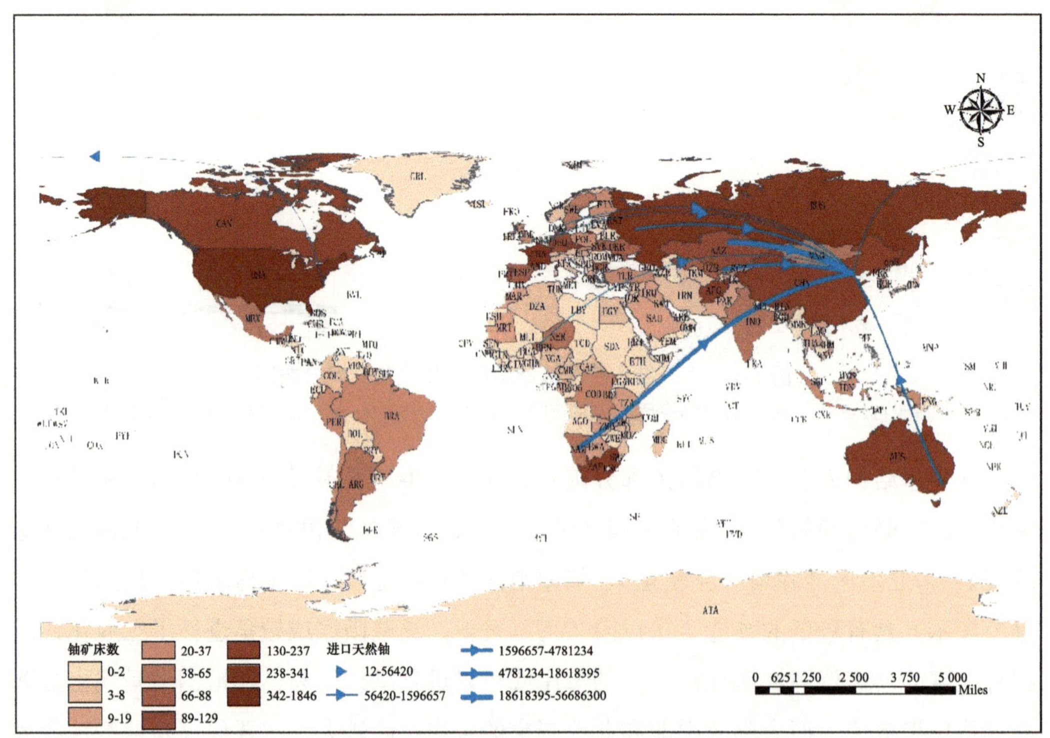


**图 6-12　中国与“一带一路”地区国际铀资源合作路线图**

注：该图基于自然资源部标准地图服务网站下载的审图号为 GS（2016）1667 号的标准地图制作，底图无修改。

## 6.5　进一步讨论——实证检验

回顾第五章“一带一路”国际核能合作风险的博弈模型推导结果，可知：中方核能企业面临的风险概率与外方政府监管成功的概率成反比关系，即当外方政府监管成功的概率越大时，中方企业面临的风险概率相对较低。理论尚且如此，而实际情况则不为人知。为此，本书在前期用动态因子模型测得中国与“一带一路”国家核能国际合作风险数据的基础上，进一步对上一章节的理论模型进行了实证检验。本部分在考察东道国政府监管质量对“一带一路”核能国际合作风险的影响的基础上，同时加入文化距离、制度距离和地理距离三个调节变量来研究其影响的作用范围，以期为我国核能“走出去”战略提供更有针对性的政策建议。

### 6.5.1 理论分析与研究假设

#### （一）东道国政府监管质量与“一带一路”核能国际合作风险

首先，高监管质量标志着东道国在核能合作中拥有更加健全和有效的监管体系和措施。这涵盖了法律法规的完善程度、监督执法的力度、安全标准的执行情况等。在这样的情况下，东道国能够更有效地管理核能项目，确保安全性和环境保护，从而降低事故和安全风险的发生概率。因此，中国作为合作方，在与高监管质量的国家进行核能合作时，所面临的风险将显著降低。其次，高监管质量的东道国通常具备更高水平的技术能力和专业知识。这使得他们在面对技术挑战时，能够迅速理解并作出相应反应。相较于技术能力较弱的国家，他们更有能力提供稳定可靠的核能设施运营和维护，能够有效降低技术上的风险。这对于作为合作方的中国来说，这样的合作能够显著减少不确定性和潜在风险。此外，高监管质量的东道国往往展现出强烈的合作意愿和坚定的承诺履行能力。他们重视国际合作和共同发展，因此与中国合作时，能够建立更加稳固的信任基础。这种信任不仅有助于双方建立长期稳定的合作关系，还能促使双方共同承担风险与责任。在这种情况下，双方合作的风险会得到有效管理和控制。

基于此，提出假设 H1：东道国的监管质量越高，则中国与“一带一路”国家进行国际核能合作的风险就越低。

#### （二）文化距离的调节作用

文化距离是指国家或地区之间在文化、价值观和社会习俗方面的差异程度。当中国与“一带一路”国家之间存在较大的文化差异时，可能会对核能合作的风险缓释产生影响。首先，文化差异可能导致双方在合作过程中出现理解和沟通障碍，增加合作的不确定性和风险。不同的文化背景可能引发误解、价值冲突和管理方法的分歧，进而影响双方的合作意愿和有效协作。其次，文化差异还会对东道国的核能合作态度和管理方式产生深远影响。当两国在价值观、制度和管理理念上存在差异时，东道国可能对中国所采用的监管措施和标准持有异议，或在实施过程中难以有效配合。这可能会削弱东道国监管质量对风险的缓释作用，增加合作风险。此外，文化差异可能导致双方在合作中的信任缺失和合作意愿降低。缺乏互信和稳固的合作基础会影响双方对彼此的信任程度，东道国可能对中国的监管措施持怀疑态度，或对合作的风险心存顾虑。这将削弱中国通过东道国的监管质量来缓解风险的能力。

基于此，提出假设 H2：文化距离越大，则东道国监管质量对中国跟“一带一路”国家核能国际作风险的缓释作用就会越弱。

### （三）制度距离的调节作用

制度距离是指国家或地区之间在法律制度、政策环境、管理规范等方面的差异程度。当中国与“一带一路”国家之间存在较大的制度距离时，可能对核能合作的风险缓释产生影响。首先，制度差异可能导致合作过程中的合规性和监管问题。由于东道国可能面临与中国不同的法律和规章制度，他们可能在理解和适应中国的监管要求上遇到困难，这无疑增加了合作的风险。其次，制度差异对东道国监管质量的影响也是关键因素。当两国在法律制度和监管机构建设方面存在显著差异时，东道国可能无法有效地履行监管职责，监管质量难以得到充分保障。这将减弱东道国监管对核能合作风险的缓释作用，增加合作的不确定性和风险。此外，制度差异还可能导致合作双方在权责分配、合作模式和信息共享等方面面临障碍。不同的制度安排可能引发合作过程中的利益分配问题、决策机制不一致、信息不对称等挑战，从而影响双方的合作意愿和合作效果。这些问题进一步削弱了东道国监管质量对风险缓释的效果。

基于此，提出假设 H3：制度距离越大，则东道国监管质量对中国跟“一带一路”国家核能国际作风险的缓释作用就会越弱。

### （四）地理距离的调节作用

在跨国核能合作中，较大的地理距离会带来信息传递、沟通、协调和资源限制方面的挑战，从而降低东道国监管质量对风险的控制效果。首先，地理距离的增加会加剧信息传递和沟通的困难。不同国家之间的地理距离导致时区差异、语言障碍、文化差异等问题，阻碍了有效的信息共享和沟通。这使得东道国监管机构难以及时了解中国的核能合作进展、政策变化、技术要求等关键信息，从而降低了监管质量。其次，远距离也使得监管协调和合作变得更加困难。有效的核能合作需要各方之间的密切协调和合作，但地理距离的增加无疑加大了会面的难度，使得沟通交流变得更加困难。这可能导致误解和冲突的增加，影响监管机构之间的合作关系和效果，进而削弱监管质量。此外，地理距离也限制了东道国监管机构的资源获取和能力培养。远离中国的东道国可能面临资源匮乏、技术能力不足的问题，难以满足核能监管的要求。而缺乏足够的资源和专业人员，监管机构的能力提升和技术创新受到限制，进一步降低了监管质量的提升。

基于此，提出假设 H4：地理距离负向调节东道国监管质量对中国与“一带一路”国家核能和国际风险的反向关系。

综上所述，本书的研究理论框架，如图 6-13 所示。

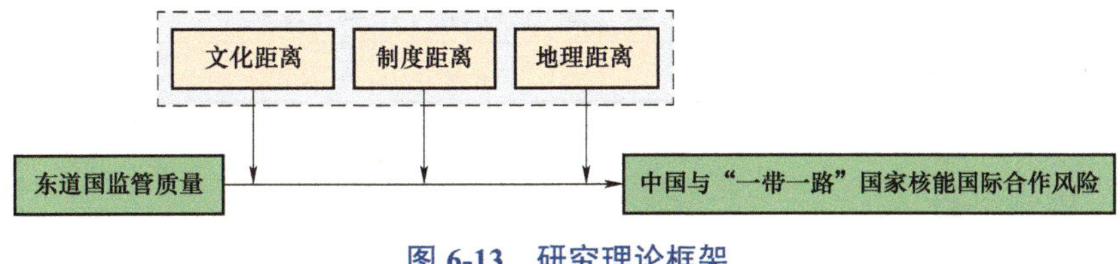


图 6-13 研究理论框架

## 6.5.2 变量选取与模型设定

### （一）变量选取

被解释变量 $y$ 为核能合作风险，对本章通过动态因子模型测得的“一带一路”国际核能合作风险的动态数据取相反数，该值越大，则表示风险越高。核心解释变量 $x$ 为外方政府监管成功概率的代理变量，即东道国监管质量。同时，加入文化距离、制度距离和地理距离作为调节变量。为了控制其他因素对回归结果造成影响，本书分别从国家的经济发展水平、政治稳定程度、营商环境、对华关系等层面，将东道国 GDP、政治风险等级、经济自由度、与华双边外交和清洁能源使用占比纳入控制范围。此外，还控制了时间效应和个体效应。为了控制变量量纲的影响，对全部解释变量进行了取对数处理，并对全部连续变量进行了 1%的缩尾处理，剔除数据严重缺失样本，最终保留 100 个研究样本，有效观测值 1 500 个。具体变量定义如表 6-7 所示。

表 6-7 变量定义

| 变量类型 | 变量名称 | 变量符号 | 度量方式 |
|---|---|---|---|
| 被解释变量 | 核能合作风险 | $y$ | 动态因子模型测得 |
| 核心解释变量 | 东道国监管质量 | Ln($x$) | 世界银行国家发展指标 |
| 调节变量 | 文化距离 | Ln(culture) | 霍夫斯泰德指数 |
| | 制度距离 | Ln(rule) | 六个维度测得中国与东道国制度环境差异的欧氏距离 |
| | 地理距离 | Ln(geography) | 根据 CEPII 数据库整理，形成中国与各国间的地理距离数据 |
| 控制变量 | GDP | Ln($x$1) | 世界银行国家发展指标 |
| | 政治风险等级 | Ln($x$2) | ICRG 数据库政治风险指标 |
| | 经济自由度 | Ln($x$3) | 美国传统基金会数据库 |

续表

| 变量类型 | 变量名称 | 变量符号 | 度量方式 |
|---|---|---|---|
| 控制变量 | 与华外交 | Ln(*x*4) | 根据《中国外交重要活动纪事》手工整理中外两国部级及以上领导人外交频次 |
| | 清洁能源使用比重 | Ln(*x*5) | 根据 IBRD 和 IEA 数据库手工计算整理 |
| | 年度虚拟变量 | Year | 第 *t* 年度取值为 1，其他为 0 |
| | 个体虚拟变量 | Code | 第 *i* 个国家值为 1，其他为 0 |

### （二）模型设定

本书主要采用面板数据对主效应进行检验，模型构建如式（6-9）。

$$y_{i,t} = \alpha + \beta x_{i,t} + \gamma Controls_{i,t} + Year_t + Country_i + \varepsilon_{i,t} \tag{6-9}$$

其中 $i$ 代表国家；$t$ 代表时间；$Year_t$ 和 $Country_i$ 分别表示时间和地区的固定效应；$\varepsilon_{it}$ 表示随机效应；$y_{it}$ 代表核能合作风险，以上文测得结果的相反数表示；$x_{i,t}$ 代表东道国监管质量；$Controls_{i,t}$ 为控制变量合集，分别用 Ln(*x*1) 到 Ln(*x*5) 来表示。

## 6.5.3 变量描述性统计

为观察样本分布情况，基于前文的指标选取进行描述性统计分析，结果如表 6-8 所示。被解释变量核能合作风险 *y* 的最小值为 − 6.051，最大值为 2.119，均值为 − 0.001，总体数值普遍不高，且最大值与最小值差异较大，说明各国家的核能合作风险水平存在较大差异；核心解释变量东道国监管质量 Ln(*x*) 最小值为 − 0.103，最大值为 1.586，均值为 1.020，表明不同国家的监管质量存在差异。这为下面的研究提供了基础。

表 6-8 描述性统计

| 变量 | 观测值 | 均值 | 标准差 | 最小值 | 中位数 | 最大值 |
|---|---|---|---|---|---|---|
| *y* | 1 500 | − 0.001 | 1.380 | − 6.051 | 0.277 | 2.119 |
| Ln(*x*) | 1 500 | 1.020 | 0.326 | − 0.103 | 1.043 | 1.586 |
| Ln(culture) | 1 500 | 0.940 | 0.450 | − 0.418 | 1.016 | 1.774 |
| Ln(rule) | 1 500 | 0.820 | 0.397 | − 0.185 | 0.779 | 1.742 |
| Ln(geography) | 1 500 | 8.988 | 0.545 | 6.907 | 9.027 | 9.857 |
| Ln(*x*1) | 1 500 | 24.743 | 1.546 | 21.579 | 24.706 | 28.299 |
| Ln(*x*2) | 1 500 | 4.076 | 0.598 | 0.000 | 4.162 | 4.486 |
| Ln(*x*3) | 1 500 | 1.933 | 0.457 | 0.000 | 2.049 | 2.265 |
| Ln(*x*4) | 1 500 | 1.096 | 0.392 | 0.000 | 1.099 | 2.303 |
| Ln(*x*5) | 1 500 | 2.616 3 | 1.316 | 0.00 | 2.82 | 4.55 |

## 6.5.4 相关性分析与共线性检验

表 6-9 报告了模型所有变量的 Pearson 相关系数检验结果，通过对相关性系数的初步分析可以简单判定一些变量之间存在显著相关性。被解释变量 $y$ 与核心解释变量 $x$ 之间成显著负相关关系，假设 H1 得到初步验证。控制变量来看，东道国 GDP 水平、政治风险等级，经济自由度和对华外交均与被解释变量 $y$ 成负相关关系，东道国清洁能源使用占比与被解释变量 $y$ 成负相关关系。从检验值来看，模型不存在严重的多重共线性问题。而为了保证研究结论的客观性，本书对模型中变量做了共线性检验，结果如表 6-10 所示，VIF 值均小于 2，远低于学术界设定的经验值 10，故该模型不存在多重共线性的问题。

**表 6-9 相关性分析**

| | $y$ | $x$ | $x1$ | $x2$ | $x3$ | $x4$ | $x5$ |
|---|---|---|---|---|---|---|---|
| $y$ | 1 | | | | | | |
| Ln($x$) | −0.68*** | 1 | | | | | |
| Ln($x1$) | −0.33*** | 0.25*** | 1 | | | | |
| Ln($x2$) | −0.29** | 0.13*** | 0.13** | 1 | | | |
| Ln($x3$) | −0.27*** | 0.43*** | 0.12*** | 0.04 | 1 | | |
| Ln($x4$) | −0.24*** | 0.13*** | 0.50*** | 0.10** | 0.07*** | 1 | |
| Ln($x5$) | 0.43*** | −0.14*** | −0.29*** | −0.08*** | 0.13*** | −0.13*** | 1 |

注：括号内为稳健标准误。***、**、*分别表示在 1%、5%、10%的水平下显著。

**表 6-10 共线性检验**

| Variable | VIF | 1/VIF |
|---|---|---|
| Ln($x2$) | 1.51 | 0.664 177 |
| Ln($x5$) | 1.34 | 0.743 599 |
| Ln($x1$) | 1.34 | 0.744 687 |
| Ln($x4$) | 1.30 | 0.771 474 |
| Ln($x6$) | 1.16 | 0.860 174 |
| Ln($x3$) | 1.03 | 0.969 271 |
| Mean VIF | 1.28 | |

## 6.5.5 平稳性检验

该部分主要通过 Ips 和 Fisher-ADF 测试两种方法对各变量进行了平稳性检验，结果如表 6-11 所示，均拒绝了存在单位根的原假设，表明该模型的数据都十分平稳，且在方程中不需要考虑伪回归问题。

**表 6-11　平稳性检验**

| 变量 | Ips | Fisher－ADF |
|---|---|---|
| $y$ | －4.570 2（0.000 0） | 14.485 9（0.000 0） |
| Ln($x$) | －6.921 4（0.025 6） | 13.200 0（0.000 0） |
| Ln(culture) | －6.076 5（0.000 0） | 10.434 1（0.000 0） |
| Ln(rule) | －5.165 7（0.000 0） | 9.792 9（0.000 0） |
| Ln(geography) | — | — |
| Ln($x$1) | －1.509 2（0.000 0） | 15.779 2（0.000 0） |
| Ln($x$2) | －7.138 3（0.000 0） | 16.545 4（0.000 0） |
| Ln($x$3) | －6.124 2（0.000 0） | 58.413 3（0.000 0） |
| Ln($x$4) | －13.116 0（0.000 3） | 12.855 1（0.000 0） |
| Ln($x$5) | －5.781 9（0.000 0） | 19.203 5（0.000 0） |

## 6.5.6　回归结果分析

根据豪斯曼检验结果，$p<0.000\ 1$。因此，采用固定效应模型，回归结果如表 6-12 所示。列（1）表示不加控制变量的回归结果；列（2）在前面基础上加上了控制变量，但只固定了个体效应；列（3）在列（2）的基础上仅固定了时间效应；列（4）为加上所有控制变量的双向固定效应模型。可以看出，各个模型的回归结果都表明东道国的监管能力与核能合作风险成反向关系，且在 1%的水平上显著，证实了研究假设 H1。

**表 6-12　回归结果（固定效应模型）**

| 序号 | （1） | （2） | （3） | （4） |
|---|---|---|---|---|
| 变量 | 被解释变量：核能国际合作风险（$y$） | | | |
| Ln($x$) | －1.097*** | －0.962*** | －0.806*** | －0.899*** |
| | （0.148） | （0.146） | （0.105） | （0.138） |
| Ln($x$1) | | －0.049* | －0.095*** | －0.051* |
| | | （0.027） | （0.028） | （0.028） |
| Ln($x$2) | | －0.406*** | －0.349*** | －0.403*** |
| | | （0.086） | （0.061） | （0.087） |
| Ln($x$3) | | 0.055** | 0.031 | 0.058** |
| | | （0.027） | （0.028） | （0.027） |
| Ln($x$54) | | －0.083*** | －0.107*** | －0.083*** |
| | | （0.019） | （0.020） | （0.018） |

续表

| 序号 | (1) | (2) | (3) | (4) |
|---|---|---|---|---|
| 变量 | 被解释变量：核能国际合作风险（$y$） | | | |
| Ln($x$5) | | 0.061** | 0.028 | 0.045 |
| | | (0.027) | (0.033) | (0.030) |
| _cons | −1.181*** | 3.749*** | 4.581*** | 3.757*** |
| | (0.153) | (0.736) | (0.737) | (0.761) |
| N | 1 500 | 1 500 | 1 500 | 1 500 |
| r2 | 0.375 | | 0.439 | 0.498 |
| r2_a | 0.369 | | 0.437 | 0.492 |
| code | YES | NO | YES | YES |
| year | YES | YES | NO | YES |

注：括号内为稳健标准误。***、**、*分别表示在 1%、5%、10%的水平下显著。r2_a 为调整后 R 方。

这可能的原因为：一方面，高质量的监管体系能够确保核能项目在设计、建设和运营过程中符合最高的安全标准。这包括对核电站的设计、设备选择、工程施工、运行管理、应急预案等方面的严格监管。如果东道国的监管质量高，中国与“一带一路”国家合作的核能项目将更有可能遵循世界核能机构（IAEA）等国际标准，从而降低核安全风险，保障人民和环境的安全。另一方面，高质量的监管体系意味着东道国在核能领域有较高的可信度和声誉。若中国与“一带一路”共建国家在核能合作中，所选择的东道国拥有高质量的监管体系质量，这将极大地增强国际社会对这些合作项目的信赖度。这种信任的建立，将促使其他国家和机构更愿意与东道国和中国展开合作，共同推动核能项目的发展。

## 6.5.7 异质性分析

### （一）不同地理区域

为了考察在不同地理位置主效应的效果，本部分分别将各个国家样本按照其归属地区进行分组回归。如表 6-13 所示，列（1）～列（7）分别表示撒哈拉以南地区组、中东北非地区组、欧洲地区组、南亚地区组、中亚地区组、东亚及东南亚地区组和拉美加勒比海组的主效应回归结果。其中，各个分组回归结果反映东道国监管质量对核能合作风险的负相关关系。进一步发现，除南亚、东亚及东南亚地区两组地区不显著外，其余地区均显著为负。中东北非组和欧洲组在 1%水平下显著且系数绝对值较大，其余的在 10%水平上显著且回归系数绝对值相对较小。由此可以看出，在中东北非地区和欧洲地区，东道国监管质量对核能合作风险的缓释作用更加明显，撒哈拉以南地区、中亚地区和拉美地区次之，南亚、东亚及东南亚地区不显著。

**表 6-13 异质性分析——不同地理位置**

| 序号 | （1） | （2） | （3） | （4） | （5） | （6） | （7） |
|---|---|---|---|---|---|---|---|
| 变量 | 被解释变量：核能国际合作风险（y） | | | | | | |
| Ln(x) | −0.384* | −0.658*** | −0.832*** | −0.905 | −1.369* | −0.252 | −0.540** |
| | （0.197） | （0.228） | （0.169） | （0.439） | （0.413） | （0.141） | （0.245） |
| Ln(x1) | −0.009 | −0.098** | −0.175 | 0.271** | 0.478** | 0.015 | −0.055*** |
| | （0.050） | （0.040） | （0.139） | （0.039） | （0.058） | （0.148） | （0.017） |
| Ln(x2) | −1.204*** | −1.396*** | −0.352*** | −0.908 | −0.774* | −1.493** | −0.622 |
| | （0.233） | （0.344） | （0.018） | （0.339） | （0.185） | （0.616） | （0.401） |
| Ln(x3) | 0.034 | 0.052 | −0.036 | −1.732* | 0.091 | 0.136* | −0.017 |
| | （0.024） | （0.038） | （0.021） | （0.497） | （0.044） | （0.071） | （0.014） |
| Ln(x54) | −0.054* | −0.101** | −0.082** | −0.044* | −0.094 | −0.207* | −0.005 |
| | （0.027） | （0.041） | （0.032） | （0.011） | （0.040） | （0.098） | （0.041） |
| Ln(x5) | 0.172*** | −0.056 | 0.218*** | 0.359* | 0.138 | −0.006 | 0.163** |
| | （0.042） | （0.086） | （0.052） | （0.122） | （0.201） | （0.050） | （0.059） |
| _cons | 5.918*** | 8.919*** | 5.672 | 0.739 | −6.406* | 5.474 | 4.407** |
| | （1.630） | （1.653） | （3.531） | （2.415） | （1.853） | （4.224） | （1.721） |
| N | 375 | 300 | 330 | 45 | 45 | 165 | 240 |
| r2 | 0.528 | 0.689 | 0.744 | 0.838 | 0.859 | 0.635 | 0.607 |
| r2_a | 0.501 | 0.667 | 0.728 | 0.703 | 0.742 | 0.584 | 0.571 |
| code | YES | YES | YES | YES | YES | YES | YES |
| year | YES | YES | YES | YES | YES | YES | YES |

注：括号内为稳健标准误。***、**、*分别表示在 1%、5%、10%的水平下显著。r2_a 为调整后 R 方。

对于南亚和东亚及东南亚两组地区结果不显著问题，有以下几点原因。其一，南亚、东南亚地区的一些国家可能在核能监管方面存在能力不足的问题。核能是一项高度敏感和复杂的技术，需要强大的监管机构和专业知识来确保安全性。如果监管能力不足，不仅可能导致监管措施的执行力度大打折扣，更可能削弱对风险的缓释作用。其二，南亚、东南亚地区的一些国家可能在核能领域的资源和技术方面存在限制。建设和运营核能设施需要大量的资金投入和高水平的技术支持，包括设备供应、人才培养和维护能力。这些国家如果缺乏这些资源和技术，可能导致核能合作的风险无法得到有效缓释。其三，南亚、东南亚地区的一些国家可能存在政治不稳定和地震等自然灾害的风险。政治动荡可能导致监管机构的工作受到干扰。同时，地震等自然灾害可能对核能设施的安全性构成潜在威胁，特别是在缅甸等地质活跃区。这些复杂因素相互交织，进而削弱了该地对核能合作风险的缓释作用。

关于在中东北非地区和欧洲地区，东道国监管质量对核能合作风险的缓释作用更加明显，本书认为主要原因是，资源密集型的中东北非地区和技术密集的欧洲地区，长期以来一直是各国能源国际合作的重要选择，其监管能力方面比较健全，这些地区在监管能力方面已经建立了相对健全和成熟的体系。这种强大的监管基础使得其在核能国际合作中，能够更有效地预防和缓解风险，确保项目的安全稳定运行，所以该地区监管质量对核能国际合作风险的缓释作用较大。

### （二）不同经济发展水平

本部分依据世界银行所提供的人均收入数据，对世界各经济体进行分组，从地区不同发展水平角度对各个研究样本进行分组回归，来进一步讨论主效应的影响效果。回归结果如表 6-14 所示，列（1）～列（3）分别表示高收入组、中收入组和低收入组的回归结果。不难发现，三组回归结果皆表明东道国监管质量对核能合作风险产生负向影响。从系数大小来看，对于经济发展水平较低的地区，东道国监管质量对核能合作风险的缓释作用表现更加显著，而对于经济更发达的地区，表现则不那么明显。这表明东道国经济发展水平较低并不能直接构成核能合作的障碍。相反，若东道国提升其监管能力，将显著增强对核能合作风险的缓释作用，从而进一步促进合作的顺利进行。比如中国长期与伊朗、中亚五国和巴基斯坦等国保持着在能源（不局限于核能）领域的密切合作，因此，若中国能在管理、技术等方面给予这些发展水平相对落后的地区和国家足够的支持和指导，将极大地提升双方合作的可能性。

**表 6-14　异质性分析——不同发展水平**

| 序号 | （1） | （2） | （3） |
|---|---|---|---|
| 变量 | 被解释变量：核能国际合作风险（y） | | |
| Ln(x) | −0.858*** | −0.930*** | −1.263*** |
| | （0.232） | （0.116） | （0.219） |
| Ln(x1) | −0.276* | −0.088 | 0.029 |
| | （0.143） | （0.058） | （0.034） |
| Ln(x2) | −1.401*** | −0.364*** | −0.315 |
| | （0.417） | （0.060） | （0.209） |
| Ln(x3) | 0.136*** | 0.015 | 0.112*** |
| | （0.036） | （0.046） | （0.024） |
| Ln(x54) | −0.112*** | −0.075*** | −0.054 |
| | （0.031） | （0.018） | （0.034） |

续表

| 序号 | （1） | （2） | （3） |
|---|---|---|---|
| 变量 | 被解释变量：核能国际合作风险（y） | | |
| Ln(x5) | 0.031 | 0.067* | 0.178*** |
| | （0.034） | （0.038） | （0.025） |
| _cons | 12.426*** | 4.852*** | 2.123 |
| | （3.553） | （1.406） | （1.336） |
| N | 421 | 863 | 216 |
| r2 | 0.514 | 0.549 | 0.729 |
| r2_a | 0.490 | 0.538 | 0.701 |
| code | YES | YES | YES |
| year | YES | YES | YES |

注：括号内为稳健标准误。***、**、*分别表示在 1%、5%、10%的水平下显著。r2_a 为调整后 R 方。

## 6.5.8 调节效应分析

表 6-15 为调节效应检验结果。列（1）～列（3）分别为在文化距离、制度距离和地理距离调节下主效应的回归结果。可以发现，核心解释变量系数与各调节变量交互项系数均在 1%的水平上显著。其中，文化距离和地理距离均对主效应产生负向的调节作用，证实了假设 H2 和假设 H4；制度距离正向调节了东道国的监管质量与核能合作风险的负相关性，即拒绝假设 H3。文化距离、地理距离对主效应的反向调节作用的原因，这里不再赘述。本书所研究的政治距离属于正式制度距离，即为东道国与中国在法律法规等方面具有强制性制度因素的差异。根据研究结果，东道国制度距离对东道国监管质量对中国与其进行核能国际合作风险缓释作用表现出正向调节作用，即制度距离越大，东道国监管质量对核能国际合作风险的缓释作用会增强。这主要原因可能是中国目前法律法规建设还处于初级阶段，存在诸多不健全的情况，而制度距离较大的地区正是法律等制度建设更健全的欧洲国家，即制度的完善催化了东道国监管质量对核能国际合作风险的缓释作用。

表 6-15　调节效应检验结果

| 序号 | （1） | （2） | （3） |
|---|---|---|---|
| 变量 | 被解释变量：核能国际合作风险（y） | | |
| Ln(x) | −1.140*** | −0.727*** | −0.636*** |
| | （0.068） | （0.060） | （0.054） |
| Ln(culture) | 0.365*** | | |
| | （0.134） | | |

续表

| 序号 | (1) | (2) | (3) |
|---|---|---|---|
| 变量 | 被解释变量：核能国际合作风险（y） | | |
| c_ Ln(x1)*c_ Ln(culture) | 0.641*** | | |
| | (0.147) | | |
| Ln(rule) | | 0.154*** | |
| | | (0.024) | |
| c_ Ln(x1)*c_ Ln(rule) | | −0.204*** | |
| | | (0.076) | |
| Ln(geography) | | | 3.774*** |
| | | | (0.581) |
| c_ Ln(x1)*c_ Ln(geography) | | | 0.179** |
| | | | (0.082) |
| x1 | −0.052*** | −0.028** | −0.106*** |
| | (0.014) | (0.012) | (0.012) |
| x2 | −0.420*** | −0.381*** | −0.739*** |
| | (0.048) | (0.074) | (0.083) |
| x3 | 0.033* | 0.044*** | 0.027** |
| | (0.018) | (0.013) | (0.013) |
| x4 | −0.097*** | −0.074*** | −0.103*** |
| | (0.016) | (0.014) | (0.014) |
| x5 | 0.029 | 0.050*** | 0.022 |
| | (0.022) | (0.019) | (0.023) |
| _cons | 4.759*** | 4.067*** | −27.930*** |
| | (0.411) | (0.435) | (5.406) |
| N | 1 140 | 1 500 | 1 470 |
| r2 | 0.893 | 0.893 | 0.892 |
| r2_a | 0.892 | 0.893 | 0.892 |
| code | YES | YES | YES |
| year | YES | YES | YES |

注：括号内为稳健标准误差。***、**、*分别表示在 1%、5%、10%的水平下显著。r2_a 为调整后 R 方。

### 6.5.9 进一步讨论的结论

经过以上分析，得出以下结论。(1) 东道国的监管质量与“一带一路”核能国际合作风险确实存在线性关系。具体表现为，东道国的监管质量越好，则中国与之进行核能国际合作的风险就越低。(2) 在不同地区和不同国家的经济发展水平情况下，东道国监管质量对核能国际合作风险的作用效果具有差异性。具体表现为，在中东、北非和欧洲地区或者经济发展水平较低的国家，东道国的监管质量对核能合作风险的缓释作用更加明显，而在南亚、东亚和东南亚地区的影响并不显著。（3）文化距离和地理距离负向调节了东道国的监管质量与核能合作风险的负相关性，而制度距离正向调节了东道国监管质量与核能合作风险的反向关系。

## 6.6 研究结论及建议

### 6.6.1 研究的主要结论

本章基于2006—2020年的数据，采用动态因子模型对中国与“一带一路”国家核能国际合作具体风险进行测量与评价，并在此基础上通过固定效应模型对上一章推导的理论模型进行了实证检验，得出以下结论。

通过对“一带一路”国家核能国际合作风险的测量，可以发现在以下几点。（1）从具体风险因子来看，相较于营商环境风险、政治风险、对华关系和东道国能源结构四类因子，经济风险因子对中国与“一带一路”国家的核能国际合作风险的影响最为显著。（2）从国别（地区）来看，中国与“一带一路”国家核能国际合作风险在地图上呈现出明显的地区集聚特征。低风险国家主要位于东欧地区、阿拉伯半岛地区、非洲好望角地区和东南亚地区。高风险区主要位于北中非地区，其中，在2020年卢森堡是“一带一路”国家中核能合作风险最低的国家，苏丹为核能合作风险最高的国家。（3）从动态发展的角度来看，在2006—2020年间，中国与“一带一路”国家核能国际合作风险得分风险情况变化的波动幅度呈现出多样化特征，各国情况不尽相同。总体说来，综合得分越高的国家，在研究年份内风险得分波动更平稳，显示出较强的风险抵御能力和稳定性。相反，综合得分越低的国家，风险得分波动幅度会更大，表明这些国家在核能国际合作中面临的不确定性和风险挑战更为严峻。

通过对上一章的理论模型进一步展开实证检验可以得出以下结论。（1）东道国的监管质量与“一带一路”核能国际合作风险确实存在线性关系。具体表现为，东道国的监管质量越好，则中国与之进行核能国际合作的风险就越低。（2）在不同地区与国家间经济发展水平存在差异的情况下，东道国监管质量对核能国际合作风险的影响作用效果是不一样的。具体表现为，在中东、北非和欧洲地区或经济发展水平较低的国家，东道国的监管质量对核能合作风险的缓释作用更加明显，而在南亚、东亚和东南亚地区的影响效果并不显著。（3）文化距离和地理距离削弱了东道国与核能合作风险的负相关性，而制度距离增强了东道国监管质量与核能合作风险的反向关系。

### 6.6.2 相关建议

“一带一路”签约国是中国核能“走出去”战略合作方的重要选择。然而，由于各国经济、政治和文化背景的多样性，导致核能国际合作面临的风险因素不尽相同且复杂多变。因此，加强“一带一路”核能合作风险的识别与防范，理解影响核能国际合作风险的底层逻辑极为重要。结合以上分析得出的结论，为中国政府以及企业提出以下几点建议，从而促进中国核能真正“走出去”。

一是重视地区政治和经济发展稳定性，合理规划核能合作的区域结构。

本书的研究表明，政治和经济发展越稳定的国家或地区，与其开展核能合作的风险越低。中东地区的频繁战争和宗教冲突以及中非地区经常发生的部落矛盾，导致其政治极其不为稳定。例如，伊拉克的恐怖袭击和苏丹部落冲突，这些都极大地提高了与这些地区合作的风险。同时，全球经济增长速度减缓，各国的投资风险也呈现出上升的趋势，因此，不能轻视经济环境对投资风险的影响。如 2008 年金融危机、2016 年经济危机和 2020 年全球疫情节点，各国综合风险得分都有明显下滑。可见，经济不确定性对核能合作风险的影响不容忽视。另外，结合营商环境、能源结构和对华关系发现，东欧、阿拉伯半岛地区和南非地区的综合风险较低。然而，目前中国核能出口集中在南亚和西亚，主要是巴基斯坦和沙特阿拉伯两国，对东欧和南非地区合作较少。对此，中国可加大与南非、中东欧等国的核能合作，并合理规划在这些地区或国家的合作投资，从而减少因合作所产生的风险和经济损失。

二是坚持互利共赢，创新核能合作模式。

“一带一路”签约国正处于工业化高速发展阶段，对能源的消耗需求量极大。其中一些国家虽然核能合作综合风险较低，但经济实力技术水平落后，核电技术和铀矿开发及提炼技术十分匮乏，而部分地区的铀矿资源相当丰富，为未来核能合作提供了可能。鉴于此，提出三种创新合作模式，分别为“提供资金＋提供技术”“提供技术”和“技术合作”。具体地，在核电合作方面，对于非洲南部地区、东南亚地区和南美地区，可以选择“提供资金＋提供技术”的模式；对于阿拉伯半岛的富铀国和东欧国家，可以选择“提供技术”的模式；对于俄罗斯等在核电项目建设、运营等方面具有丰富经验的国家，可以选择“技术合作”的模式；在铀矿资源供应方面，中亚的哈萨克斯坦、乌兹别克斯坦，非洲南部的南非和纳米比亚都拥有比较丰富的铀矿资源，可以选择“提供资金＋提供技术”的模式，与其开展铀矿开发和提炼工作，以满足中国核电事业长期发展对核燃料的需求。

三是优化“一带一路”核能合作平台建设。

（1）加强合作双方政治互信与经济互通

“一带一路”核能合作具有投资周期长、资金需求量大、政治敏感度高等特点。因此，为了缓释现有的核能合作风险，实现合作过程中的政治互信和经济互通，搭建一个以“一带一路”为中心的核能合作平台显得尤为重要。具体而言，在做好政治互信方面，中国政府可以加强与目标合作国家的政治来往，在核能合作双方有分歧问题上能够达成协议，通过政府牵头来带动民间投资；在经济互通方面，通过完善融资渠道和双边法律约定的形式来改善“一带一路”核能合作的营商环境。中国与巴基斯坦核能合作无疑是此举的成功典范。面对像巴基斯坦这样政治经济环境相对复杂的国家，政治互信与经济互通为深化核能合作提供有力保障，这种合作方法对“一带一路”各国在核电领域的发展具有重要意义。

（2）完善风险补偿机制和海外投资保险制度

在“一带一路”倡议的大背景下，中国需要一个可以消除对外投资风险的机制，为对外投资提供保障。美国最初创立的海外投资保险制度，旨在消除国内投资者对东道国政治风险的担忧，鼓励企业“走出去”。这一制度对于中国同样具有借鉴意义，可以运用到中国对“一带一路”各国进行投资和促进经济合作中来。目前中国虽然存在海外投资保险产品，但关于此制度的建立尚属空白，建议制定一部《海外投资保险条例》，为中国核能企业海外投资保驾护航。

四是加强“一带一路”核能合作风险评估机制。

随着近几年国际形势的变化，未来核能合作面临的风险可能持续攀升。特别是2020年全球疫情的暴发，对国家间的要素流通造成了严重破坏，全球经济剧烈波动。与此同时，俄乌冲突等地区冲突的持续发酵，对全球能源要素价格及其供应也将造成重大影响，间接影响到核能产业合作。因此，中国与东道国在商业信用建设方面应该进一步加强，提高市场信息透明度，健全征信、评信、用信机制，建立健全国际贸易信用信息平台，对涉外贸易相关企业进行数据采集，促进各国之间的信息交流。在收集和分享信息的基础上，应构建一套以政府为主导，专业风险评估组织和外资企业共同参与的风险评估系统，进而做好预警工作。

五是重视东道国监管质量对整个核能合作项目风险影响的重要性。

高质量的监管体系对于核能项目的安全、可靠和可持续发展至关重要。通过与监管质量好的国家或地区合作，不仅能降低核能合作的风险，还能确保项目的顺利实施。监管质量更好的国家或地区通常在核能技术方面拥有更高的能力和专业知识，通过与之合作，双方可以共同研究和开发新的核能技术，提高核能在能源领域的效率和可持续性。此外，在中东、北非和欧洲地区，或者经济发展水平较低的地区，东道国监管对核能合作风险的影响更显著。就此，建议中国在进行“一带一路”核能国际合作时做到以下两点。

（1）优先选择中东、北非及欧洲地区作为合作的目标区域，同时在与经济发展水平较低的国家进行核能合作时，要重视东道国的监管质量，通过加强合作机制、提供技术支持和培训、加强监管标准和法规、加强人员培训和交流、建立风险评估和应急预案，以及加强监督和审计等措施，提高东道国对“一带一路”核能合作风险的监管水平。

首先，可以建立健全的合作机制，包括签署明确的合作协议、建立双方沟通协调机制等。确保中国与东道国之间的信息共享和沟通畅通，及时了解和解决问题。另外，中方可以为东道国提供核能领域的技术支持和培训，帮助其提升核能监管的专业水平。通过共享经验和技术，增强东道国的核能安全意识和能力，加强风险防范和应对能力。其次，中国可以与东道国共同制定和完善核能监管的标准和法规，确保核能项目的建设和运营符合国际安全标准。通过引入国际先进的监管标准，提高东道国对核能项目的监管质量和水平。同时，中国可以派遣专业人员赴东道国提供技术培训，并与东道国的监管部门进行交流和合作。通过人员培训和交流，加强双方的合作与理解，提高东道国对核能合作风险的监管质量。此外，在核能项目的前期规划阶段，中国可以与东道国一起进行风险评估，排除可能存在的风险并制定相应的应急预案，确保在项目建设和运营过程中能够及时应对突发事件和事故，并采取有效措施保障核能安全。最后，在加强监督和审计方面，中方可以建立监督机制，对核能项目进行定期审计和监督检查，确保项目按照合同约定和相关法规进行建设和运营。同时，与东道国建立信息共享机制，及时了解项目的运行情况和存在的问题，确保风险能够得到及时控制和处理。

（2）重视文化距离、制度距离和地理距离对东道国监管与“一带一路”核能国际合作风险的调节作用。建议中国在选择合作伙伴时，要重视文化距离和地理距离的负向作用，应加强与东道国之间的文化交流与理解，提高双方的互信和合作意愿，建立更紧密的合作伙伴关系，建立长期稳定的合作机制。同时，加强中国与东道国之间的信息共享与沟通机制，及时发现并解决合作过程中出现的问题。在合作过程中，中国可以提供更多的培训和技术转移支持，从而提高东道国在核能监管方面的能力和水平，弥补文化差异和地理距离带来的不足。

## 6.7 本章小结

本章利用动态因子模型对中国与“一带一路”国家核能国际合作风险进行实证分析，从实证角度进一步对“一带一路”国际核能合作风险进行深入探讨。首先，系统梳理当前国际核能合作中存在的政治风险、经济风险、营商环境风险、国际竞争风险和投资选择风险。在此基础上，本书选取了 19 个二级指标构建“一带一路”国家核能国际合作风险指标体系。然后，通过 2006—2020 年 101 个“一带一路”国家作为样本数据，利用动态因子模型对“一带一路”国家核能国际合作风险进行静态和动态综合分析。研究发现，（1）经济风险在中国与“一带一路”国家核能国际合作中的影响最大；（2）低风险国家主要位于东欧地区、阿拉伯半岛地区、非洲好望角地区和东南亚地区，高风险国家主要位于北中非地区；（3）合作风险得分越高的国家，风险波动更平稳，而综合得分越低的国家，其风险波动幅度会更大。

然后，进一步研究东道国政府监管质量与“一带一路”核能国际合作之间的关系，并探究文化距离、制度距离和地理距离对两者关系的调节作用。研究发现，（1）东道国监管质量与“一带一路”国家核能国际风险负相关；（2）文化距离和地理距离会削弱东道国监管质量与“一带一路”国家核能国际风险间的负向关系；（3）制度距离会增强东道国监管质量与“一带一路”国家核能国际风险间的负向关系。

由此，提出以下五点建议：（1）重视东道国的投资便利化水平，合理规划中国核能合作的区域结构；（2）坚持互利共赢，创新核能合作模式；（3）优化“一带一路”核能合作平台建设；（4）加强对“一带一路”核能合作风险的评估机制；（5）重视东道国监管质量对整个核能合作项目风险影响的重要性。

# 第7章 “一带一路”核能国际合作的模式选择

核能是一种清洁、高效、可持续的能源，发展核能对于应对气候变化、保障能源安全、促进经济社会发展具有重要意义。中国是世界上最大的核能市场之一，也是“一带一路”倡议的发起国和主要推动者。中国参与“一带一路”国家核能国际合作，不仅有利于提高中国的核能技术水平和国际影响力，也有利于推动“一带一路”共建国家的能源转型和低碳发展，实现共赢共享。本章首先归纳了当前中国核能领域国际合作的主要形式，并对其中存在的问题进行了深入剖析。基于此，结合前述各章的研究成果，本章旨在为中国与“一带一路”共建国家在核能领域的合作模式选择提供相关建议。

## 7.1 现有核能国际合作模式

### 7.1.1 政府间合作模式

政府间合作模式是指核能合作双方政府之间通过签署协议、谅解备忘录、合作框架协议等文件，确定核能合作的原则、目标、范围、机制等，为企业间的具体项目合作提供政策支持和保障的一种合作模式。和平利用核能已经成为世界各国共同追求的目标，并且是国际合作的关键领域。中外政府间核能合作模式主要有以下几种特点。

政治性强：政府间合作模式体现了双方政府对核能合作的高度重视和政治意愿，有利于增进双方政治互信和战略协作。

法律性强：政府间合作模式为核能合作提供了法律依据和框架，有利于规范双方在核能领域的权利和义务，保护双方的利益和安全。

指导性强：政府间合作模式为核能合作提供了指导方向和目标，有利于推动双方在核能领域的长期、稳定、全面的合作。

本书以俄罗斯与中国在核能领域的技术引进合作，以及中国向巴基斯坦的核能技术出口合作为案例，探讨了中外政府间核能合作模式的实践与经验。

中俄两国在核能领域有着深厚的历史渊源和良好的互信基础，是全面战略协作伙伴。两国政府通过签署《中华人民共和国政府与俄罗斯联邦政府关于和平利用原子能领域合作协定》《中华人民共和国与俄罗斯联邦关于加强在建设第三国核电站方面战略协作谅解备忘录》等文件，为两国在核电、核燃料、核技术应用等领域开展广泛合作提供了法律保障和政策支持。2014 年 5 月 20 日，俄罗斯联邦总统普京对中华人民共和国进行国事访问，标志着中俄关系已迈入全面战略协作伙伴关系的新阶段。双方表示将采取新的措施提高务实合作水平，扩大务实合作领域，其中包括建立全面的中俄能源合作伙伴关系。同年，双方总理牵头在莫斯科建立了中俄民用核能合作委员会，规定每年召开一次会议，就双边合作项目进行审议和批准，为两国在核能领域的务实合作提供了政策指导和协调保障，积极推动双方在核电、核燃料、核医疗、核环保等方面的合作。2018 年，中俄发表《中华人民共和国和俄罗斯联邦关于进一步深化全面战略协作伙伴关系的联合声明》。在该声明中，双方同意将两国于 1992 年签署的为期 25 年的《中俄政府间和平利用核能合作协议》的有效期延长 20 年。该协议涵盖了反应堆设计与建造、反应堆运行与维护、核燃料循环与处理、核技术应用与研发等领域。

中俄政府间核能合作主要表现为三个方面。首先是技术转让，这是中俄政府间核能合作模式的关键组成部分之一。作为核能产业的后来者，中国始终秉持"引进来"的发展战略。在此指导下，中国与俄罗斯签署了多项技术转让协议，成功引进了其先进的核能技术和设备。例如，俄罗斯国家原子能公司（Rosatom）与中国签署了 4 台 VVER-1200 核反应堆和两台 VVER-600 核反应堆的供应合同。VVER-1200 是 1 200 兆瓦的先进第三代压水反应堆；VVER-600 是 VVER-1200 的小型版本，容量为 600 兆瓦。其次，中俄政府间核能合作模式的另一个重要组成部分是成立合资公司。中国和俄罗斯在核能行业建立了多个合资公司，旨在通过共同利用资源和交流专业技术，促进两国在该领域的深入合作。如中国田湾核电站的成功建设，主要是因为合资公司使用了俄罗斯核能技术和专业知识。最后，除了技术转让和合资公司之外，中国和俄罗斯还在核能技术研发方面进行合作。两国建立了联合研究中心，对先进的核能技术进行研究和知识共享，例如，双方在北京建立了中俄快堆示范工程联合研究中心，用于共同开展快堆技术研究和创新研究。

巴基斯坦是中国全天候战略合作伙伴，也是“一带一路”倡议的重要参与者。两国政府通过签署《中华人民共和国与巴基斯坦伊斯兰共和国关于建立全面战略伙伴关系联合声明》《中华人民共和国与巴基斯坦伊斯兰共和国关于加强在“一带一路”框架内务实合作联合声明》等文件，为两国在核电、核技术应用等领域开展务实合作提供了指导原则和目标。在 20 世纪 80 年代末，巴基斯坦面临着严重的能源危机，政府决定扩大其民用核计划。与此同时，中国也在寻求扩大核计划，并寻求进入全球核能市场的机会。1991 年，中国核工业总公司和巴基斯坦原子能委员会（PAEC）签署一项协议，共同建设巴基斯坦的恰希玛核电站（CNPP）。CNPP 对于两国来说都是一个重要的项目，因为它是巴基斯坦第一个商业核电站，亦是中国首个海外核电项目。CNPP 的建设分两个阶段完成，CNPP-1 于 2000 年投入使用，CNPP-2 于 2011 年投入使用。

自 CNPP 成功完成以来，中巴已经签署了若干项旨在深化双方在核能领域合作的协议。2013 年，为了推进巴基斯坦的核能发展计划，中巴签署了关于建设卡拉奇核电站（KANUPP）2 号和 3 号机组的协议。这两台机组的建设将采用我国自主创新的“华龙一号”第三代核电技术。此外，中巴核能合作也扩展到其他领域，如核安全与保障、核燃料循环、研究与开发。在 2010 年，中国和巴基斯坦签署了成立巴基斯坦核管制机构（PNRA）的协议，该机构负责监管和监督巴基斯坦核计划的安全和保障。中国还为巴基斯坦的科学家和工程师提供核能领域的培训和技术援助。中巴核能合作对两国政府均有重要意义。在巴基斯坦，核能已转变为关键的电力供应来源。长期以来，该国一直承受着能源短缺的巨大压力。为了缓解这一紧张状况，巴基斯坦依托中国的先进技术，致力于核能发电项目的建设。这一举措不仅有效缓解了巴基斯坦国内的能源供需矛盾，而且有助于降低该国对化石燃料的依赖程度。此外，中巴核能合作增强了该国的核能力和外部安全感。对于中国来说，与巴基斯坦的核能合作是扩大我国核工业和进入全球核能市场的一部分。中巴核能合作的成功，展现了中国第三代核电技术的安全性、成熟性和先进性，对中国核能“走出去”具有示范意义。

中俄与中巴核能合作是中国核能产业从“引进来”到“走出去”的重要典范。中国与俄罗斯核能合作已经持续了 20 多年，这对中国核能技术发展起到了重要作用。通过该合作模式，中国得以汲取俄罗斯在核能技术领域的深厚底蕴，进而极大地促进了本国核能产业的蓬勃发展。这一合作模式也为俄罗斯开辟了新的核能技术市场，有效加强了中俄两国的战略合作关系。中国与巴基斯坦的核能合作模式使中国得以向巴基斯坦传授在核能技术领域的专业知识和经验，助力巴基斯坦构建和强化自身的核能产业。在此基础上，中国不仅为巴基斯坦提供了清洁能源的发展途径，同时也为全球核能技术的进步贡献了力量，推动了中国核能技术的国际传播和应用。总而言之，中俄和中巴在核能领域的合作模式，可视为中国与"一带一路"共建国家开展政府间核能合作的典范。

### 7.1.2 民间核能国际合作模式

民间核能合作的主体主要是各国核能相关企业。除了政府引导各国间进行核能合作外，各国核能相关企业也与其他国家进行着核能相关合作。这种合作模式有利于提高核能的安全性、经济性和可持续性，促进核能的国际化发展和技术创新。这种合作模式主要具有以下特点：以市场为导向，以项目为载体，以技术为支撑，以利益为纽带，以规则为保障。这种模式既考虑了各方的需求和优势，又遵循了国际惯例和标准，体现了互利共赢和责任共担的原则。目前中国主要核能相关企业有中核集团、中广核集团、国家电投和中国华能。其参与核能国际合作的主要方式包括出口核电站、技术转让、人才培养、联合研发、投资入股等。

#### （一）出口核电站模式

这是中国参与"一带一路"国家核能国际合作的主要模式，也是最直接的方式。中国可以根据目标国家的电力需求和财力状况，提供不同类型和规模的核电站，包括压水堆、快堆、高温气冷堆等。中国可以通过政府间协议、商业合同、金融支持等方式，与目标国进行全方位的合作，实现核电站的设计、建设、运行、维护等全生命周期管理。中国自主第三代核电技术"华龙一号"机组出口取得重要进展，并且运用在巴基斯坦 K2、K3、C5，阿根廷阿图查核电 3 号机组项目中，其中巴基斯坦 K2、K3 项目已建成投产。同时，对于"华龙一号"的英国通用设计审查（GDA）工作已于 2021 年全部完成。此外，中国企业还积极推进对南非、土耳其、约旦、保加利亚、捷克等国家新建核电项目的投资合作。

#### （二）技术转让模式

这是中国参与"一带一路"国家核能国际合作的辅助模式，也是提升中国核能技术竞争力和影响力的重要途径。例如，中国国家核电技术有限公司曾与美国西屋联合体签署了第三代核电技术转让及核岛设备采购合同，并通过二次创新，形成我国具有自主知识产权的核电技术品牌——“华龙一号”。在中国与“一带一路”国家的核能国际合作中，中国可以根据目标国家的核能发展阶段和技术需求，向其提供核能技术转让服务，包括反应堆设计、燃料循环、安全监管、废物处理等方面，以及通过双边或多边协议、专利授权、技术培训等方式，与目标国家进行深入的技术交流和合作。

#### （三）人才培养模式

这是中国参与“一带一路”国家核能国际合作的基础模式，也是促进中国与目标国长期友好关系的重要手段。在中国与“一带一路”国家的核能国际合作中，合作双方可以根据对方的核能技术人才缺口和培养需求，向其提供核能人才培养服务，包括理论教育、实践培训、学术交流等方面。如，立足于中国核电产业对于核能领域高端技术和管理人才的需求，中山大学与法国民用核能工程师教学联盟在中法两国政府的共同支持下，全方位合作建立了中法核工程与技术学院。

#### （四）联合研发模式

这是中国参与“一带一路”国家核能国际合作的前沿模式，也是推动中国与目标国共同创新的重要平台。中国可以根据目标国的科研优势和创新需求，向其提供核能相关技术支持。中国和法国核能合作从大亚湾到台山再到英国欣克利角核电项目，双方在核电工程、先进核燃料循环和核技术应用领域已开展了多层次、全方位的合作，核能合作走过了从“法方为主、中方为辅”到“中方为主、法方提供支持”，再到“共同设计、共同建造”三个重要阶段。

#### （五）投资入股模式

这是中国参与“一带一路”国家核能国际合作的多元模式，也是促进中国与目标国互利共赢的重要途径。中国一方面可以根据目标国的发展需求和市场情况，向其提供核能投资和股权投资服务，包括建设、运营、维护、融资等方面。另一方面可以通过与目标国的企业合作、股权投资、联合开发等方式，实现共同发展和共享利益。如，中广核铀业发展有限公司联合中非发展基金收购纳米比亚湖山铀矿；中核集团控股纳米比亚罗辛铀矿；中哈合作建设哈萨克斯坦 200 吨 AFA-3G 压水堆核燃料组件厂。

### 7.1.3 第三方市场合作模式

第三方市场合作是中国倡导和实施的国际合作新模式，指两个或更多个国家或地区的企业、政府或非政府组织共同参与的一种合作形式，旨在在第三方市场（不属于参与国或地区的市场）开展商业活动或实施项目。第三方市场合作首次出现在中国官方文件中是在 2019 年 3 月，政府工作报告中提出：以共商共建共享为原则，利用国际通行规则，发挥企业作用，推动“一带一路”共建国家基础设施建设，同时利用中国富裕的产能加强国际合作，拓展第三方市场合作。2019 年 9 月，中国国家发展和改革委员会发布《第三方市场合作指南和案例》指出，中国政府希望，通过开放的、包容的第三方市场合作这一国际合作新模式，实现中外企业优势互补，并推动第三国经济发展，特别是基础设施水平提升，“实现 1+1+1>3 的效果”。

第三方市场合作的范围广泛，涉及多个领域，如基础设施建设、能源资源开发、农业合作、科技创新、金融服务。该合作形式可以加强国际的经济互联互通，促进资源优化配置，推动全球经济增长和深化合作伙伴关系。当前，中国第三方市场的合作已经步入了体制构建阶段，通过与发达经济体进行经贸合作，促进“一带一路”的高质量发展。

第三方市场着眼于全球经济复苏乏力的困境，推进了南北和南南合作协同，改变了“能源国供应，欧美等发达国家消耗”的传统产业链格局，衔接了各个发展阶段国家，实现了“全球产业链上下游”有机整合，为全球经济增长注入新的动能，也为全球企业实现“双赢”带来了新的契机。第三方市场是一种全新的国际合作方式，既能满足各方的利益需求，又能发挥“1+1+1>3”的作用，对西方发达国家积极融入“一带一路”也有一定的促进作用。目前，中国已与法国、加拿大、荷兰、新加坡等国建立了第三方市场的合作，并与德国、英国、奥地利等国进行了积极的协商。中国企业通过与有关国家的第三方市场合作，围绕基础设施、能源、加工、金融和环境保护方面的优势互补，在一系列重大项目上都取得了可喜的成绩。

法国是第一个与中国建立第三方核能市场合作的国家。2015 年，中广核集团和法国电力集团签署协议，将为英国建设三个大型核能项目，共同开拓第三方市场，这是中国在英国及欧洲的最大投资项目。其中，欣克利角 C 项目、塞兹维尔 C 项目使用法国 EPR 第三代核电技术，由法国电力公司控股，中广核参股建设。布拉德维尔 B 项目使用中国自主知识产权第三代核电技术“华龙一号”，由中广核控股，法国电力公司参股建设，这是中国自主核电技术首次落地发达国家市场的项目。中法合作使用第三代核电技术在英国兴建核电站，值得一提的是，英国是历史上首个使用商业核电的国家，因此这也是中法在第三方市场合作上里程碑式的项目，对其他“一带一路”国家产生了明显的示范效应。

# 7.2 现有核能国际合作模式主要问题

## 7.2.1 地缘政治影响

国际合作模式主要以地缘政治为主，而地缘政治很大程度将核能合作上升为国家战略层面。核能国际合作可能会受到一些地缘政治因素的干扰，如国家之间的政治关系、核不扩散问题、经济制裁等。这些因素可能导致核能合作的暂停或中断。如美国、日本、澳大利亚、印度形成战略同盟国，其他三个国家唯美国马首是瞻，只要美国对某国进行核制裁，或者发布政策，他们会立即中断合约。国际形势上的任何风吹草动，都必然使核能国际合作受到制约。如荷兰的光刻机和高通对中国的制裁，对中国生产核心部件的芯片实施断供手段。中国在此类合作中处在被动状态，并且因为合作国有自身优势，中国需要借助该国的某种因素，故该国拥有较大话语权。这类国家即使不和中国合作也只是损失市场和经济受损，但没有此项技术，很多国内企业会举步维艰。鉴于此，为防止被别人牵着鼻子走，必须加强中国与“一带一路”国家的合作，进一步增强中国的国际话语权。

由于“一带一路”倡议由中国牵头，中国与共建国家一直以来都保持着良好的外交关系。而核能合作很大程度取决于国家外交，中国政府参与主导的合作有益于合作的稳定性，不易受外界因素干扰。利用海外铀矿等资源建设民用核电站，可以发展本土的核能，改善单一的能源结构；此外，还保护了本土的铀矿资源，因为铀矿是不可再生能源，当未来国际形势发生重大变化时，若不能够保持战略储备，不利于国家主权安全。要保护本国能源安全，留下矿产基础去发展本国的核能甚至原子能研究。另外，一些欠发达的劳动密集型国家，拥有大量廉价的劳动力，且开采成本低，能够更好地发展核能力。目前中国以“碳达峰碳中和”为目标，拉闸限电和双减政策如火如荼地进行着，在广东省甚至有个别企业只上半天班。而铀矿开采虽然开采技术日益成熟，但是露天开采会留下许多残渣，这会导致山体人为受损，最后引起山体滑坡。因此，到别国开采有利于保护本国环境。大量进口他国铀矿，不仅可以占据铀矿市场的多数份额，同时还能够加强中国在国际核能的市场定位，增强话语权。此外，还要加强人员技术交流，促进核能方面技术进步。

最重要的一点是，只有核供应国集团（NSG）拥有核电使用权，因此，中国作为五大常任理事国可以充分利用核电甚至可以合法拥有核武器，利用这点优势可以与没有核电使用权的其他国家进行合作。《不扩散核武器条约》尽管初衷是好的，是为防止军事核技术在世界范围内扩散，防止核电站建设技术不过关引起核泄漏的核事故发生。此前，核污染造成的辐射已经给人类造成了无可挽回的灾害，国际社会也希望悲剧不再重演。故仅允许少部分国家充分发展核能，部分国家有条件地使用民用核技术，但这种排他性的行为本身就是霸权主义，现在国际社会本身就不是完全公平，常任理事国有一票否决权，只要有一个常任理事国反对，该国就无法成为《不扩散核武器条约》的缔约国。且解释权在少部分国家手里，如印日民用核协议之后签署的“观点和谅解笔记”，虽然核心内容是保护核能安全，不允许用于军事目的，但最终是否违约的解释权仍归日本，这一条款事实上为日本提供了一个选择余地，即如果印度的核试验对日本有好处，那么该协定就有可能继续有效。

### 7.2.2 存在技术壁垒

基于核能的特殊性以及核电技术的复杂性，核能国际合作存在壁垒和行政准入门槛。首先，涉及技术保密和知识产权保护。核能技术是高度机密和敏感的话题，一些国家和企业可能出于自身利益考虑不愿意分享核能技术和知识，或者要求保护自己的知识产权。其次，存在技术标准和规范的差异。不同国家和地区可能有不同的技术标准和规范，这可能使得不同国家之间的核能技术难以相互兼容和交流，从而增加了技术壁垒。最后，还有技术能力和资源的差异。不同国家的核能技术水平和资源条件可能存在差异，一些国家可能缺乏先进的核能技术和设备，或者缺乏足够的人才和资金支持。此外，还存在技术输出的风险。许多发达国家通过技术输出来推进自己的核能产业发展，但是这种技术输出往往存在着一定的技术风险，如技术不符合当地环境、设备维护困难等问题。因此，为了克服核能国际合作中的技术壁垒需要各方共同努力，加强交流和合作，加强技术共享和人才培养，建立统一的技术标准和规范，以及加强政策和法律保障。

### 7.2.3 贡献与利益难平衡

在国际合作中，保持贡献与利益的平衡是一个重要的挑战。贡献与利益的平衡是指参与合作的各方在合作中所作出的贡献与获得的利益应该相互匹配和平衡，否则就会导致合作的不公平和不稳定。一些发达国家可能会把技术和资金的贡献转化为对其利益的追求，而忽略了其他国家的需求和利益。导致核能合作双方贡献与利益不平衡的原因有许多，一是不同发展水平。参与国家的经济发展水平不同，技术水平不同，对合作的贡献和获得的利益将会存在差异，难以实现平衡。二是不同利益诉求。一些国家可能更注重商业利益，而另一些国家则更注重技术转移或者政治利益，这也会导致贡献与利益不平衡的情况发生。三是不同合作模式。核能国际合作的方式和模式不同，例如，有些国家采用双边合作，而有些国家则更倾向于多边合作，这也会影响贡献与利益的平衡。在核能合作中，为了实现贡献与利益的平衡，各参与方需要制定明确的合作计划和机制，充分尊重各国的利益和贡献，进行公正和透明的资源和市场准入分配。同时，加强合作双方的技术转移和人员培训等方面的合作，提高双方的技术水平，这也是实现贡献与利益平衡的关键因素。

## 7.3 中国参与“一带一路”国家核能国际合作的模式选择

在以往的研究中，资源方面的国际合作多局限于某一地区，缺乏国家层面的顶层设计。“一带一路”能源合作伙伴关系是中国与共建国家在能源发展方面深化合作，实现互利共赢，推动全球能源可持续发展的重要平台。以“一带一路”能源合作伙伴关系为基础，可以促进各参与国更好地保护生态环境、保障能源安全、应对气候变化，实现可持续发展。“一带一路”打开能源合作模式的一个新方向，从此合作模式有了系统的突破。但是前人研究多集中在“一带一路”下国际能源合作，较少有学者专门研究“一带一路”核能国际合作。在本节中，在介绍合作模式时，特意选取该模式下较为典型的国际核能合作双方，用案例方式来深入阐述，更方便读者理解该模式的特点、优劣及对促进核能合作的作用。

### 7.3.1 “市场+技术”合作模式

“市场+技术”模式是指不同国家或地区企业之间在市场和技术方面进行合作，以实现相互利益和共同发展的合作。在这种合作模式中，企业可以利用彼此的优势和资源，共同开发新的产品或服务，一起进入新的市场或扩大市场份额或者其中一方利用自身核心技术进入另一方的市场。其中，技术合作可以促进合作双方之间技术创新和经验交流，提高技术竞争力；而市场合作则可以开拓新市场，提高市场份额。20 世纪末，中国提出了“市场+技术”合作模式，即通过向外资企业开放国内市场，实现对国外先进技术的消化和吸收，从而提升国内技术水平和自主创新能力。

自 20 世纪 90 年代开始，中国因为历史和政治等复杂因素，陆续引进了法国、加拿大、俄罗斯和美国不同堆型的核电技术。截至 2000 年，国内已建成和在建的 6 座核电站使用了 5 种不同的技术路线，这种技术多样化的现象曾被业内戏称为“万国牌”。

21 世纪的前 10 年被认为是核电行业复苏的黄金时期，中国的核电政策也经历了从“适度发展核电”到“积极推进核电建设”的演变。然而，由于利益分配、政策不稳定等多种因素，中国一直没有建立自己统一的技术标准体系。直到 2009 年，中国才开始建设引进美国 AP1000 技术的浙江三门核电站 1 号机组和引进法国 EPR 技术的广东台山核电 1 号机组。2015 年 5 月，中国“华龙一号”全球首堆示范工程——福清核电 5 号机组开工建设。中国拥有“华龙一号”完全自主知识产权，该技术充分利用了过去 30 年中国在核电站设计、建设、运营方面所积累的宝贵经验、技术和人才优势，实现了从研发、设计、设备制造、工程建设、经营运作及整体品牌的“全自主创新”。

此种合作模式现阶段多数适用于有明确的核能发展计划却没有核能核心技术的发展中国家。中国利用在核能研究方面先进、独特的核能开发技术，可以弥补“一带一路”共建国家中的一些小国家因技术不成熟不敢贸然建设核电站的缺陷。“一带一路”大多国家都因为技术不成熟，核能开发的市场还处于空白状态，故“市场 + 技术”合作模式可以优势互补，形成以市场需求为源头，依托中国人才培养和核心技术，将技术落地在海外核电站建设，实现核能开发产业化推广。此外，也适用于中国与其他核电强国合作，通过引进其他国家核能技术的先进优势，然后在国内进行创新研发，从而提高核能技术水平。

但是，此种合作模式也有一些致命缺陷。首先，如果不进行核能技术创新，“市场 + 技术”合作模式就可能带来消极的结果，如外国企业占据并掌控了技术引进国的市场，引进国却没获得真正的核心技术。造成这种局面的原因有二：一是技术引进国更愿意花钱引进技术，丧失技术创新的动力；二是外国企业在获得技术带来的市场利益后，不会把核心技术转让或卖给引进国，甚至会在技术方面进行一定程度的限制与封锁，例如美国就曾设置对华核能领域的全方位禁令。因此这种合作模式有可能导致一些国家走向一条“放弃自主开发活动—开发技术能力消亡—独立组织实体消亡”的道路。其次，该模式存在知识产权被侵犯的风险。核能技术是一种高度复杂和敏感的技术，具有极高的技术门槛和知识产权价值。一些核能技术引进国由于技术水平不足、监管不力等原因，往往容易发生对核技术知识产权的侵犯。例如，一些核技术引进国家可能没有足够的技术能力和专业知识来管理和保护核技术，或者由于政府管理和监管不力，使得一些私人和非法组织得以获取和使用核技术。

### 7.3.2 “市场 + 资本”合作模式

“市场 + 资本”合作模式是指通过资本运作来推动市场合作。在这种模式下，资本方以提供资金支持为手段，促成有关合作的达成和发展。资本方可能会直接投资、收购或参股目标公司，或者通过股权投资基金、风险投资基金等方式进行资本运作。在“资本+市场”合作模式中，资本方可以利用自身的财力和资源优势，帮助另一方拓展市场、增加营收和盈利，从而推动市场合作的开展。与此同时，市场方可以通过合作获得更多的市场份额和资源，提高市场竞争力。

这种合作模式典型的有：中国与法国联合开发英国市场中的欣克利角 C 项目。2015 年，中广核与法国电力集团（EDF）签订英国核电项目投资协议，双方共同投资建设位于英国萨默特郡的欣克利角 C 核电站，该项目由 EDF 主导，中广核参与，拟建设 2 台由法国主导开发的第三代欧洲先进压水堆技术——EPR 的核电机组。根据双方达成的共识，EDF 将持有欣克利角 C 项目 66.5%的股份，由中广核为首的中方企业将通过通用核能国际公司（GNI）持有 33.5%的股份，这是中法联合进入第三方市场的首次尝试，是中国进入欧洲核能市场的起点。

此模式运营可概括为：中国提供资金用于核电站运营建设，利用其他地区发展核电市场。该模式适用于那些已与其他国家签署核能合作协议或打算引进其他国家核电技术，但存在核电建设资金不足情况的国家。“资本+市场”合作模式的优点在于，可以通过资本运作带动市场合作，快速推进合作项目的达成和发展。此外，投资方在资金和资源上的投入，也可以促使市场方加快合作步伐，提高合作的成功率。然而，由于核能投资具有投资成本高、回报周期长、技术门槛高、安全风险高、易受政治影响等特点，使得此种模式存在一些缺点。一是投资方可能会对市场方的经营管理产生干扰，影响其自主性和创新能力。二是资本方的投资决策往往是以投资回报为首要考虑因素，可能会对市场方的长期发展产生一定的限制。三是对投资方来说，存在一些可能的政治风险、法律风险、收益风险，导致核能投资的收益不稳定或下降，甚至发生投入资金“打水漂”的情况，即不能保证投资者的合法权益；因此，在采用资本换市场合作模式时，需要权衡好各种利弊因素，遵循市场规律和商业道德，实现资本与市场的双赢。

### 7.3.3 “资本+能源”合作模式

“资本+能源”合作模式通常指的是一个国家或者企业向另一个国家或者企业投资，以获得该国家或者企业的能源资源，投资方期望从投资中获得可观的回报，而能源方则获得资金用于开发和建设能源项目。此外，投资方通常会提供技术支持，包括技术咨询和管理经验，以确保能源项目的高效运营。这种合作模式的合作双方通常是长期的合作关系，这有利于能源方获得稳定资金支持，并为投资方提供长期稳定的能源回报，多提供石油、天然气、煤炭、铀等能源。

“资本+能源”核能合作模式的典型就是中国与中亚主要产铀国之间的铀资源合作。中亚地区的哈萨克斯坦拥有丰富的铀矿资源，而中国企业有雄厚的资金量。哈萨克斯坦的铀资源行政主管部门是能源部，拥有授予矿业权和制定开采相关的监督政策等职能，由于铀矿资源特殊的战略地位，外国企业合资建厂的股权比例是受到限制的，故中国企业不占过多股份，仅靠利润分成得到铀矿资源。因此形成中国提供资金与技术，哈萨克斯坦提供铀矿原料，共同合资建厂，产成品销售后由双方共同分成，且哈萨克斯坦向中国运送铀矿成品作为报酬的合作局面。2014 年 12 月 14 日，中国广核集团与哈萨克斯坦国家原子能工业公司签署了《关于扩大和深化核能领域互利合作的协议》，合资生产高端铀产品——铀燃料棒，铀矿开采、天然铀转化、核燃料芯块制作、核燃料组件生产等环节均由双方共同参与。

这种合作模式适用于中亚地区这类铀资源丰富的国家，其好处在于，一方面对中国来说，无需进口就拥有铀矿资源，在发展本国核电的同时又保护了自己的铀矿资源。尽管中国境内也有丰富的铀矿资源储备，但是优先使用进口铀矿资源发展核电，尽量少开采本国铀矿资源，可以在未来国际形势发生重大变化时，保持本国战略储备，为发展本国核能研究留下矿产基础。并且在哈萨克斯坦当地建厂协助开发，可以利用当地廉价的劳动力资源，节约开采成本。另一方面对哈萨克斯坦来说，有了中国的资本和技术支持，能够将开采出来的原铀由低附加值产品转为高附加值产品，可以提高经济效益，以应对国际铀矿价格走势持续低迷的困境。中国的“一带一路”建设秉承“共建丝绸之路经济带”及和平合作、开放包容、互学互鉴、互利共赢的原则，加之又有核能开发前沿技术支撑和亚投行等经济支撑，而西方奉行“逐利在先”的信条，故中国是完全可以信任的合作伙伴。

但是这种合作模式风险较高，首先，能源项目需要大量的资本和资源，如果项目失败，这将导致巨大的损失。其次，能源市场可能会受到政策、技术和价格等各种风险的影响，这些风险可能会增加项目的风险。另外，“资本+能源”合作可能会因过度关注短期经济利益，导致对一国能源的过度开发，而忽视长期社会和环境影响。最后，这种模式可能造成投资国过度依赖国外能源，放弃对本国境内资源的开发利用，这可能导致投资国面临被其他国家能源制裁的情况。

### 7.3.4 “技术+能源”合作模式

“技术+能源”合作模式指的是技术方和能源方之间的合作模式，通过技术和能源的相互作用，实现双方的互利共赢。技术方可以为能源方提供先进的技术、专业知识和经验，帮助能源方提高生产效率、降低能源消耗，以此来换取能源方的能源。而能源方可以为技术方提供能源、商业机会、市场需求和实践场景，推动技术的创新和应用。在这种模式下，双方可以通过技术转移、能源服务、联合研发、技术合作等方式进行合作，共同推进能源转型升级和技术创新。

中国拥有世界领先的铀矿开采地浸技术和第四代核电技术，相较于其他国家，中国的技术成本低、效率高且更加环保；而乌兹别克斯坦铀矿多为不便于使用地浸法开采的硬岩质中小型铀矿，开采成本高，经济效益差。中国世界领先的采矿技术拥有能够承接这类难开采页岩黑矿的底气。乌兹别克斯坦的铀矿地形和哈萨克斯坦完全不同，乌兹别克斯坦的铀矿分布地区比较难开采且成本高。正是因为复杂的地形和对铀矿开采技术要求高，很多国家选择放弃，而中国拥有的先进开采技术刚好可以抓住此次机会，迎难而上。因此，中国与乌兹别克斯坦选择“技术+能源”合作模式进行合作。中国利用先进技术帮助乌兹别克斯坦进行铀矿开采，开采后的铀原料按照比例一部分运回中国。尽管“一带一路”的建设难度大、经济效益不高，但是中国建立“一带一路”的初衷就是构建人类命运共同体和多方友好合作，要懂得让利才可以与“一带一路”共建国家建立长期战略合作伙伴，不能完全以盈利为目的。只有让“一带一路”共建国家在合作中切实得到实惠，才能吸引越来越多的国家加入“一带一路”倡议。

这种模式虽然适用于铀资源丰富的国家，但是这种模式开采成本高，经济效益差，需要耗费大量人力、物力、财力，若没有强大的国家财力支持，光靠私人投资难以为继。但是融资难度也很大，短期内凑齐几亿元资金可能性很低，在缺乏必要的启动资金的情况下，矿区难以开采的特点就一定程度上阻碍了核能的发展。所以这时国家应发挥作用，这点可以借鉴俄罗斯与新兴国家核能合作的方式，国家以主权基金甚至国家信用担保的方式，向引进本国核电项目的发展中国家提供低息贷款。例如俄罗斯曾提供 113.8 亿美元贷款支持孟加拉国的鲁布尔核电站建设，相当于该核电站建设所需融资总额的 90%。

### 7.3.5 “市场+能源”合作模式

“市场+能源”合作模式指的是合作双方，一方在技术和能源上具有优势，而另一方则处于劣势，通过合作，优势方向劣势方输出技术和能源占领其相关市场。运用此模式最典型的是在印度与俄罗斯的核电合作中，即印度的广阔核能市场与俄罗斯丰富的铀矿资源相结合。俄罗斯拥有丰富的铀矿资源，其铀矿探明储量居世界前列，作为第一核电大国，核电开发不论是技术还是资金都非常雄厚。印度作为人口和消费大国，一直以煤炭火力发电为主。但是煤炭的不可再生性和对环境的污染一直被诟病。大力发展核电这类清洁能源一直都备受政府重视，且改变目前较为单一的能源结构是当务之急，因此，在印度核电这类可再生清洁能源拥有广阔市场。但是印度一直被核不扩散条约限制，且技术领域和资金均匮乏，核电发展在国内几乎处于空白。俄罗斯帮助印度建设核电站，部件本地化、为印度供应核燃料填补印度核电市场的空白。1953 年，美国政府提出了“原子用于和平”倡议。1957 年成立了国际原子能机构，1968 年通过了《不扩散核武器条约》(NPT)，这些举措初衷都是旨在禁止军事核技术在世界范围内扩散和确保核技术的和平转让。但是这种排他性的行为使许多发展中国家被排除在民用核技术之外，拥有核技术的国家也不敢将铀原料出售给这些国家，所以很多发展中国家获得核技术并不容易，这就包括印度。在“核隔离”阶段，印度很难从核供应国集团成员国中获得核燃料，而俄罗斯则愿意为印度提供核燃料。尽管核技术是人类的共同财富，但能够发展核电的却是少数国家，这本身就不公平。发展中国家被束缚在 NPT 的条约机制之下，要想摆脱这一限制，最好的办法就是同发达国家进行双边合作，而同俄罗斯合作则是获取准入和发展核技术机会的途径。对印度来说，这是发展本国核电迈开的最重要的一步。

俄罗斯作为全球第四核电生产大国，在天然气和石油等传统化石能源价格低廉、电力需求疲软和国内需求不足的情况下，通过出口核电来代替传统的化石燃料如石油天然气，是促进经济发展的重要途径。并且俄罗斯已经将核电出口作为仅次于武器和石油出口的重大出口产品。而印度刚好有如此大的市场空白，需要与一个核能大国合作来共同发展核能，所以俄罗斯与印度共同发展核电可获得巨大的盈利。

这种模式目前使用最多的是俄罗斯这样的核电大国和铀资源大国，能够向其他国家出口核电或输出技术以及提供核电站所需的核燃料，这也是俄罗斯核电出口的一大优势所在。但对于接受核电出口的国家来说，可能会面临两种挑战，其一是这种模式可能会造成经济依赖，会使一些国家过度依赖少数供应国或购买国，这可能会使这些国家在经济和能源安全方面更加脆弱；其二是能源安全面临挑战，将使某些国家更容易受到能源安全威胁，例如能源供应中断或核电设备维修障碍等。

## 7.4 本章小结

本章回顾了当前核能国际合作的主要模式，分析了现有模式可能存在的问题。在前面章节的研究与分析基础上，根据理论与实际情况，提出了符合“一带一路”框架下的中国核能国际合作新模式。通过总结现有核能国际合作模式发现，目前核能国际合作主要以政府间合作为主，民间合作和第三方市场合作为辅。这是因为核能合作具有高政治敏锐性和高资金投入的特点，更需要政府间合作模式具备政治性、法律性和指导性的特征。然而，随着全球经济一体化的加速，民间合作和第三方市场合作的势头也逐渐显现。尽管如此，核能合作相对于传统能源合作更为复杂，容易受到核能大国之间的博弈、地缘政治、贸易保护主义以及世界反核思潮和《不扩散核武器条约》等因素的影响。现有的纯粹核能合作模式很难适应这些挑战。因此，本书最后在分析和总结前文理论与实证结论的基础上，借鉴当今核能强国的核能合作经验与教训，提炼出符合中国核能国际合作新模式的方案。

在本章中，主要从全球各地区核能发展的特点出发，创造性且有针对性地提出了符合中国核能国际合作的新模式，这些模式包括以“市场＋技术”“市场＋资本”“资本＋能源”“技术＋能源”和“市场＋能源”为载体。这些模式旨在充分利用市场机制、技术创新、资本优势和能源资源，促进中国核能国际合作的可持续发展。通过采取这些新模式，中国可以更好地适应当前国际环境的挑战和变化。这些模式有助于提高中国在核能领域的国际竞争力，加强与“一带一路”国家的合作，推动共同发展和繁荣。此外，这些模式也为中国核能企业拓展海外市场、实现技术输出和资源合作提供了新的机遇。在实施这些新模式的过程中，中国需要注重平衡国内与国际的利益，加强政府与企业之间的联系，建立健全的政策框架和法律体系，确保合作项目的可持续性和安全性。同时，要加强与“一带一路”国家的沟通和协调，促进合作共赢。

# 第 8 章　研究结论及政策建议

## 8.1　研究结论

当前，受全球能源危机和能源转型的双重压力，各国开始将能源国际合作的重点放在核能合作领域。在“一带一路”框架下推进中国核能国际合作不仅可以推动中国成为贸易强国并促进“一带一路”高质量发展，而且对于实现全球“双碳”目标和构建全球核能命运共同体具有重要意义。因此，解决合作机制、合作风险和合作模式优化问题，已成为中国核能国际合作的紧迫任务。本书以“一带一路”倡议框架下中国核能国际合作为研究对象，通过深入分析在“一带一路”倡议框架下中国核能国际合作的必要性与重要性，运用合作博弈模型阐述了中国核能国际合作的内在机理。同时结合核能国际合作的现有成果，进一步从前景、内容、途径、成效、困难、问题、风险等角度分析了“一带一路”核能国际合作的现状与趋势。最后，构建了中国推进“一带一路”核能国际合作的风险防控机制与有效模式，以期为中国的核能“走出去”战略及相关政策制定提供一定的理论依据和经验参考。

第一，考虑到中国核能发展水平因素，本书先后分析了中国核能国内发展状况和国际合作现状并得出以下结论。（1）截至 2022 年年底，中国核电总装机容量排名全球第三，仅次于美国和法国。尽管中国的核电装机容量与美国和法国相比还有很大的增长空间，但中国的核电技术研发和创新能力正在逐步提升。虽然中国在核电技术方面与传统核能大国如美国、法国和俄罗斯相比仍存在差距，但中国正在加强国际合作，学习借鉴其他国家的先进经验和技术，以加快自主创新和发展。同时，中国也在积极探索和推广新型核能技术，如钍基燃料、核废物再利用等，以实现更加高效、安全和环保的核能发展。（2）中国在核能领域的国际合作在不断加强，与美国、法国、俄罗斯、加拿大、英国等核能大国都有合作项目。中国还积极推动和参与国际核安全合作和国际核不扩散体系建设，参与国际核能组织、核安全峰会等国际机构，为全球核能安全和可持续发展作出贡献。在与“一带一路”国家的核能合作中，中国主要集中在铀资源开发利用和核电进出口两方面。尽管中国已与哈萨克斯坦、乌兹别克斯坦和俄罗斯三国展开铀矿合作，并与法国和俄罗斯展开核能技术合作，目前核电还已成功出口到巴基斯坦和阿根廷，但中国在“一带一路”核能合作方面仍面临核能大国的激烈竞争、一些国家核能接受度不高以及各种风险等一系列难点和挑战。

第二，为了了解世界核能强国的核能国际情况，本书通过分析日本、俄罗斯、美国、韩国等国家核能合作或核能发展的过程和结果，可以从中吸取的经验和教训如下。（1）重视核安全建设和管理是实现核能安全发展的基础。在核能开发过程中，安全问题一直是关注的焦点。核能事故将对人类生命和环境造成严重影响，因此确保核电站的安全至关重要。提高核电站的安全标准可以降低事故风险，增强公众对核能发展的信任。此外，为了降低建设成本，也需要不断完善核能技术，提高设备的安全性和效率。同时，与公众积极沟通，消除公众对核能发展的质疑。（2）加强自主创新和技术研发是保障核能安全和提升核能技术水平的重要手段。核能技术的发展需要不断创新和探索。为了提升技术水平和应对不断变化的挑战，需要加强自主创新和技术研发，同时遵守国际标准和规定，加强与国际伙伴的沟通和交流。只有这样，才能够推动核能技术的发展和应用，同时确保核能的安全和可持续发展。（3）加强国际合作、注重安全和环保、平等合作、政策和法律支持、风险评估等方面也是非常重要的。核能是一个涉及多个国家和地区的领域，国际合作显得至关重要。通过加强国际合作，可以实现资源共享、经验交流和技术合作，共同应对全球性的挑战。同时，也需要注重安全和环保，遵守国际标准和规定，保障人类和环境的安全和健康。平等合作、政策和法律支持、风险评估等方面也是不可或缺的。唯有如此，方能确保核能的持续发展，并助力全球可持续发展事业的推进。

第三，为了探究核能国际合作中存在的内在机理，本书在分析中国核能企业与外方政府核能合作的表现及其风险的基础上，运用博弈论的方法构建了中方核能企业与外方政府之间的不完全信息静态博弈模型。根据博弈均衡结果的分析可知，中方核能企业的公关能力和外方政府的监管效率对国际核能合作风险的发生有直接的影响。中方核能企业面临风险的概率、外方政府监管的概率与外方政府监管成功的概率均成反比关系。外方政府监管成功的概率越大，中方企业面临的风险越小，与此同时，外方政府进行监管的意愿越小。中方核能企业面临风险的概率、外方政府监管的概率与外方政府所面临的罚金均成反比关系。外方政府所受惩罚力度越大，中方核能企业所面临的风险越小，与此同时，外方政府进行监管的意愿越小，政府监督越有效，即监督成功的概率越大，在这种情况下，国际核能合作发生风险的概率就会减少。

第四，为了了解中国与“一带一路”国家核能国际合作的风险水平，并验证前面推导的博弈理论模型的实践性，首先，本书基于经济风险、政治风险、营商环境、对华关系和能源结构等因素，构建了中国与“一带一路”国家核能国际合作风险综合评价体系。运用动态因子模型，对2006—2020年间已签署共建“一带一路”合作谅解备忘录的101个国家或地区的核能合作风险水平进行了全面的横向空间差异和纵向动态趋势评估。研究发现：（1）经济风险对核能国际合作综合风险的影响最大。具体来说，卢森堡的得分最高，其次是新加坡、马耳他、奥地利、卡塔尔、塞浦路斯、文莱、阿联酋和科威特。有20个国家的得分高于1，表明它们在核能合作经济实力方面具有明显优势，经济风险较低。从地理位置来看，西亚地区（除阿拉伯半岛）、中非地区、拉丁美洲北部地区和东南亚地区（除韩国和新加坡）的经济风险水平远低于东欧、阿拉伯半岛、新加坡和韩国。（2）根据横向空间差异比较结果，低风险国家主要集中在东欧地区、阿拉伯半岛地区、非洲好望角地区和东南亚地区。中北非地区的核能国际合作风险最高。具体来看，欧洲的大部分国家、阿拉伯半岛五国（沙特阿拉伯、科威特、卡塔尔、阿联酋、阿曼）、南非三国（纳米比亚、博茨瓦纳和南非）、东南亚地区（除缅甸）、中亚地区（除塔吉克斯坦）、俄蒙地区和拉美地区（除委内瑞拉、尼加拉瓜和厄瓜多尔）的核能合作风险较低。其次，通过进一步对前面理论模型进行实证检验，可以得出以下结论。（1）东道国的监管质量与“一带一路”核能国际合作风险确实存在线性关系。具体表现为，东道国的监管质量越好，则中国与之进行核能国际合作的风险就越低。（2）在不同地区和不同国家的经济发展水平情况下，东道国监管质量对核能国际合作风险的作用效果具有差异性，具体表现为：在中东、北非和欧洲地区或者经济发展水平较低的国家，东道国的监管质量对核能合作风险的缓释作用更加明显，而在南亚、东亚和东南亚地区的影响并不显著。（3）文化距离和地理距离负向调节了东道国与核能合作风险的负相关性，而制度距离正向调节了东道国监管质量与核能合作风险的反向关系。

# 8.2　政策建议

## 8.2.1　建立风险评估预警应急体制

随着中国与“一带一路”共建国家合作的持续深化，核能领域合作日益凸显。然而，核能合作过程中所涉及的风险和安全问题同样不容忽视，对此，构建中国与“一带一路”共建国家国际核能合作完善的风险评估体系、预警机制和应急处理架构，显得格外关键。

建立风险评估体系是核能合作的前提，其目的是识别潜在风险并采取必要的预防措施。具体措施如下。(1) 建立信息共享平台，收集和整合各种风险信息，包括政治、经济、社会、自然等方面的信息，并提供实时更新。平台还应该建立专家咨询机制，组织专家对重大风险事件进行评估和预警。(2) 完善风险评估模型。基于收集到的信息和专家评估，建立适用于不同类型的风险评估模型。模型需要包括对政治、经济、社会、自然等方面风险的评估和预测，并将结果反馈到信息共享平台和相关政府机构。(3) 建立风险预警机制。在信息共享平台和风险评估模型的基础上，建立风险预警机制。该机制需要根据风险评估结果，对可能的潜在风险事件实施预警，并确保能够及时向相关的政府机构和企业提供精准的风险警示及合理的建议。

在建立风险评估体系的基础上，还需要建立中国与“一带一路”国家的风险应对机制，包括以下措施。(1) 建立风险应对预案。针对各类潜在风险事件，必须构建具体的风险应对措施预案。此预案应依托信息共享平台及专家咨询机制，确保定期进行审视、更新与优化，以适应不断变化的风险环境。(2) 建立风险应对团队。组建专门的风险管理小组，负责处理各类潜在风险事件。该小组应具备迅速反应的能力，并能够提供专业的风险分析与有效的应对策略。(3) 建立应急物资储备。针对自然灾害、安全事件等可能引发的紧急情况，建立应急物资储备。物资储备可以包括食品、医疗用品、应急救援设备等，以确保在紧急情况下能够快速响应。(4) 建立应急指挥中心。在重大风险事件发生时，通过应急指挥中心，统一指挥协调应急响应工作。指挥中心应该具有快速响应能力，并能够提供专业的应急指导和协调。

此外，在建立风险评估和风险预警机制的基础上，还需要建立风险应急体制，以便在出现紧急情况时能够及时启动应急机制，采取有效措施控制风险并减少损失。首先，要建立中国与“一带一路”国家核能合作应急机制，明确责任分工和应急预案。

应急机制应包括人员、设备和物资等资源的储备和调配，以及应急演练和培训。其次，要加强中国与“一带一路”国家的应急响应能力，提高应对突发事件的能力和效率。组建应急响应团队，定期实施应急演练和开展专业培训，旨在提升相关人员应对突发情况的处置能力。最后，建议加强国际合作，建立中国与“一带一路”国家之间的合作机制，共同应对可能出现的风险和挑战。同时，加强与国际核能机构、国际组织和其他国家的合作，分享经验和技术，提高应对突发事件的能力和效率。

总之，建立中国与“一带一路”国家国际核能合作的风险评估、预警和应急体制，对于确保核能合作的安全和稳定具有重要意义。加强信息共享，建立风险预警指标，建立应急机制和加强国际合作，以应对可能出现的风险和挑战，保障核能合作的安全和稳定发展。

### 8.2.2 灵活选择合适的合作模式

核能国际合作是一个复杂的议题，需要在确保双方利益、核安全和非扩散的前提下进行合作。在合作模式的选择上，应该在考虑东道国风险水平的基础上，灵活选择不同的合作模式，应对不同的情况和需求。基于以上研究结论发现，中国与“一带一路”国家核能国际合作风险较低的地区主要有中东欧地区、阿拉伯半岛地区、非洲好望角地区和东南亚地区，其中俄罗斯、法国、韩国、日本等国的核能发展水平较高，既可能是中国核技术合作国，也可能是中国核能出口的市场竞争者。本书从分区域的角度，根据各地区的核能发展水平及核能合作风险水平提出以下几种核能合作模式。

#### （一）中东欧地区——市场 + 技术 + 资金

核能是中东欧地区主要能源来源之一，中东欧地区的许多国家不具备大规模的油气资源，因此依赖进口能源。发展核能能够为该地区提供可靠的、稳定的基础负荷电力，减少对外部能源的依赖。然而，中东欧地区各国在核能发展方面步调不一。部分国家已具备多年核能经验，而其他国家则正处于建设首座核电站的阶段。与此同时，尚有一些国家目前未制定明确的核能发展策略。

在核能市场合作方面，中东欧地区对能源资源的需求正呈现出持续上升的趋势。在此背景下，核能作为一种具有清洁和高效特性的能源类型，受到广泛关注。鉴于此，中国在市场合作领域应当积极探索与中东欧地区在核能领域的合作机制，以促进双方在该领域的共同发展。

中国可以通过建设核电站、提供核燃料等方式，共同开拓中东欧地区的核能市场，推动中东欧地区的能源转型。在风电、太阳能、生物质等可再生能源快速发展的背景下，根据中东欧国家可再生能源的发展规划，中东欧地区到 2030 年的非化石能源消费量将超过 25%，目前，中东欧部分国家的可再生能源消耗量与欧盟 2030 年目标相比仍有很大差距，因此，其能源转型速度在将来将进一步加快。发展核能是中东欧国家实现能源转型与清洁发展的主要手段，保加利亚、罗马尼亚、捷克等国家正准备在该领域开展相关研究，而中国拥有高效安全的核能技术，可以在该领域进行合作。此外，还可以同中东欧各国开展核电投资、核电设备生产、工程建设等方面的合作。

在核能技术合作方面，中国在核能领域的经验丰富，中东欧地区也有一些国家在核能领域有一定的技术积累和需求。因此，中国可以与中东欧地区的国家开展技术交流和合作，共同研发、推广新型核能技术，提高核能技术水平，共同应对核能领域的挑战。

在资金合作方面，大多数中东欧国家正处于经济转型的阶段，面临着发展乏力和社会问题突出的挑战。在这种情况下，这些国家迫切需要外部市场和投资。由于欧盟在欧债危机后的投资和市场支持不如以前，中东欧国家开始寻求其他国家的合作。中东欧地区的一些国家在能源方面的发展受到融资难的限制，而中国企业可以通过投入资金的方式提供必要的融资支持，有助于推动核能项目的实施。因此，与中国进行核能项目资金合作可以帮助中东欧国家解决融资难题，加速核能项目的建设进程。

综上，中东欧地区的核能发展在能源安全、能源转型等方面发挥着重要的作用，中国与该地区合作可以选择“技术+市场+资金”合作方式，但也需要充分考虑该地区政治、安全等因素，制定科学、合理的发展计划和政策。

### （二）阿拉伯半岛和非洲好望角地区——市场+资金+技术

市场方面，阿拉伯半岛和南非地区是新兴的核能市场。这两个区域对核能技术的需求日益增长，同时，其政治稳定与经济繁荣为核能产业的发展提供了坚实的基础。对于中国企业而言，这些市场具有巨大的潜力和吸引力，是值得深入研究和积极开拓的重要领域。通过与当地企业或政府的合作，中国企业可以在当地建设和运营核电站，提高市场占有率，实现收益的最大化。资金方面，阿拉伯半岛和南非地区在核能领域的投资较少，但是又具有丰富的石油和天然气资源。中国企业可以通过与当地企业或政府的合作，获取当地的资金支持，共同承担项目的投资风险。同时，中国政府还可以通过贷款等方式向当地提供资金支持，促进核能合作项目的顺利进行。技术角度方面，中国拥有较为先进的核能技术，在核电站建设和运营方面具有丰富的经验。阿拉伯半岛和南非地区在核能领域的技术相对滞后，可以通过与中国企业的合作，获取中国的核能技术和经验，提高本地区的核能技术水平。中国企业可以通过与当地企业或政府的合作，推广中国的核能技术和产品，扩大中国在国际核能市场的影响力和市场份额。

从市场、资金和技术角度来看，中国与阿拉伯半岛和南非地区的核能合作具有良好的合作前景和发展空间。双方可以在合作模式、技术转让、市场开发、人才培训等方面加强合作，实现互利共赢。在推进核能合作项目的过程中，中国企业必须高度重视环境保护、核安全以及可持续发展等关键因素，确保相关项目的持久稳定发展。

### （三）东南亚地区——资金+技术+人才培养

市场方面，东南亚地区的大多数国家没有自己的核能技术和燃料生产能力，但一些东南亚国家已经开始制定并实施相关政策，以推动核能发展，因此这些国家必须依靠有能力为其建设核电站的国家。从资金角度看，东南亚地区的一些国家对于核能发展的需求较为迫切，但是由于核电站建设的高投入成本，资金来源可能较为困难。此时，中国可以通过向东南亚国家提供投融资支持来促进合作。例如，可以引入中国政府或国内金融机构的资金，或者凭借中国企业的建设经验和技术优势与当地企业合作，降低建设成本和风险，增强项目的可行性和可持续性。从技术角度看，中国在核能领域拥有着较为丰富的经验和技术实力，可以为东南亚国家提供核电站建设、运行、维护等方面的支持和帮助。同时，中国还可以与东南亚国家在核能技术研发、人才培养等方面进行合作，共同推进核能技术的创新和发展。换言之，中国和东南亚地区可以通过各自在资金、技术等方面的互补性合作，以实现核能合作领域的互惠共赢。同时，也需要加强双方在信息交流、政策协调等方面的合作。人才交流方面，核能领域需要高素质的人才支持，中国可以与东南亚地区的高校和研究机构合作，共同开展核能领域的人才培训和交流，加强人才交流和互联互通。这有助于提高东南亚地区核能人才的素质和水平，推动东南亚地区的核能事业健康发展。

### （四）中亚地区——资金+技术+资源

中亚地区的铀资源储量丰富，是世界上铀矿储量最丰富的地区之一。但是，中亚五国的核能产业相对落后，发展水平不高。同时，该地经济发展相对滞后，人均国内生产总值较低，这些国家在发展核能产业时需要大量的外部资金和技术支持。因此中国与中亚地区进行核能合作可以采用“资金+技术+资源”方式。

哈萨克斯坦是中亚五国中最大的铀矿资源国家，其铀矿储量约占全球总储量的20%左右，是世界上最大的铀矿生产国之一。乌兹别克斯坦、吉尔吉斯斯坦、塔吉克斯坦和土库曼斯坦也拥有丰富的铀矿资源。这些国家的铀资源储量丰富，而且大多分布在较为偏远的地区，开采难度较大，因此需要大量的投资和技术支持。此外，鉴于这些国家经济发展尚处于相对不发达的阶段，导致在铀矿开采和加工等环节的技术实力与管理能力稍显薄弱，这无疑给铀资源的开发和利用带来了挑战。而中国通过自主研发，已成为继美国之后第二个掌握 $CO_2+O_2$ 地浸采铀技术的国家，因此，中国可依托其成熟的铀矿开采技术与雄厚的资金实力，与中亚地区开展广泛的铀资源合作，以获得稳定的铀矿资源供应，并提供技术、资金和设备支持，帮助中亚五国开发其核能产业，同时也能够推动中国核能产业的国际化进程。

针对高风险地区，并不是所有高风险地区都不适合核能合作，相反，这要求中国在决策过程中进行更为灵活和审慎的选择。比如巴基斯坦虽说在经济风险、政治风险和营商环境等方面的风险较高，但是建立在中巴政治互信、中方技术优势、巴方能源需求等多重因素的基础上，中国与巴基斯坦的核能合作取得了成功。鉴于此，中国在选择合作对象时还应该考虑双方的政治诉求和东道国的能源需求，并在此基础上对中国的核能技术不断进行创新、升级，提高东道国的合作信任度。

### 8.2.3 创新核能投融资渠道

中国与“一带一路”国家核能合作面临着巨大的投融资压力，需要创新投融资渠道来满足需求。创新中国与“一带一路”国家核能合作投融资渠道主要从拓宽投融资渠道和优化融资环境两个方面进行改进。

在拓宽投融资渠道方面，需要做到以下三点。（1）创新金融工具。一方面，可以尝试引入风险投资、天使投资等创新性的融资方式，为创新型企业提供更加灵活、高效的融资服务。另一方面，可以发展绿色债券、项目债券等金融工具，引导社会资本参与核能项目的投资。此外，还可以积极探索互联网金融等新兴金融模式，为核能领域提供更加多元化的融资渠道。“绿色债券”是指以环境保护和可再生能源为主题的债券，募集资金专门用于环保和可再生能源领域的项目。绿色债券的发行可以促进绿色经济的发展，降低碳排放，同时也可以吸引国际社会的资金和关注，提高企业或政府的社会形象和声誉。（2）加强与金融机构的合作。一方面，可以加强与商业银行、证券公司等传统金融机构的合作，利用其渠道、资源等优势，积极推进核能项目的融资。另一方面，可以探索与新型金融机构、互联网金融平台等的合作，寻找更加灵活、高效的融资方式。当前，国内的银行、证券、基金、保险等金融机构对核能产业的投融资支持仍然不足，导致核能项目很难获得充足的资金保障。因此，应该加强对这些机构的引导和监管，鼓励其增加对核能项目的金融投入，同时也需要完善相关的金融风险管理机制，保障投资的安全性。（3）推动国际合作。可以采取与国际金融机构、跨国公司等开展战略合作、共同发起基金等方式，拓宽资本来源、分担风险，为核能合作的融资提供更为坚实的支持。当前，国际金融机构在“一带一路”建设中的作用越来越受到重视，其在投融资领域的专业性和资金实力也是其他机构难以比拟的。因此，中国应积极与国际金融机构进行合作，争取获得其在核能产业投融资方面的支持和帮助。同时，也需要加强与多边金融机构的沟通和合作，推动建立“一带一路”核能产业投融资的合作机制。

在优化融资环境方面，建议做到以下几点。（1）加强政策引导。政府可以出台有利于核能项目融资的政策和法规，鼓励金融机构加大对核能项目的支持和投资。同时，政府还可以加大对核能行业的支持力度，提高行业的发展潜力和投资价值。（2）加强市场监管。政府可以加强对核能项目的市场监管，建立透明、公正、规范的市场环境，保护投资者的合法权益，提高核能项目的投资吸引力和可信度。（3）加强信息披露。政府可以规定核能项目必须进行信息披露，并要求企业按时公布项目进展情况、财务状况、风险情况等信息，提高项目的透明度和信息公开度，提高投资者的信心。

### 8.2.4 创新核能项目合作的机制

核能合作是“一带一路”能源合作的重要组成部分，创新“一带一路”核能国际合作的机制，可以更好地促进合作项目的实施。此举不仅能够推动核能事业的可持续发展，更是对“一带一路”沿线地区经济繁荣与绿色可持续发展的有力促进。因此，建议做到以下几点。（1）构建核能国际合作规范体系，确保合作项目高标准、高质量。规范体系包括国际标准、国家法规和企业标准方面内容，是保证合作项目高标准、高质量的基础。在国际核能合作中，应建立基于国际标准的核电站设计和安全评估体系，确保核电站建设和运行的安全性和可靠性。此外，应建立健全生命周期的环境影响评价和社会影响评价制度，从建设、运营、废弃等全过程角度考虑，避免产生对环境和社会的不良影响。同时，在国内外合作中，各方应该按照国家法规和企业标准的要求，开展合作项目，保证项目的合法性和合规性。对于落后国家和地区，中国更应尽力对其在核能合作规范领域进行指导帮助，增强外方政府对核能合作领域的监管水平。（2）合作共享平台可以促进项目信息和资源的交流和共享，尽量降低因文化距离和地理距离带来的对核能国际合作项目监管有效性问题的影响，为合作项目提供全方位的支持和帮助。共享平台可以包括技术共享、资金共享、人才共享、资源共享等方面。

通过建立国际合作联盟，各方可以协同创新和共同发展，提高核能合作项目的可持续性和效益。同时，合作共享平台还可以促进双方的人才交流、技术交流、经验交流和文化交流，为合作项目的实施提供更多的支持。（3）注重本地化和可持续性，促进合作项目的可持续发展。合作项目应重视当地的环境和资源特点，采用可持续的发展方案，确保项目在经济、环保和社会责任方面具有可持续性和合法性。此外，应注重培养和引进本地的核能人才和技术团队，提高当地的技术水平和经济发展水平。通过本地化和可持续发展的实践，可以促进当地经济的发展，为当地人民创造更多的就业机会和经济收益，提高当地居民的生活水平。

### 8.2.5　完善核能国际合作的制度安排

中国与“一带一路”国家在核能领域的国际合作需要建立完善的制度安排，以保障合作项目的安全、可靠和长期稳定。在此背景下，本书提出以下建议，旨在通过强化合作机制和完善制度建设，进一步推动中国与“一带一路”国家在核能领域的合作，以取得更加显著的成果。

#### （一）加强政府间双边及多边合作

首先，双边和多边高层会议是加强政府间合作的重要平台。例如，中国政府可以与“一带一路”国家政府定期举行高层会议，就核能合作等议题进行深入交流和协商。中国也可以在联合国和国际原子能机构等多边组织中加强合作，共同推动全球核能安全和可持续发展。其次，政府间签署合作协议和条约也是加强合作的有效方式。例如，中国政府可以与“一带一路”国家政府签署核能合作协议，明确双方的合作方向、合作内容和合作机制，为核能合作提供政治上的背书和合法性支持。再次，加强政府间合作还需要各方共同致力于维护地区和平稳定。尤其是对于一些政治风险较高的“一带一路”国家，政府间合作需要考虑到当地政治情况、安全环境、法律法规等因素，制定相应的合作计划和措施，确保合作进展顺利和稳定。最后，在政府间合作过程中，应该注重加强对核能合作的监管和管理，特别是要加强对核材料的安全控制和防扩散工作。在合作项目的选择上，应该遵循非扩散原则，坚持对核能技术、材料等的出口管控和保密原则，防止技术和材料被滥用或流失。

#### （二）完善核能国际合作的政策法规

核能合作作为多国间的重要合作与交流领域，为确保合作的有序进行以及各方合法权益的有效保障，必须构建一套完整且系统的政策法规体系。在此背景下，制定并不断完善核能国际合作的政策法规显得尤为重要，这将成为推动核能合作持续健康发展的重要一环。政策法规不仅为核能国际合作提供了法律保障，还能规范合作各方的行为，为合作的顺利开展提供制度基础。以下是一些关于完善核能国际合作的政策法规方面的建议。

首先，需要制定更加完善的法律法规，以确保核能国际合作的安全性和可持续性。在制定法律法规的过程中，应充分考虑核能国际合作的复杂性和敏感性，特别是涉及核扩散等问题时，应加强法律法规的约束力和规范性，以最大程度地保障核能国际合作的安全性。其次，需要加强与国际标准的对接，推动标准化的制定与实施。核能技术的安全性和可持续性是核能国际合作的基石，而标准化是保障核能技术安全的重要手段。因此，中国需要积极参与国际标准的制定和修订，同时也应制定符合国际标准的标准体系，以确保核能国际合作的顺利开展。再次，要加强核能知识产权的保护。核能技术具有高度的技术含量和商业价值，因此知识产权的保护至关重要。在核能国际合作中，应加强核能技术知识产权的保护，制定相关的法律法规，同时加强国际合作机构之间的交流和协作，促进知识产权的交流和共享。最后，建立和巩固国家核能合作风险补偿机制，完善现有海外投资保险制度。制定合同履行保证、投资损失补偿、政治风险保险等政策及完善相关国内立法，可以为中国核能企业海外投资保驾护航。

### （三）建立国家层面的合作中心

建立国家层面的核能合作中心，将有助于进一步推进中国与"一带一路"国家之间的核能合作。该合作中心可以通过统一部署中国的大型核电集团，如中核集团、中广核集团，实现技术交流、人才培养和市场拓展的资源配置优化，让各集团各司其职，互相协作，共同推进中国核能走出去。具体来说，该合作中心可以担负的任务一是技术交流；建立技术交流机制，让中国的核电集团能够和"一带一路"国家的核电企业进行技术交流和合作，通过互相学习和合作，共同推进核能技术的发展和应用，打造中国核能技术国际名片。二是人才培养；通过建立人才培养机制，为中国和"一带一路"国家的核能企业培养更多的核能专业人才，推动人才流动和交流，提高核能产业的整体素质和水平，为中国核能本土发展和国际合作储备核能高技术人才。三是根据各核能企业特质，进行市场等资源优化配置，各自展现自己特长，促进中国的核电集团和"一带一路"国家的核电企业之间的市场合作，推进核电技术的市场化应用，打造核能市场的合作共赢模式。

### （四）打造核能国际合作的示范项目

在推动中国与“一带一路”国家核能国际合作中，打造示范项目是至关重要的一环。这些项目可以展示出中国核电企业在技术和管理方面的优势，并促进双方的合作和共赢。建议重点打造几个在技术、管理和服务方面达到国际领先水平的核能合作示范项目，这些项目可以作为核能合作的典范，带动其他项目的发展和提高核能合作的整体水平。同时，这些项目还可以在一定程度上提高中国核能技术的国际竞争力，增强“一带一路”国家对中国核能技术的信任和认可。

在这方面，中巴核能合作是一个比较成功的案例。中巴合作包括两个核电项目，即恰希玛核电站和卡拉奇核电站。其中，恰希玛核电站是中国首个海外独立设计、建设、拥有和运营的核电站，也是中国企业在“一带一路”共建国家建设的第一个核电项目。

中巴核能合作的成功，得益于以下几个方面的因素。首先，政治上的背书。中巴核能合作是在两国政府间达成的共识下展开的，两国领导人都高度重视和支持这一合作项目。其次，技术上的优势。中国核电企业具有雄厚的技术实力和丰富的核电建设经验，能够提供全流程的核电建设服务。再次，商业上的合理性。中巴核电项目的投资、建设和运营模式采用了“BOT”模式，通过长期的电力销售协议确保了项目的可行性和盈利。最后，人才上的培养。在中国企业的建设进程中，中国不仅积极培训技术人员，还注重培养了大批优秀的巴基斯坦工程师和技术人员，从而为当地核电事业的稳健发展奠定了坚实的基础。

基于以上的成功经验，中国可以借鉴并推广这种模式，建立更多的核能国际合作示范项目，进一步加强中国与“一带一路”共建国家的核能合作。同时，中国必须高度重视示范项目的可持续发展，充分考量环境保护和社会责任等关键因素，以确保项目能够稳步推进，并最终实现双方的共同利益。

# 附　录

表　2006—2020 年中国与"一带一路"国家核能国际合作风险动态得分、综合得分及排名

| 国家 \ 年份 | 2006 | 2007 | 2008 | 2009 | 2010 | 2011 | 2012 | 2013 | 2014 | 2015 | 2016 | 2017 | 2018 | 2019 | 2020 | 综合得分 | 排名 |
|---|---|---|---|---|---|---|---|---|---|---|---|---|---|---|---|---|---|
| 阿尔巴尼亚 | −0.16 | −0.05 | −0.04 | 0.02 | −0.04 | 0.02 | −0.08 | −0.12 | 0.02 | 0.02 | 0.01 | 0.20 | 0.09 | 0.15 | 0.05 | 0.01 | 40 |
| 阿尔及利亚 | −0.42 | −0.46 | −0.36 | −0.43 | −0.37 | −0.46 | −0.48 | −0.47 | −0.49 | −0.52 | −0.59 | −0.64 | −0.58 | −0.73 | −0.82 | −0.52 | 63 |
| 阿根廷 | −0.18 | −0.16 | −0.23 | −0.34 | −0.24 | −0.15 | −0.20 | −0.28 | −0.31 | −0.26 | −0.08 | −0.03 | −0.11 | −0.15 | −0.22 | −0.20 | 46 |
| 阿联酋 | 1.88 | 1.93 | 1.97 | 1.75 | 1.78 | 1.98 | 2.10 | 2.21 | 2.29 | 2.28 | 2.26 | 2.27 | 2.36 | 2.38 | 2.19 | 2.11 | 5 |
| 阿曼 | 0.65 | 0.76 | 0.88 | 0.80 | 0.80 | 0.74 | 0.85 | 0.90 | 0.81 | 0.69 | 0.66 | 0.68 | 0.72 | 0.74 | 0.64 | 0.76 | 24 |
| 阿塞拜疆 | −0.25 | −0.29 | −0.35 | −0.33 | −0.33 | −0.36 | −0.32 | −0.26 | −0.23 | −0.22 | −0.05 | −0.11 | 0.01 | 0.11 | 0.03 | −0.20 | 47 |
| 埃及 | −0.29 | −0.25 | −0.24 | −0.30 | −0.37 | −0.65 | −0.73 | −0.90 | −0.90 | −0.90 | −0.91 | −0.73 | −0.58 | −0.52 | −0.64 | −0.59 | 65 |
| 埃塞俄比亚 | −1.81 | −1.76 | −1.77 | −1.80 | −1.81 | −1.79 | −1.82 | −1.88 | −1.80 | −1.87 | −1.85 | −1.90 | −1.78 | −1.62 | −1.58 | −1.79 | 99 |
| 爱沙尼亚 | 1.24 | 1.20 | 1.28 | 1.06 | 1.21 | 1.34 | 1.34 | 1.41 | 1.48 | 1.43 | 1.48 | 1.53 | 1.58 | 1.55 | 1.52 | 1.38 | 15 |
| 安哥拉 | −1.57 | −1.44 | −1.24 | −1.16 | −1.28 | −1.29 | −1.21 | −1.28 | −1.25 | −1.33 | −1.44 | −1.48 | −1.40 | −1.47 | −1.54 | −1.36 | 91 |
| 奥地利 | 2.25 | 2.35 | 2.39 | 2.22 | 2.36 | 2.37 | 2.28 | 2.33 | 2.36 | 2.23 | 2.22 | 2.32 | 2.49 | 2.51 | 2.42 | 2.34 | 4 |
| 巴基斯坦 | −1.17 | −1.19 | −1.32 | −1.33 | −1.29 | −1.36 | −1.32 | −1.32 | −1.26 | −1.29 | −1.31 | −1.17 | −1.16 | −1.12 | −1.08 | −1.25 | 87 |
| 巴拿马 | 0.31 | 0.36 | 0.42 | 0.36 | 0.47 | 0.62 | 0.55 | 0.48 | 0.45 | 0.38 | 0.28 | 0.29 | 0.27 | 0.34 | 0.23 | 0.39 | 31 |
| 白俄罗斯 | −0.53 | −0.41 | −0.35 | −0.39 | −0.31 | −0.16 | −0.08 | −0.09 | −0.01 | 0.01 | 0.10 | 0.22 | 0.31 | 0.35 | 0.14 | −0.08 | 42 |
| 保加利亚 | 0.37 | 0.47 | 0.47 | 0.36 | 0.32 | 0.36 | 0.39 | 0.46 | 0.46 | 0.54 | 0.61 | 0.62 | 0.67 | 0.73 | 0.56 | 0.49 | 28 |
| 波兰 | 0.52 | 0.57 | 0.79 | 0.76 | 0.87 | 0.92 | 0.96 | 1.02 | 1.07 | 1.12 | 1.12 | 1.13 | 1.17 | 1.17 | 1.13 | 0.96 | 22 |
| 玻利维亚 | −0.78 | −0.74 | −0.64 | −0.70 | −0.63 | −0.60 | −0.58 | −0.56 | −0.56 | −0.62 | −0.66 | −0.63 | −0.60 | −0.75 | −0.92 | −0.67 | 68 |
| 博茨瓦纳 | 0.40 | 0.52 | 0.49 | 0.43 | 0.47 | 0.46 | 0.46 | 0.53 | 0.53 | 0.56 | 0.48 | 0.40 | 0.43 | 0.42 | 0.31 | 0.46 | 29 |
| 多哥 | −1.69 | −1.69 | −1.68 | −1.59 | −1.55 | −1.47 | −1.52 | −1.50 | −1.53 | −1.36 | −1.37 | −1.42 | −1.33 | −1.23 | −1.13 | −1.47 | 94 |
| 多米尼加 | −0.37 | −0.40 | −0.40 | −0.48 | −0.49 | −0.45 | −0.44 | −0.40 | −0.35 | −0.38 | −0.35 | −0.37 | −0.25 | −0.23 | −0.24 | −0.37 | 56 |
| 俄罗斯 | −0.04 | 0.01 | 0.04 | −0.01 | 0.05 | 0.12 | 0.13 | 0.15 | 0.20 | 0.08 | 0.08 | 0.16 | 0.32 | 0.32 | 0.20 | 0.12 | 38 |
| 厄瓜多尔 | −1.07 | −1.02 | −1.09 | −1.07 | −0.99 | −0.98 | −0.94 | −0.83 | −0.83 | −0.90 | −0.86 | −0.89 | −0.84 | −0.80 | −0.90 | −0.93 | 75 |
| 菲律宾 | −0.43 | −0.48 | −0.57 | −0.59 | −0.46 | −0.56 | −0.48 | −0.40 | −0.26 | −0.29 | −0.30 | −0.28 | −0.23 | −0.25 | −0.31 | −0.39 | 58 |
| 刚果（布） | −1.29 | −1.21 | −1.31 | −1.17 | −1.28 | −1.28 | −1.39 | −1.35 | −1.29 | −0.98 | −1.01 | −1.23 | −1.22 | −1.32 | −1.39 | −1.25 | 88 |
| 哥斯达黎加 | −0.15 | −0.06 | −0.02 | −0.08 | −0.01 | −0.09 | 0.00 | 0.01 | 0.00 | 0.00 | 0.03 | 0.03 | 0.08 | 0.05 | −0.09 | −0.02 | 41 |
| 圭亚那 | −0.42 | −0.33 | −0.36 | −0.46 | −0.37 | −0.34 | −0.33 | −0.37 | −0.45 | −0.49 | −0.40 | −0.29 | −0.21 | −0.24 | −0.11 | −0.34 | 54 |
| 哈萨克斯坦 | 0.00 | 0.09 | 0.18 | 0.12 | 0.19 | 0.24 | 0.20 | 0.21 | 0.26 | 0.17 | 0.38 | 0.41 | 0.45 | 0.58 | 0.55 | 0.27 | 34 |
| 韩国 | 2.16 | 2.36 | 2.39 | 2.17 | 2.35 | 2.45 | 2.58 | 2.63 | 2.80 | 2.74 | 2.96 | 2.87 | 3.25 | 3.38 | 3.01 | 2.67 | 3 |
| 黑山 | −0.03 | −1.21 | −1.02 | −1.25 | −1.16 | −1.05 | −1.02 | −1.05 | −0.99 | −0.92 | −0.93 | −0.82 | −0.76 | −0.70 | −0.97 | −0.92 | 74 |

续表

| 年份<br>国家 | 2006 | 2007 | 2008 | 2009 | 2010 | 2011 | 2012 | 2013 | 2014 | 2015 | 2016 | 2017 | 2018 | 2019 | 2020 | 综合得分 | 排名 |
|---|---|---|---|---|---|---|---|---|---|---|---|---|---|---|---|---|---|
| 吉尔吉斯斯坦 | −0.57 | −0.41 | −0.26 | −0.37 | −0.37 | −0.39 | −0.26 | −0.31 | −0.40 | −0.34 | −0.40 | −0.43 | −0.40 | −0.27 | −0.43 | −0.37 | 55 |
| 加纳 | −0.74 | −0.70 | −0.75 | −0.70 | −0.64 | −0.61 | −0.50 | −0.69 | −0.72 | −0.55 | −0.62 | −0.55 | −0.55 | −0.40 | −0.56 | −0.62 | 66 |
| 加蓬 | −0.75 | −0.72 | −0.62 | −0.63 | −0.57 | −0.55 | −0.62 | −0.57 | −0.63 | −0.71 | −0.81 | −0.84 | −0.75 | −0.78 | −0.78 | −0.69 | 69 |
| 捷克 | 1.15 | 1.19 | 1.27 | 1.24 | 1.31 | 1.50 | 1.50 | 1.50 | 1.69 | 1.70 | 1.71 | 1.78 | 1.83 | 1.78 | 1.70 | 1.52 | 11 |
| 津巴布韦 | −1.79 | −1.85 | −1.87 | −2.00 | −1.85 | −1.72 | −1.75 | −1.73 | −1.68 | −1.62 | −1.67 | −1.68 | −1.48 | −1.53 | −1.47 | −1.71 | 98 |
| 喀麦隆 | −1.45 | −1.25 | −1.24 | −1.27 | −1.30 | −1.33 | −1.35 | −1.31 | −1.32 | −1.42 | −1.51 | −1.56 | −1.65 | −1.67 | −1.72 | −1.42 | 92 |
| 卡塔尔 | 1.83 | 1.75 | 1.94 | 1.66 | 1.74 | 1.97 | 2.18 | 2.23 | 2.15 | 1.90 | 1.78 | 1.73 | 1.76 | 1.74 | 1.71 | 1.87 | 10 |
| 科特迪瓦 | −1.43 | −1.39 | −1.47 | −1.37 | −1.40 | −1.38 | −1.22 | −1.20 | −1.19 | −1.14 | −1.14 | −1.15 | −1.06 | −1.02 | −1.03 | −1.24 | 86 |
| 科威特 | 1.73 | 1.78 | 1.83 | 1.62 | 1.59 | 1.61 | 1.56 | 1.50 | 1.41 | 1.37 | 1.32 | 1.33 | 1.50 | 1.43 | 1.23 | 1.52 | 12 |
| 克罗地亚 | 0.48 | 0.55 | 0.60 | 0.46 | 0.47 | 0.51 | 0.55 | 0.47 | 0.48 | 0.51 | 0.58 | 0.72 | 0.76 | 0.83 | 0.66 | 0.58 | 26 |
| 肯尼亚 | −1.19 | −1.26 | −1.41 | −1.35 | −1.31 | −1.28 | −1.30 | −1.27 | −1.23 | −1.24 | −1.20 | −1.11 | −1.16 | −1.03 | −1.02 | −1.22 | 84 |
| 拉脱维亚 | 0.71 | 0.70 | 0.77 | 0.69 | 0.76 | 0.90 | 0.98 | 1.04 | 1.13 | 1.14 | 1.20 | 1.21 | 1.27 | 1.31 | 1.17 | 1.00 | 20 |
| 黎巴嫩 | 0.03 | 0.09 | 0.22 | 0.03 | 0.01 | 0.03 | −0.18 | −0.26 | −0.33 | −0.37 | −0.45 | −0.44 | −0.52 | −0.59 | −0.73 | −0.23 | 48 |
| 立陶宛 | 0.83 | 0.79 | 0.84 | 0.73 | 0.95 | 1.02 | 1.11 | 1.16 | 1.17 | 1.22 | 1.25 | 1.31 | 1.39 | 1.49 | 1.43 | 1.11 | 19 |
| 利比里亚 | −1.14 | −1.20 | −1.27 | −1.12 | −1.15 | −1.12 | −1.10 | −1.12 | −1.14 | −1.25 | −1.36 | −1.39 | −1.19 | −1.20 | −1.77 | −1.24 | 85 |
| 利比亚 | −0.58 | −0.55 | −0.47 | −0.47 | −0.48 | −0.95 | −0.58 | −0.75 | −1.08 | −1.21 | −1.40 | −1.26 | −1.18 | −1.13 | −1.22 | −0.89 | 72 |
| 卢森堡 | 5.91 | 6.22 | 6.05 | 5.67 | 6.09 | 6.30 | 6.24 | 6.42 | 6.56 | 6.67 | 6.83 | 6.73 | 6.92 | 6.67 | 6.56 | 6.39 | 1 |
| 马耳他 | 2.00 | 2.13 | 2.17 | 2.06 | 2.12 | 2.07 | 2.02 | 2.16 | 2.06 | 1.99 | 2.04 | 2.09 | 2.19 | 2.13 | 2.07 | 2.09 | 6 |
| 马拉维 | −1.56 | −1.46 | −1.47 | −1.41 | −1.42 | −1.44 | −1.49 | −1.50 | −1.67 | −1.71 | −1.74 | −1.70 | −1.55 | −1.50 | −1.44 | −1.54 | 95 |
| 马来西亚 | 1.37 | 1.41 | 1.24 | 1.23 | 1.27 | 1.36 | 1.31 | 1.35 | 1.28 | 1.44 | 1.23 | 1.26 | 1.42 | 1.37 | 1.31 | 1.32 | 17 |
| 马里 | −1.18 | −1.18 | −1.19 | −1.19 | −1.19 | −1.18 | −1.32 | −1.28 | −1.28 | −1.27 | −1.27 | −1.17 | −1.16 | −1.15 | −1.26 | −1.22 | 83 |
| 蒙古 | 0.17 | 0.16 | 0.19 | 0.14 | 0.11 | 0.25 | 0.19 | 0.21 | 0.26 | 0.17 | 0.32 | 0.39 | 0.49 | 0.54 | 0.37 | 0.26 | 35 |
| 孟加拉国 | −1.11 | −1.19 | −1.19 | −1.19 | −1.10 | −1.14 | −1.20 | −1.21 | −1.18 | −1.15 | −1.18 | −1.17 | −1.14 | −1.07 | −1.04 | −1.15 | 81 |
| 秘鲁 | −0.64 | −0.55 | −0.42 | −0.44 | −0.40 | −0.32 | −0.29 | −0.24 | −0.29 | −0.30 | −0.26 | −0.28 | −0.25 | −0.18 | −0.21 | −0.34 | 53 |
| 缅甸 | −2.21 | −2.12 | −2.16 | −2.21 | −2.21 | −2.21 | −2.03 | −1.82 | −1.70 | −1.72 | −1.52 | −1.45 | −1.49 | −1.44 | −1.34 | −1.84 | 100 |
| 摩尔多瓦 | −0.02 | 0.00 | −0.04 | −0.10 | −0.28 | −0.18 | −0.18 | −0.17 | −0.13 | −0.22 | −0.21 | −0.15 | −0.14 | −0.09 | −0.14 | −0.14 | 44 |
| 摩洛哥 | −0.11 | −0.15 | −0.15 | −0.22 | −0.16 | −0.14 | −0.14 | −0.20 | −0.13 | −0.17 | −0.15 | −0.15 | −0.17 | −0.09 | −0.15 | −0.15 | 45 |
| 莫桑比克 | −1.22 | −1.17 | −1.10 | −1.07 | −1.00 | −0.97 | −0.80 | −0.82 | −0.90 | −0.92 | −0.98 | −1.02 | −0.83 | −0.94 | −0.98 | −0.98 | 76 |
| 纳米比亚 | 0.15 | 0.25 | 0.41 | 0.37 | 0.35 | 0.30 | 0.29 | 0.30 | 0.32 | 0.36 | 0.35 | 0.26 | 0.28 | 0.25 | 0.14 | 0.29 | 33 |
| 南非 | 0.33 | 0.32 | 0.34 | 0.33 | 0.35 | 0.39 | 0.42 | 0.51 | 0.38 | 0.34 | 0.29 | 0.27 | 0.32 | 0.31 | 0.20 | 0.34 | 32 |
| 尼加拉瓜 | −0.82 | −0.79 | −0.76 | −0.84 | −0.80 | −0.69 | −0.71 | −0.71 | −0.82 | −0.81 | −0.79 | −0.79 | −0.94 | −0.94 | −0.98 | −0.81 | 71 |
| 尼日尔 | −1.04 | −1.02 | −1.03 | −0.98 | −1.04 | −1.02 | −1.09 | −1.13 | −1.13 | −1.08 | −1.13 | −1.05 | −1.04 | −1.03 | −0.97 | −1.05 | 78 |
| 尼日利亚 | −1.16 | −1.25 | −1.21 | −1.28 | −1.26 | −1.24 | −1.25 | −1.29 | −1.38 | −1.36 | −1.43 | −1.33 | −1.22 | −1.22 | −1.22 | −1.27 | 90 |
| 葡萄牙 | 1.32 | 1.44 | 1.49 | 1.44 | 1.38 | 1.35 | 1.35 | 1.35 | 1.37 | 1.40 | 1.46 | 1.62 | 1.63 | 1.60 | 1.42 | 1.44 | 14 |
| 萨尔瓦多 | −0.59 | −0.56 | −0.58 | −0.65 | −0.63 | −0.60 | −0.60 | −0.56 | −0.51 | −0.57 | −0.60 | −0.65 | −0.61 | −0.54 | −0.48 | −0.58 | 64 |
| 塞尔维亚 | −0.45 | −0.18 | −0.32 | −0.35 | −0.23 | −0.18 | −0.24 | −0.16 | −0.09 | −0.04 | 0.02 | 0.15 | 0.20 | 0.23 | 0.24 | −0.09 | 43 |

续表

| 国家＼年份 | 2006 | 2007 | 2008 | 2009 | 2010 | 2011 | 2012 | 2013 | 2014 | 2015 | 2016 | 2017 | 2018 | 2019 | 2020 | 综合得分 | 排名 |
|---|---|---|---|---|---|---|---|---|---|---|---|---|---|---|---|---|---|
| 塞拉利昂 | −1.91 | −1.38 | −1.32 | −1.25 | −1.11 | −0.83 | −0.97 | −0.93 | −0.87 | −0.97 | −0.98 | −1.01 | −1.02 | −0.89 | −0.94 | −1.09 | 79 |
| 塞内加尔 | −0.77 | −0.77 | −0.73 | −0.91 | −0.98 | −0.90 | −0.82 | −0.77 | −0.71 | −0.74 | −0.71 | −0.71 | −0.59 | −0.52 | −0.49 | −0.74 | 70 |
| 塞浦路斯 | 1.73 | 1.86 | 2.05 | 1.90 | 1.96 | 1.92 | 1.75 | 1.74 | 1.79 | 1.84 | 1.94 | 2.09 | 2.09 | 2.21 | 2.15 | 1.94 | 9 |
| 沙特阿拉伯 | 0.92 | 1.03 | 1.12 | 1.00 | 1.07 | 0.95 | 1.08 | 1.11 | 1.04 | 0.97 | 0.83 | 0.75 | 0.89 | 0.89 | 0.81 | 0.96 | 21 |
| 斯里兰卡 | −0.75 | −0.76 | −0.79 | −0.81 | −0.77 | −0.68 | −0.71 | −0.70 | −0.60 | −0.50 | −0.41 | −0.45 | −0.53 | −0.46 | −0.54 | −0.63 | 67 |
| 斯洛伐克 | −0.46 | −0.37 | −0.30 | −0.42 | −0.37 | −0.28 | −0.28 | −0.23 | −0.27 | −0.27 | −0.10 | −0.07 | −0.08 | −0.10 | −0.16 | −0.25 | 50 |
| 斯洛文尼亚 | 1.22 | 1.34 | 1.46 | 1.35 | 1.37 | 1.44 | 1.40 | 1.36 | 1.39 | 1.33 | 1.63 | 1.79 | 1.80 | 1.87 | 1.80 | 1.50 | 13 |
| 苏丹 | −1.84 | −1.88 | −1.94 | −1.92 | −2.08 | −2.14 | −2.17 | −2.12 | −2.29 | −2.30 | −2.37 | −2.29 | −2.32 | −2.16 | −2.07 | −2.13 | 101 |
| 苏里南 | −0.63 | −0.63 | −0.56 | −0.62 | −0.56 | −0.49 | −0.42 | −0.35 | −0.39 | −0.32 | −0.40 | −0.46 | −0.45 | −0.43 | −0.68 | −0.49 | 62 |
| 塔吉克斯坦 | −0.95 | −0.87 | −0.97 | −1.16 | −1.12 | −1.12 | −1.06 | −1.18 | −1.08 | −1.08 | −1.06 | −1.12 | −1.03 | −0.92 | −0.78 | −1.03 | 77 |
| 泰国 | 0.42 | 0.35 | 0.43 | 0.28 | 0.25 | 0.31 | 0.39 | 0.49 | 0.28 | 0.31 | 0.36 | 0.41 | 0.40 | 0.55 | 0.58 | 0.39 | 30 |
| 坦桑尼亚 | −1.18 | −1.12 | −1.09 | −1.12 | −1.08 | −0.98 | −1.02 | −1.05 | −1.08 | −1.07 | −1.14 | −1.14 | −1.18 | −1.19 | −1.22 | −1.11 | 80 |
| 特立尼达和多巴哥 | −0.02 | 0.06 | 0.12 | 0.05 | 0.08 | 0.19 | 0.22 | 0.22 | 0.21 | 0.25 | 0.20 | 0.19 | 0.16 | 0.10 | 0.06 | 0.14 | 37 |
| 突尼斯 | 0.40 | 0.41 | 0.44 | 0.37 | 0.40 | 0.20 | 0.24 | 0.10 | 0.00 | −0.04 | −0.05 | 0.05 | 0.07 | 0.05 | −0.05 | 0.17 | 36 |
| 土耳其 | −0.24 | −0.26 | −0.26 | −0.33 | −0.33 | −0.27 | −0.26 | −0.23 | −0.24 | −0.36 | −0.45 | −0.39 | −0.41 | −0.32 | −0.37 | −0.32 | 52 |
| 委内瑞拉 | −1.31 | −1.33 | −1.33 | −1.38 | −1.32 | −1.34 | −1.25 | −1.31 | −1.34 | −1.49 | −1.71 | −1.85 | −2.02 | −2.10 | −2.16 | −1.55 | 97 |
| 文莱 | 2.05 | 2.16 | 2.14 | 2.17 | 2.06 | 2.21 | 2.06 | 2.05 | 1.93 | 1.79 | 1.76 | 1.86 | 1.97 | 2.04 | 2.04 | 2.02 | 7 |
| 乌干达 | −1.42 | −1.37 | −1.42 | −1.41 | −1.34 | −1.38 | −1.50 | −1.60 | −1.64 | −1.49 | −1.48 | −1.51 | −1.47 | −1.47 | −1.43 | −1.46 | 93 |
| 乌克兰 | −0.54 | −0.54 | −0.47 | −0.56 | −0.41 | −0.41 | −0.33 | −0.25 | −0.44 | −0.41 | −0.39 | −0.34 | −0.36 | −0.33 | −0.37 | −0.41 | 59 |
| 乌拉圭 | 0.08 | −0.03 | 0.08 | 0.06 | 0.07 | 0.17 | 0.22 | 0.12 | 0.05 | 0.03 | 0.00 | 0.01 | 0.08 | 0.09 | 0.08 | 0.07 | 39 |
| 乌兹别克斯坦 | −0.67 | −0.57 | −0.55 | −0.53 | −0.58 | −0.54 | −0.50 | −0.51 | −0.49 | −0.42 | −0.25 | −0.16 | 0.01 | 0.01 | −0.15 | −0.39 | 57 |
| 希腊 | 0.98 | 1.04 | 1.07 | 0.92 | 0.80 | 0.77 | 0.65 | 0.69 | 0.68 | 0.62 | 0.61 | 0.69 | 0.75 | 0.83 | 0.73 | 0.79 | 23 |
| 新加坡 | 4.84 | 5.07 | 5.54 | 4.95 | 5.56 | 5.84 | 5.94 | 6.19 | 5.97 | 6.05 | 5.73 | 5.68 | 5.94 | 6.44 | 6.53 | 5.75 | 2 |
| 新西兰 | 1.78 | 1.89 | 1.85 | 1.83 | 1.94 | 1.94 | 1.98 | 2.00 | 2.10 | 2.03 | 2.10 | 2.10 | 2.09 | 2.09 | 1.96 | 1.98 | 8 |
| 匈牙利 | 1.15 | 1.21 | 1.22 | 1.11 | 1.13 | 1.26 | 1.11 | 1.10 | 1.14 | 1.13 | 1.21 | 1.32 | 1.38 | 1.37 | 1.28 | 1.21 | 18 |
| 叙利亚 | −0.73 | −0.66 | −0.58 | −0.57 | −0.54 | −0.85 | −1.23 | −1.52 | −1.49 | −1.56 | −1.68 | −1.60 | −1.53 | −1.60 | −1.58 | −1.18 | 82 |
| 牙买加 | 0.51 | 0.53 | 0.56 | 0.43 | 0.39 | 0.38 | 0.34 | 0.35 | 0.40 | 0.50 | 0.66 | 0.75 | 0.69 | 0.73 | 0.52 | 0.52 | 27 |
| 亚美尼亚 | −0.54 | −0.51 | −0.45 | −0.42 | −0.37 | −0.30 | −0.20 | −0.12 | −0.27 | −0.25 | −0.18 | −0.09 | −0.02 | 0.12 | −0.13 | −0.25 | 49 |
| 也门 | −0.79 | −0.81 | −0.78 | −0.98 | −0.84 | −1.00 | −1.09 | −1.05 | −1.14 | −1.54 | −1.80 | −1.84 | −1.85 | −1.77 | −1.76 | −1.27 | 89 |
| 伊拉克 | −1.82 | −1.89 | −1.73 | −1.59 | −1.59 | −1.46 | −1.44 | −1.46 | −1.46 | −1.51 | −1.60 | −1.55 | −1.45 | −1.31 | −1.37 | −1.55 | 96 |
| 伊朗 | −0.48 | −0.49 | −0.31 | −0.46 | −0.45 | −0.50 | −0.60 | −0.66 | −0.62 | −0.45 | −0.37 | −0.31 | −0.40 | −0.49 | −0.64 | −0.48 | 61 |
| 意大利 | 1.28 | 1.38 | 1.53 | 1.40 | 1.42 | 1.41 | 1.31 | 1.31 | 1.32 | 1.21 | 1.33 | 1.34 | 1.41 | 1.40 | 1.26 | 1.35 | 16 |
| 印度尼西亚 | −0.47 | −0.48 | −0.39 | −0.44 | −0.41 | −0.38 | −0.38 | −0.27 | −0.27 | −0.38 | −0.31 | −0.22 | −0.07 | −0.07 | −0.10 | −0.31 | 51 |
| 越南 | −0.72 | −0.69 | −0.65 | −0.67 | −0.64 | −0.67 | −0.68 | −0.62 | −0.53 | −0.41 | −0.28 | −0.25 | −0.15 | −0.12 | −0.08 | −0.48 | 60 |
| 赞比亚 | −1.14 | −1.03 | −1.05 | −1.10 | −1.03 | −1.00 | −0.84 | −0.81 | −0.82 | −0.80 | −0.78 | −0.80 | −0.73 | −0.82 | −0.85 | −0.91 | 73 |
| 智利 | 0.62 | 0.72 | 0.76 | 0.69 | 0.79 | 0.84 | 0.82 | 0.83 | 0.77 | 0.70 | 0.62 | 0.63 | 0.76 | 0.72 | 0.58 | 0.72 | 25 |

# 参考文献


[1] 陈甬军，罗丽娟. 坚持胸怀天下，推动共建“一带一路”高质量发展——纪念“一带一路”倡议提出十周年［J］. 河北学刊，2023，43（3）：22-28.

[2] 余晓钟，刘利.“一带一路”倡议下国际能源产业园区合作模式构建——以中亚地区为例［J］. 经济问题探索，2020，451（2）：105-113.

[3] 陈丽梅. 中国-中亚-西亚经济走廊能源合作模式研究［D］. 兰州：兰州大学，2021.

[4] 王昱睿，祖媛. 东道国政治风险与中国大型能源项目投资——基于“一带一路”沿线国家的考察［J］. 财经问题研究，2021（7）：110-119.

[5] 崔静文.“一带一路”背景下中国与卡塔尔能源合作研究［D］. 哈尔滨：黑龙江大学，2020.

[6] 于鹏. 俄乌冲突对中国能源贸易的影响及对策研究［J］. 价格月刊，2022（9）：73-77.

[7] 李静. 中国核能发展如何适应“双碳”时代［J］. 能源，2022（6）：41-46.

[8] 韩正. 共建“一带一路”共绘合作愿景　携手打造更高水平的中国—东盟战略伙伴关系［N］. 人民日报，2019-09-22（003）.

[9] 张朋程，王婉楠，李振华，等. 大变局下全球天然气贸易形势及对中国的启示［J］. 天然气与石油，2023，41（2）：153-158.

[10] 黄橙.“一带一路”背景下中国与中亚能源合作共赢研究［D］. 武汉：武汉工程大学，2021.

[11] 李兴，韩燕红，陶克清.“一带一路”框架下中俄能源合作：成就、问题与对策［J］. 人文杂志，2023（4）：66-76.

[12] 蔡玲，王昕. 中国跨国投资、生态环境优势和经济发展——基于“一带一路”国家空间相关性［J］. 经济问题探索，2020，451（2）：94-104.

[13] 郭鹏飞. 简析“一带一路”倡议促进国际能源合作［J］. 产业创新研究，2020（10）：6-8.

[14] 魏晨雨. 中巴经济走廊能源合作挑战及对策研究［J］. 公关世界，2020（4）：79-80.

［15］ Yang B, Swe T, Chen Y, et al. Energy cooperation between Myanmar and China under One Belt One Road: Current state, challenges and perspectives［J］. Energy, 2021(215): 119130.

［16］ 钮翔宇. 冷战后中国与阿塞拜疆能源合作研究［D］. 上海：上海师范大学，2022.

［17］ 崔静文.“一带一路”背景下中国与卡塔尔能源合作研究［D］. 哈尔滨：黑龙江大学，2020.

［18］ 李丽旻，朱妍. 依托“一带一路”深化能源国际合作［N］. 中国能源报，2023-03-13（003）.

［19］ 张丹蕾. 全球能源治理变局下“一带一路”能源合作机制构建的探讨［J］. 国际经贸探索，2023，39（2）：106-120.

［20］ 余晓钟，杨铎.“一带一路”能源绿色创新合作的驱动力研究［J］. 科学管理研究，2022，40（6）：157-163.

［21］ 卡佳（Molchanova Ekaterina）.“一带一路”倡议下中俄能源合作的问题及前景分析［D］. 合肥：安徽大学，2021.

［22］ 张锐. 中国能源外交历史与新时代特征［J］. 和平与发展，2020（1）：113-128+134.

［23］ 谢富胜，匡晓璐. 以问题为导向构建新发展格局［J］. 中国社会科学，2022（6）：161-180，208.

［24］ 邓秀杰. 东南亚能源贫困与中国-东南亚可再生能源合作［J］. 国际石油经济，2023，31（3）：33-42.

［25］ 吴嘉睿. 中国与“一带一路”沿线国家绿色能源合作效应研究［D］. 济南：山东财经大学，2022.

［26］ 刘中民. 构建新型能源体系　助力实现“双碳”目标［J］. 群言，2023（6）：4-6.

［27］ 汪梦诗，金亦秋，张红超，等. 关于欧洲能源困局的思考与启示［J］. 国际石油经济，2023，31（2）：40-47.

［28］ 张丹蕾. 全球能源治理变局下“一带一路”能源合作机制构建的探讨［J］. 国际经贸探索，2023，39（2）：106-120.

［29］ 章建华. 深入学习贯彻习近平新时代中国特色社会主义思想　以能源高质量发展支撑中国式现代化建设［J］. 当代世界，2023（2）：4-9.

［30］ 姜安印，刘博. 能源发展权：推动“一带一路”能源合作高质量发展再思考［J］. 重庆大学学报（社会科学版），2022，28（2）：53-66.

［31］ 余晓钟，罗霞. 东盟“10+5”能源高质量合作与中国的策略选择［J］. 亚太经济，2023（1）：21-30.

［32］刘胜题，王颖颖. 基于区块链技术的“一带一路”区域能源合作研究［J］. 物流科技，2021，44（12）：54-57.
［33］陈丽梅. 中国-中亚-西亚经济走廊能源合作模式研究［D］. 兰州：兰州大学，2021.
［34］熊智钰.“一带一路”背景下国际能源合作机制创新模式研究［J］. 价格理论与实践，2020（2）：157-159+175.
［35］朱栋铭. 影响中国能源安全的国际维度分析及对策研究［D］. 杭州：浙江理工大学，2022.
［36］封安全. 新形势下深化中俄能源合作的路径探索［J］. 经济纵横，2022（6）：79-84.
［37］谢娜斯佳（Sergeeva Anastasiia）.“一带一路”背景下俄中能源合作问题研究［D］. 沈阳：沈阳理工大学，2020.
［38］温可仪.“一带一路”倡议下中国与哈萨克斯坦能源贸易潜力研究［D］. 石家庄：河北经贸大学，2021.
［39］甘佩璐. 国际石油、天然气贸易网络稳定性对中国能源安全的影响研究［D］. 昆明：云南财经大学，2022.
［40］姜安印，刘博.“一带一路”中亚地区能源消费与经济增长关系研究——基于中亚五国数据 PVAR 模型的实证测度［J］. 河北经贸大学学报，2020，41（4）：80-88.
［41］庞昌伟. 绿色转型开创中国能源国际合作新格局［J］. 人民论坛，2022（14）：42-45.
［42］张慧智，张健. 新形势下东北亚能源合作的路径：延伸与拓展［J］. 亚太经济，2019（1）：14-21.
［43］孟祥成真. 东北亚地区清洁电力合作问题研究［D］. 济南：山东大学，2021.
［44］王双. 中国与绿色“一带一路”清洁能源国际合作：角色定位与路径优化［J］. 国际关系研究，2021（2）：68-85，156-157.
［45］李志慧，齐麟，邓祥征，等. 新冠肺炎疫情对我国在“一带一路”沿线国家能源投资风险的影响分析［J］. 中国科学基金，2020，34（6）：728-739.
［46］王国平，胡景祯. 基于共同富裕的“一带一路”产业协同发展研究［J］. 理论探讨，2023（2）：155-160.
［47］马智胜，南肖.“一带一路”视域下中国铀矿资源国际合作探析［J］. 东华理工大学学报，2021，40（3）：217-221.
［48］安娜（Garaskova Anna）. 中俄能源合作亚马尔项目风险评价研究［D］. 秦皇岛：燕山大学，2021.

[49] 吕靖烨，刘蓉，Yeakub Ali.“双碳”背景下我国一带一路能源国际合作风险评价[J]. 经济界，2022（2）：41-48.
[50] 邓秀杰. 泰国可再生能源发展现状及中泰可再生能源合作[J]. 中外能源，2022，27（1）：10-16.
[51] 焦玉平，蔡宇. 能源转型背景下中拉清洁能源合作探析[J]. 拉丁美洲研究，2022，44（4）：117-135+157-158.
[52] 马相东. 对外直接投资的双重技术效应与高质量共建“一带一路”[J]. 北京师范大学学报，2022（4）：133-141.
[53] 谢艳亭. 中国在中哈油气合作中面临的挑战[D]. 上海：华东师范大学，2020.
[54] 阴医文，汪思源，付甜.“丝绸之路经济带”背景下中国对中亚直接投资：演进特征、政治风险与对策[J]. 国际贸易，2019（6）：79-86.
[55] 李紫莹. 中国企业在拉美投资的政治风险及其对策[J]. 国际经济合作，2011（3）：20-24.
[56] 黄河，Senko Mikhail. 投资俄罗斯油气产业的政治风险分析——兼论中俄油气合作的现状及风险[J]. 社会科学，2014（3）：15-23.
[57] 石泽. 从“一带一路”能源合作看国家能源安全[J]. 国际石油经济，2019，27（9）：1-6.
[58] Beeson M. Geoeconomics with Chinese characteristics: the BRI and China's evolving grand strategy [J]. Economic and Political Studies, 2018, 6(3): 240-256.
[59] 孙霞. 中国与中东国家能源合作中的非能源因素及其影响[J]. 阿拉伯世界研究，2022（4）：21-39，157-158.
[60] 祝孔超，牛叔文，赵媛，等. 中国原油进口来源国供应安全的定量评估[J]. 自然资源学报，2020，35（11）：2629-2644.
[61] 韩权，江东，付晶莹，等.“一带一路”沿线撒哈拉以南非洲地区能矿资源投资风险指数研究[J]. 科技导报，2018，36（3）：108-116.
[62] 周伟，江宏飞.“一带一路”对外直接投资的风险识别及规避[J]. 统计与决策，2020，36（16）：123-125.
[63] 江河. 论国际法的公平价值及其实现进路：从和平到正义[J]. 政法论丛，2023（1）：77-86.
[64] 王林. 绿色能源投资远远不够[J]. 中国石油和化工产业观察，2023（3）：100.
[65] 周义娇. 中国与哈萨克斯坦能源贸易潜力研究[D]. 石家庄：河北师范大学，2022.
[66] 赵宏图. 国际能源转型进程中的能源安全新挑战[J]. 国家安全研究，2022（6）：

88-104，167.

［67］ 王晓泉. 试析中俄上中下游全链条多业一体化油气合作模式［J］. 欧亚经济，2020（4）：102-117，126，128.

［68］ 王晓泉. 加强中俄战略协作重塑世界经济地理［J］. 经济导刊，2020（7）：26-34.

［69］ 熊智钰. “一带一路”背景下国际能源合作机制创新模式研究［J］. 价格理论与实践，2020（2）：157-159，175.

［70］ 余晓钟，罗霞. “一带一路”国际能源合作创新模式实施保障机制研究［J］. 科学管理研究，2021，39（5）：160-168.

［71］ 余晓钟，刘梦薇，白龙. 基于高质量发展的“一带一路”国际能源合作模式创新研究［J］. 科学管理研究，2021，39（2）：166-170.

［72］ 张成岗，王明玉. “一带一路”沿线国家的环境风险评价及治理政策研究［J］. 中国软科学，2022（4）：1-10＋34.

［73］ 许勤华，袁淼. “一带一路”建设与中国能源国际合作［J］. 现代国际关系，2019（4）：8-14.

［74］ 王双. 中国与绿色“一带一路”清洁能源国际合作：角色定位与路径优化［J］. 国际关系研究，2021（2）：68-85＋156-157.

［75］ 梁鸿泽，邹裕钏. “一带一路”战略下中国与中亚国家能源合作分析［J］. 中国外资，2020（24）：7-8.

［76］ 李况然，李正图. 中国对外能源投资保护法律机制初探——基于上合组织框架的研究［J］. 江淮论坛，2021（5）：141-147＋193.

［77］ 张强，苗龙，汪春雨等. 新时代中国能源安全及保障策略研究——基于推进“一带一路”能源高质量合作视角［J］. 财经理论与实践，2021，42（5）：116-123.

［78］ 许勤华. 中国能源国际合作成就及其地区动力［J］. China Oil & Gas，2019，26（2）：21-23，74-75.

［79］ 李昕蕾. 德国、美国、日本、印度的清洁能源外交比较研究：兼论对中国绿色“一带一路”建设的启示［J］. 中国软科学，2020（7）：1-15.

［80］ 付博超. 我国能源安全法律制度研究［D］. 石家庄：河北地质大学，2022.

［81］ 胡德胜. 论服务于中国式现代化的能源安全法治方略［J］. 广西社会科学，2023（1）：1-9.

［82］ 王嘉祯. “一带一路”背景下中俄能源合作面临的挑战与应对［D］. 延边：延边大学，2022.

［83］ Chen R，Su G H，Zhang K. Analysis on the high-quality development of nuclear energy under the goal of peaking carbon emissions and achieving carbon neutrality [J]. Carbon Neutrality，2022，1（1）：33.

[84] 徐海燕. 丝绸之路经济带核能合作及其全球治理意义——以中哈铀资源合作开发为例 [J]. 复旦学报，2018，60（6）：153-161.

[85] 荆春宁，高力，马佳鹏，等.“碳达峰、碳中和”背景下能源发展趋势与核能定位研判 [J]. 核科学与工程，2022，42（1）：1-9.

[86] WB. Belt and Road Economics: Opportunities and Risks of Transport Corridors [M]. The World Bank: 2019-08-16.

[87] Lin B, Bae N, Bega F. China's Belt & Road Initiative nuclear export: implications for energy cooperation [J]. Energy Policy, 2020(142): 111-519.

[88] Al-Saidi M, Haghirian M. A quest for the Arabian atom?Geopolitics, security, and national identity in the nuclear energy programs in the Middle East [J]. Energy Research & Social Science, 2020(69): 101582.

[89] Kim P, Kim J, Yim M S. Assessing proliferation uncertainty in civilian nuclear cooperation under new power dynamics of the international nuclear trade [J]. Energy Policy, 2022(163): 112-852.

[90] Von Hippel D, Hayes P, Kang J, et al. Future regional nuclear fuel cycle cooperation in East Asia: Energy security costs and benefits [J]. Energy Policy, 2011, 39(11): 6867-6881.

[91] 邓秀杰. 中国与东南亚的清洁能源合作：核电的机遇与挑战 [J]. 东南亚研究，2021（5）：93-113，156-157.

[92] 邹占，段涛. 中拉核电合作现状展望与对策建议 [J]. 中国软科学，2021（12）：1-9+20.

[93] 吴爱萍，张晓平，宋现锋，等. 2000—2019 年全球核电设备贸易网络结构及其影响因素 [J]. 经济地理，2022，42（7）：126-134+194.

[94] 罗筑华，刘艺，刘永. 我国核安全人才“四协同”培养模式研究 [J]. 中国安全科学学报，2022，32（7）：1-6.

[95] 张秋海，赵荣君，聂岩. 基于模型分析的核电交付模式选择[J]. 建筑经济，2022，43（S1）：876-878.

[96] 刘宁，蔡午江. 我国原子能技术出口管制规范域外适用研究 [J]. 中国政法大学学报，2022（1）：91-99.

[97] 袁临江.“核共体”助力实现“双碳”目标 [J]. 中国金融，2021（22）：13-15.

[98] 曾梦宁. 核保险保障为核能发展护航［J］. 中国金融家，2021（11）：99-100.
[99] 岳树梅，于良东. 推进“一带一路”核安全共同体构建的国际法思考［J］. 湖湘论坛，2023，36（1）：95-107.
[100] 国家发展改革委外交部商务部. 推动共建丝绸之路经济带和 21 世纪海上丝绸之路的愿景与行动［N］. 人民日报，2015-03-29（004）.
[101] 辛翠玲. 从民族主义到认同平行外交：魁北克经验［J］. 政治科学论丛，2005（24）：111-135.
[102] 康文梅. 贸易便利化提高的国际经贸影响研究——基于“一带一路”六大经济走廊的实证分析［J］. 价格月刊，2022（3）：48-54.
[103] 张梦婷，钟昌标. 跨境运输的出口效应研究——基于中欧班列开通的准自然实验［J］. 经济地理，2021，41（12）：122-131.
[104] 苏天欣，张铁. 一带一路背景下中欧班列开行困境与对策分析［J］. 中国储运，2021（7）：75-76.
[105] “一带一路”海上合作设想/EB/0L1. （2017-06-20）2020-07-121. http：//www.xinhuanet. com/politics/2017-06/20/c 1121176798. htm.
[106] 杨有平，李爱国，王华宝等. 挑战自我 展示风采——2023 年 4 月试题大赛优秀试题集锦［J］. 中学政治教学参考，2023（17）：74-77.
[107] 习近平，携手建设更加美好的世界——在中国共产党与世界政党高层对话会上的主旨讲话［N］. 人民日报，2017-12-02（2）.
[108] 郭晓立. 国际能源合作的稳定性研究［D］. 长春：吉林大学，2012.
[109] 纪新，徐红菊. 国际技术贸易各方利益之法律分析——以专利技术为视角［J］. 社会科学家，2013（5）：89-93.
[110] 陈艳云. 豪斯霍费尔对日本传统地缘政治学的影响［J］. 德国研究，2010，25（3）：47-52+79.
[111] 周明. 合作收益分析框架下的地方政府间合作机制研究［J］. 理论学刊，2012（8）：81-85+128.
[112] Wiebe Van der Hoek. International Conference on Autonomous Agents and Multiagent Systems［C］. New York: ACM, 2006: 202.
[113] 贺寿南. 不完全信息博弈的逻辑分析［J］. 周口师范学院学报，2010，27（4）：104-107.
[114] 江能. 博弈论理论体系及其应用发展述评［J］. 商业时代，2011（2）：91-92.
[115] 王晓辉. 粮食市场非合作博弈的纳什均衡［J］. 中国粮食经济，2020（7）：63-65.

[116] 邢军. 学术团队中两类利益冲突的分析及对策［J］. 天津师范大学学报，2011（6）：68-71.

[117] 程国萍，续文昊，关贤军. AHP 在工程项目施工风险评估中的应用［J］. 价值工程，2015，34（14）：7-11.

[118] 邱慧茹. 基于层次分析法的消费者信贷平台风险分析［J］. 中国集体经济，2019（3）：106-107.

[119] 刘莎，王高尚，陈晨等. 基于层次分析法的全球矿业投资环境分析［J］. 资源与产业，2010，12（2）：116-122.

[120] 胡日东，李颖. 我国房地产业发展的综合评价——基于动态因子分析法［J］. 经济地理，2011，31（11）：1862-1866+1873.

[121] 张祎鹏，刘海燕，唐玉蝶，等. 负载氯化银的聚丙烯腈静电纺丝复合物对碘离子的吸附研究［J］. 东华理工大学学报，2019，42（4）：438-443.

[122] 胡安邦. 从核说起——中国核工业发展史［J］. 课堂内外：科学少年，2021（9）：42-43.

[123] 朱强. 中国核电“走出去”战略研究［D］. 北京：中共中央党校，2015.

[124] 于海江. 全力推动我国第四代核电技术发展［N］. 中国电力报，2021-06-24（005）.

[125] 余剑锋. 打造科技自立自强的“国家名片”［J］. 红旗文稿，2021（4）：9-13+1.

[126] 周涛，蔡亮，刘文斌. 大学生党建与核能结合教育方法研究［J］. 东南大学学报，2021，23（S1）：126-130.

[127] 李晨曦，孟雨晨. 核能可以在全球应对气候变化过程中发挥关键作用［J］. 国外核新闻，2022（6）：1-2.

[128] 侯艳丽. 双碳目标下核电的高质量发展［J］. 能源，2022（4）：32-36.

[129] 马智胜，南肖.“一带一路”视域下中国铀矿资源国际合作探析［J］. 东华理工大学学报，2021，40（3）：217-221.

[130] 刘学，赵纪东，刘文浩. 哈萨克斯坦向中国供应铀矿的安全分析［J］. 中国矿业，2018，27（7）：16-20.

[131] World Nuclear Association. China's Nuclear Fuel Cycle［EB/OLJ.［2020-11-24］. https://www. world. nuclear. org/information-library/country-profiles/countries-a-f/china-nuclear-fuel-cycle. aspx.

[132] 张林. 全球核电大国核电产业国际竞争力分析［J］. 中国核电，2021，14（5）：739-743.